# 光学设备研制的系统工程原理

郝 伟 孟凡胜 郭 敏 谢梅林 编著

科 学 出 版 社

北 京

## 内 容 简 介

光学设备在现代民用和军事领域，发挥着越来越重要的作用。本书立足于靶场光学设备的测量技术和任务要求，把系统工程学的原理和方法应用于光学设备的设计研制过程，探索光学设备全寿命周期的规律性。本书将系统工程的概念、方法学与光学设备论证过程、光学设备设计过程、光学设备探测方法、光学设备检测方法、光学成像应用等联系起来，论述运用系统工程的概念和方法学驱动光学设备的设计、开发、生产制造、集成测试、交付应用、技术保障、退役和处置的全寿命周期。

本书可以作为光电领域科研工作者和光学产品开发人员的参考资料，也可以为从事光学设备设计、制造与应用的人员以及对相关专业感兴趣的读者提供参考。

图书在版编目（CIP）数据

光学设备研制的系统工程原理 / 郝伟等编著. -- 北京：科学出版社，2025. 6. -- ISBN 978-7-03-080599-7

Ⅰ. TH74

中国国家版本馆 CIP 数据核字第 20240SY669 号

责任编辑：宋无汗　郑小羽 / 责任校对：高辰雷
责任印制：徐晓晨 / 封面设计：陈　敬

科学出版社 出版

北京东黄城根北街 16 号
邮政编码：100717
http://www.sciencep.com

北京华宇信诺印刷有限公司印刷
科学出版社发行　各地新华书店经销

\*

2025 年 6 月第 一 版　开本：720×1000　1/16
2025 年 6 月第一次印刷　印张：16 1/4
字数：326 000

**定价：165.00 元**

（如有印装质量问题，我社负责调换）

# 前　　言

现代光学测量系统可以看作由目标、背景、外部照射源及传输介质、光电传感器及信号、信息处理系统等多个相互作用的单元组成的工程系统。近年来，光学测量系统承担的任务使命的要求日益提高，面临的目标和环境条件更加复杂，从项目立项论证开始，到运用周期结束，系统工程化要求的特征日益凸显。更好、更快地设计和研制满足用户需求、适应复杂运行使用环境的光学测量系统，成为研发人员和技术管理者、系统工程师和光电系统设计师必须面对的问题。本书以光学设备研制过程中的工程设计与应用为主，论述系统工程的概念、方法学与光学设备设计过程相结合的理论和方法。

光学设备属于高精密测量仪器，其研制过程涉及光学设计、机械设计、大气光学、探测器、信号探测与处理等多个技术领域，制造、检测、使用条件要求高。实际上，光学设备设计与制造本身就是一门工程性强、知识覆盖面广的综合性工程学科。本书在写作过程中，综合参考了多种型号设备的研制工作经验、技术发展过程中的需求、使用过程中的适用性要求、研制过程中的配套基础设施建设和保障措施，保证了内容的结构完整性和实用性。

本书的写作始于 2020 年，经过多次规划和修改，形成包括以下内容的体系：光学设备的系统工程特征，系统工程方法和技术在光学系统中的应用，光学设备的工作原理、结构与体系、研制规律，光学设备应遵循的设计原则、规模设计、分系统工程设计、主要指标分析等方面的方法和原理，质量保障设计管理的原则和方法等。

本书从策划写作到成稿，得到很多同事、同行的支持和帮助，特别是叶美图博士协助修改和整理书中的图表、公式，王亚军老师提供了大量资料支持，西北工业大学王长青老师、郭永老师在系统工程理论和现代控制理论方面提供了深入的指导与帮助，在此表示深深的谢意。

由于作者的水平有限，书中难免存在不足之处，希望广大读者批评指正。

# 目　　录

# 第1章 绪 论

## 1.1 靶场光学设备特征

靶场光学测量系统指的是利用光学成像原理采集飞行目标信息，经数据处理后得到目标的飞行轨迹参数与目标特性参数，并获得飞行实况图像资料的专用测量系统，是导弹、卫星等航天飞行器类测控系统的重要组成部分[1]。从功能方面，靶场光学设备要完成飞行目标的参数测量任务，具有鲜明的应用特征；从设备组成和研制方面，靶场光学设备是一个由多系统组成的高技术精密仪器，具有强大的技术发展特征。

光学设备在我国靶场的应用可以追溯到 20 世纪 60 年代，其主要任务是完成靶场试验的起飞漂移测量、弹道测量、飞行景象测量、落点测量和关键事件记录等。六十多年来，靶场对于光学设备的需求应用，无论是功能、性能或场景，均发生了翻天覆地的变化。但是，无论怎么变化，光学测量的基本原理没有变，某一项技术的突破会给设备带来形式和性能上的巨大变革。

本书通过梳理光学设备发展的历史和脉络，从系统工程的角度研究光学设备应用和发展的规律性，以期引领设备的技术发展，扩大光学设备的应用范围，使光学设备更好地服务于行业领域。

### 1.1.1 应用特征

传统的光学仪器由单个或多个光学器件组合构成。光学仪器主要分为两大类，一类是成实像的光学仪器，如幻灯机、照相机等；另一类是成虚像的光学仪器，如望远镜、显微镜、放大镜等。

早期的光学仪器主要是指在可见光波段内使用的普通光学仪器，最常见的包括望远镜、瞄准镜、潜望镜等，通常结构简单，功能单一。随着靶场的兴起和发展，以及测量元素的增多和多元技术的综合应用，光学仪器已不是简单的镜片组合，而是融合了光学、机械、计算机等多项技术的综合设备，因此把这种融合了多种技术的、复杂的大型光学仪器称为光学设备。随着靶场光学设备进入蓬勃发展的阶段，各种类型的光学设备投入试验中，大量的高速相机、电影经纬仪、弹道相机等光学设备装配靶场，为卫星、导弹的测量控制作出了重要贡献。随着空间技术的发展，各种光学仪器随遥感卫星被送入太空，气象卫星、资源卫星、侦察卫星等都离不开光学设备[2]。

典型战略地地导弹的正常飞行弹道一般可分为三段，即主动飞行段、自由飞行段和再入飞行段。导弹飞行试验过程中，常用光学设备测量其主动飞行段和再入飞行段的精密弹道参数、光学物理特征参数，记录飞行实况图像，并对自由飞行段的景象特征进行记录。在航天发射过程中，常用光学设备对运载火箭进行弹道测量、起飞漂移量测量和实况记录，供实时监视、指挥和事后分析使用。天文台和空间目标监视系统使用光学设备进行空间目标的跟踪测量、目标外形测量、光度和光谱测量等，以完成非合作空间目标的精密轨道测量和目标识别。根据光学设备的特点，其在导弹航天靶场的具体作用可概括如下。

1）弹道测量

光学设备采用多站交会或单站定位体制获得导弹、火箭的高精度弹道参数，也可用于其他飞行器的全程和遭遇段测量。

2）飞行实况记录

光学设备以清晰、直观的图像记录形式完成导弹和火箭的点火、起飞、离架、转弯、级间分离、再入及遭遇段的实况景象收集，为飞行指挥、飞行安全判断、性能评定和故障分析提供实时影像资料。

3）物理特征参数测量

光学设备可以测量飞行目标的红外辐射特性、火焰的光谱特征和发光亮度、发光强度、温度等物理特征参数，建立特征目标数据库，为目标监视、目标识别、特征判断、攻防对抗等活动提供数据支撑[3]。

本书中光学设备特指功能完善的中大型光学设备，多用于靶场测量或装载到空间卫星上，完成对目标远距离的飞行轨道测量、景象测量、辐射特性测量和其他关键事件的监测任务。这类光学设备的特点是光学镜头口径大、探测距离远、测量精度高、结构复杂。功能完善的中大型光学设备的研制工作，从需求立项开始，经过论证、评审、设计、研制、安装测试、交付使用、保障维护，甚至改造升级直到退出服务，是一个完整的系统工程的过程[4]。在整个过程中，系统工程的理念一直得到了贯彻和应用，但并没有明确提出。直到近三十年，系统工程的概念被比较明确地提到工程应用上。在光学设备的研制与应用过程中，由科学到工程，系统工程的理念和方法得到了长足的发展。由于信息科学和工程的发展逐步完善，任何一个大系统中的每一个小系统，都被理解为系统的一部分进行总体设计，共同完成所赋予的使命任务。

大型光学设备一般是由光学系统、机械系统、伺服控制与跟踪系统、测角系统、探测器及成像系统、数据存储与处理系统、计算机系统、时间统一系统等组成的综合测量系统，能够适应恶劣的天气状况和复杂的地理环境，完成远距离条件下复杂目标的测量任务[5]。

## 1.1.2　发展特征

早期的光学设备是以光学与机械结构相结合为主，通过光学胶片成像的光学仪器，因此又被称为电影经纬仪。电影经纬仪的成像能力和清晰度与光学系统的口径、摄影频率、胶片的灵敏度和颗粒度有关。因为胶片需要经过冲洗、显影、定影才能看到成像效果，所以电影经纬仪的实时性应用受到很大限制。应用单位还需配备相应的胶片洗印人员、暗室和洗印设备等。

新技术的发展推动光学设备的发展，大致可看作有三次飞跃，第一次飞跃是电视和红外技术的应用，使光学设备摆脱了照相机的束缚，看到目标飞行的实况景象和效果；第二次飞跃是计算机技术的全面应用，实现了系统自动控制和自动跟踪；第三次飞跃是微电子技术的应用，集成化程度大大提高，设备不再使用分立元件，从结构到保障完成了一个质的飞跃。

随着光电成像技术的发展，电视测量技术应用到靶场光学设备中，电荷耦合器件（CCD）替代了电影胶片，电影经纬仪更新换代成了光电经纬仪，用户不但可以实时看到成像效果，而且可以做到实时影像的记录和传输，比电影胶片大大前进了一步[6]。早期的 CCD 多是黑白两色，慢慢发展为彩色，图像的色彩更加丰富，可观赏性、可解读性和信息量得到了很大的提高，目标飞行过程中的各种关键事件和图像细节也得到了充分的展示。

自动控制和微电子技术的发展和应用，使得设备向集成化、自动化的程度飞速发展。由于芯片制造技术的高度发展，不但硬件系统设计可以做到高度集成化，体积和质量减小，环境适应能力增强，更适宜车载和机载模式，而且所有的信息都能在桌面实时显示并完成一键操作。

我国的靶场光学设备，根据系统结构组成、使用性能和自动化程度大致可分为五代。第一代光学设备是双人双座椅的手摇操作模式，方位和高低的转动跟踪分别由两人控制，图像记录介质是黑白胶片，这种模式操作难度大，跟踪目标时两个操作手必须配合默契才能完成测量任务；第二代光学设备将双人操作改为单人单杆操作，图像记录介质仍以黑白胶片为主；第三代光学设备加装了电视、红外、激光跟踪和激光测距等分系统，能够实现自动跟踪，但仍然以半自动跟踪为主，红外探测器还没有实现凝视式靶面设计，通过十字形结构扫描完成脱靶量提取；第四代光学设备取消了机上的单杆操作机位和以胶片为记录介质的摄影记录系统，操作单杆安置在主控台上，基本上实现了电视、红外等方式的自动跟踪功能，彩色电视系统得到了广泛应用，红外记录系统实现了大面阵凝视式器件，信息记录以数字化为主；第五代光学设备的自动化能力和数字化特征更加凸显，具备了红外辐射特性测量的功能，能对目标进行红外辐射特性测量，也可以用于空间目标监视。

从以上技术发展规律的描述看，随着智能化技术的发展，光学设备在智能控制、智能图像处理等方面的性能一定会得到更大的提高，同时在信息处理和应用方面也会得到更充分的发展，相信第六代光学设备的性能一定会在人工智能（AI）技术的主导下更加完善。

总之，随着靶场测量需求应用的多样化，光学设备向着小型化、轻质化、自动化程度高、环境适应性强、高机动性、可以自由拆装组合等方向发展，实现环境适应能力强、外场工作和待机时间长、高机动性、高可靠性，满足多种场景和随机测量任务的需求。

## 1.2　光学设备基本原理

光学设备是指利用物体反射的光或自身发出的光作为信息的载体，采用合适的光电转换介质进行采集、记录、处理，得到想要的信息和结果的一类设备或仪器。

不同的光学波段反映物体的不同物理特征信息，如红外波段、紫外波段等；光的偏振特性可以反映物质与光相互作用的另一种物理特征。利用不同的物理特征可以完成对目标的跟踪与识别[6]。如果光学设备只记录物体的二维光学信息，所成的像就是物体的二维图像。

传统的靶场光学测量由布设在不同位置的光学设备对空中运动目标进行测量，记录目标不同时刻的方位角度值和俯仰角度值，通过两台设备的交会处理，得到目标的位置信息。对运动目标通过连续的测量和处理，就能得到空中目标的运动轨迹。一台光学设备能够同时完成角度信息和距离信息的测量，如加装激光测距或雷达测距的光学设备就可以实现单站定位。

靶场光学设备要满足用户对测量信息种类的要求，包括角度信息、图像信息、距离信息、物理信息等，必须具备相应的测量手段，且具有对原始信息进行深度数学加工处理的方法，以完成多元目标信息测量的要求，这些信息包括运动特性、位置特性、关键影像信息、物体物理特性参数，即红外辐射特性、紫外辐射特性、偏振特性、可见光波段的散射强度等[7]。

### 1.2.1　总体指标设计流程

一个产品的总体指标是指从产品设计和应用角度出发提出的全面技术要求。要成功研制适合测量运用的光学设备，必须明确相关的使用条件和测量要素，具体包括以下四个方面的内容。

一是测量目的和要求。

对用户提出的使用要求进行综合分析时，应首先根据工作任务的要求确定所设计产品的性质，如单纯的探测仪器，或者具有跟踪和搜索能力的仪器。

二是测量目标的特征。

应在分析工作对象、背景特性和运动关系的基础上做出性能要求和工作波段的初步选择。

三是测量环境条件。

光学仪器的工作环境对设备性能的发挥非常重要，环境条件包括大气条件、地理环境、光照条件和背景条件等。

四是设备的设计和制造水平。

设备指标要满足测量需求。同时，受到当时技术和制造水平限制，脱离实际的技术条件和经济条件，指标也往往难以实现。在确定系统总体指标时除考虑使用要求外，还应顾及系统设计条件可能达到的技术工程水平，并做出综合判断和处置[8]。

这些条件和要素构成了研制光学设备的基础。

光学系统设计的首要任务是根据用户提出的使用要求，规划设计合适的光学系统。根据系统工程原理，光学系统设计是一项包含综合分析、权衡决策、协调平衡的复杂工作，需要一定时间和技术的综合处理才能完成。进行光学系统设计时，首先应根据使用要求进行综合分析拟定总体设计指标。使用要求是从用户的使用角度出发提出来的，在系统设计时应对使用要求进行综合分析以明确光学设备的具体任务、性能要求、工作对象的特性以及工作环境条件，在此基础上着手拟定光学系统应有的总体设计指标。

光学系统的总体设计指标拟定完成后，要从仪器的结构形式及信息处理方法两个方面综合考虑，进行总体方案设计。设计中应充分考虑可供使用的研制生产基础及仪器的效费比这两个重要因素，因此，系统总体方案设计是个权衡决策的工作过程。具体部件的设计是在总体方案设计初步确定后进行的。部件设计时可能会对总体方案提出种种需要协调解决的问题或者某些修改意见，这时总体设计应对各有关部件做协调平衡工作或对总体方案做适当修改[9]。设计完毕后即可进行试制，做成样机后进行实际试验测试，根据实验结果再对原设计进行某些修改，然后进行试制、试验及产品鉴定，确认合格后方可进行定型生产。

以上各环节是光学仪器总体设计中通常需要经过的工作进程，对某些结构较简略或较成熟的产品可适当缩短试制定型过程。例如，常用的红外系统设计包括系统结构总体设计和系统信息总体设计两个大方面。根据仪器应有的功能及总体参数要求，应进行合适的结构形式设计、探测器设计、光学系统设计及伺服机构设计，这些属于系统结构总体设计的内容。为保证仪器工作性能要求，应对目标和背景的特性进行辐射量及运动关系方面的分析、大气传输特性分析、信号检测及信息处理设计、显示判读设计，这些属于系统信息总体设计的内容。上述两方面是紧密联系的，但又各自独立。在进行系统设计时，还应考虑光学系统在各种环境条件下工作的可靠性和可维修性等因素[10]。

一套光学设备的系统工程开发流程大致如下所述。

1）建立功能性能指标体系

拟承担任务的一方，根据用户需求和任务书要求，进行设备的功能定义、性能分析和战术技术指标分解，形成完整的功能性能指标体系。

2）建立设备框架结构

根据设备功能性能指标体系，定义和分析与光学系统需求相应的功能部分的子系统，对设备的结构体系进行设计和优化。功能子系统可以划分为光学镜头、探测器、跟踪架、瞄准和跟踪控制、电源、通信、时间统一系统、图像与信号处理、故障监测等不同的子系统模块。

3）编写设备设计研制总体任务书和技术方案

总体任务书包括任务需求与使用要求、战术技术指标分配、光学系统设计方案、重难点分析、关键技术分析、重要指标计算和可行性分析、性能分析预测等内容。技术方案包括光学设计集成、建造/生产/装调、测试和评估、运行使用和维护、保障和服务、退役和处置等重要节点和环节内容。

按照系统工程理论，把"光学系统需求与使用—技术性能指标分配—分析计算和可行性分析—光学系统设计—分系统设计集成"这一过程统称为初步设计阶段，并作为核心设计过程组织人力、物力按计划完成。这一核心设计过程作为系统工程最重要的环节之一，在每个设计阶段可能会有多次重复，直到取得满意的结果，以通过评审作为标志。

## 1.2.2　指标分配与论证

总体指标的项目类别要根据设备的类型确定，不同类型的设备具有自己独有的一套指标体系，这套指标体系代表设备的性能水平，构成设备的检测评价体系。

### 1. 设备指标体系

为了区分和设计的方便性，可以把设备指标体系划分为固有指标体系和衍生指标体系。

固有指标体系是指设备立项初期定的指标，包括光学系统口径、探测距离、焦距、角分辨率、角速度、角加速度、帧频、可靠性指标等。衍生指标体系是指为了达到固有指标的要求，衍生出的一系列配套指标，也可看作二级指标，如为了达到光学系统透过率要求，产生的光学镀膜系统指标；为了达到跟踪精度要求，产生的编码器系统指标、伺服控制系统的力矩电机指标等。

探测器的性能指标要求，既可以作为固有指标体系对待，也可以作为衍生指标体系对待，这根据用户的要求确定。如果用户需求论证过程中，指定了探测器的像元数、帧频和分辨率，则可以归到固有指标体系对待；如果用户需求论证过程并没有明确要求，则可以根据需要提出合理的探测器指标配置，这种情况下可以将探测器指标归类到衍生指标体系中。

将指标体系分成固有指标体系和衍生指标体系的目的是抓住事物的本质，对指标的性质和认识更加清晰，在论证过程中，根据需要和实际情况进行调整，不受过多的约束，体现出设计的灵活性，更能找到合适的产品。

光学设备的主要技术指标是指影响其性能的关键技术指标，包括测角精度、测距精度、探测距离、跟踪性能、光学系统焦距和通光口径、自动调光调焦系统等。

1）测角精度

测角精度是指光学设备测得的目标方位角、俯仰角测量值与真值之间的偏离程度。一般用均方根值表示，单位是角秒（″）。

测角精度可分为静态测角精度和动态测角精度。静态测角精度是经纬仪在静止状态时角度测量值与真值的偏离程度；动态测角精度则是光学设备在跟踪运动目标状态下角度测量值与真值的偏离程度。经纬仪在运动过程中会受到机械变形和随机因素的影响，故动态测角精度一般低于静态测角精度。

事后测角精度是指经纬仪在完成跟踪测量记录之后，通过对图像的判读处理，修正系统误差之后得到的角度测量值与真值的偏离程度；实时测角精度是指经纬仪在实时跟踪目标过程中输出的方位角、俯仰角测量值与真值的偏离程度。目标视角不同及目标姿态变化会使不同点位经纬仪测量脱靶量的基准点不一致，加上某些误差难以实时修正等原因，实时测角精度一般低于事后测角精度。

影响测角精度的因素可分为静态测角误差源和动态测角误差源两种。其中静态测角误差源包括垂直轴误差、水平轴误差、视准轴误差、轴角编码器误差、零位差、定向差、判读误差等；动态测角误差源有动态图像记录引起的动态误差和其他动态变形引起的误差等。

按误差性质，上述各项误差可分为系统误差和随机误差，其中大部分系统误差可进行调整和修正，但经调整或修正后仍留有残差；随机误差具有随机性，不能修正，只有通过测量数据的平滑处理减小其影响。

2）测距精度

光电经纬仪如果装配测距仪，则有测距精度的要求。测距仪有激光脉冲测距仪、激光相位测距仪和无线电微波测距仪，即雷达测距系统。

影响激光脉冲测距精度的因素有大气折射率残差、计数器的计时误差、计数器的晶振频率稳定度引起的测距误差、激光主回波触发点变化引起的测距误差、激光脉冲宽度变化引起的测距误差以及零值修正残差等。

3）探测距离

光学设备的探测距离包括跟踪电视系统探测距离、红外系统探测距离、激光测距距离、彩色电视探测距离、搜索电视系统探测距离等。影响探测距离的因素很多，各因素之间的关系也很复杂，特别是大气能见度和宁静度对探测距离的影响最大；不同的光照条件，目标特性的差异也会影响探测距离。

探测距离与光学系统的口径、透过率等性能参数有关，与目标大小、发光度或辐射特性、观测角度等状况有关，与大气透过率、大气湍流、天空背景亮度等环境条件有关，与摄像频率、积分时间、感光波段、灵敏度、噪声系数等探测器参数有关。

4）跟踪性能

光学设备的跟踪系统包括方位跟踪控制系统和俯仰跟踪控制系统，两个系统的结构基本相同，皆由速度回路和位置回路组成双闭环系统。现代光学设备的跟踪系统一般具有自动跟踪、随动跟踪和单杆半自动跟踪等三种基本跟踪方式。

自动跟踪时，电视、红外等电视跟踪器将测量目标相对其光轴的角度量，送伺服控制系统与位置回路形成闭环，完成自动跟踪过程。

随动跟踪是指采用计算机或雷达引导时，轴角编码器测出经纬仪的方位角和俯仰角，由计算机求出引导信息和经纬仪的角度差，并将角度差与速度信息进行D/A转换后加到随动放大器中，构成典型的数字复合控制系统。

单杆半自动跟踪时，操作手通过瞄准镜或计算机屏幕观察目标并操纵单杆，单杆输出电压经控制放大器加到速度回路，驱动电机跟踪目标。操作手可以单杆半自动完成目标跟踪，也可以在自动跟踪状态下进行半自动修正。

为确保各工作方式间的可靠切换，设置了切换记忆电路，既可由微机自动控制，也可人工选择切换。

跟踪系统的设计指标包括工作范围、工作角速度和角加速度、最小角速度、最大角速度和最大角加速度、跟踪精度等。

5）光学系统焦距和通光口径

焦距和通光口径是光学设备的重要性能参数，不但决定着设备的结构尺寸和造价，而且直接影响光学系统的测量精度、成像大小和探测距离。根据光学系统成像原理，焦距越长，测量精度越高，但在探测器尺寸一定的情况下，焦距越长，观测视场角就越小，对跟踪捕获目标越不利。通光口径越大，系统集光能力越强，成像能力越强，探测距离越远。因此，光学系统设计时，要根据测量要求和使用环境条件，综合权衡选取合适的焦距和口径，以达到最佳的技术效果和效费比。

6）自动调光调焦系统

在光学设备中，自动调光调焦系统被称为"小系统"，实际设计和操作过程中，这是两套独立的伺服控制系统，对成像质量起着保证作用。

（1）自动调光系统的作用是维持像面背景的曝光量，使其保持在探测器感光特性曲线的直线段范围内，不受外界背景光亮度变化影响，避免因此产生对比度的降低，保证对远距离目标的清晰成像。

自动调光系统采用一对中性可变密度盘以自动调节像面背景照度，使探测器始终获得均匀的正确曝光量。

（2）自动调焦系统的目的是根据目标到测量站之间的距离，自动调整目标成像点的位置，使目标像始终位于焦面上，以获得最佳成像质量。

由于光学设备在对空中飞行目标进行跟踪的过程中，目标与测量站的距离不断发生变化，引起像面位置随之发生变化，造成像点离散，能量扩散，降低了目标和背景的对比度，影响了探测距离和成像质量[11]。

在望远镜光路中放置一块准直镜，准直镜沿光轴的移动依赖与距离成正比的电压信号，由伺服控制系统按一定函数关系控制。光学设备的自动调焦准直镜一般放在变倍物镜前面，故计算出总焦深就是自动调焦系统所允许的最大偏差。

光学设备的调焦包括距离调焦和温度调焦。

距离调焦一般从最近目标探测距离到无穷远，根据不同的设备计算出不同的移动量。

温度调焦是指由于工作环境的温度变化，物镜形变引起像面产生移位，从而产生离焦，像面能量扩散，导致目标和背景对比度下降，为此设置温度调焦机构，用于补偿由温度变化引起的离焦量。

2. 功能分解

功能分解是在所有满足光学系统需求的功能都得到定义的基础上完成的，将光学系统的各功能部分会聚到需求分配过程中，设计过程要继续进一步按照需要进行功能分析、权衡分析、建模和仿真。

为了保证条理清晰，功能分解完成后，每一部分的功能和指标体系可以按照图表的形式详细列出，各分系统之间存在的关联和逻辑关系要标注清楚，这样有利于分析层次关系，为工程设计做好铺垫。光学设备整机系统及各分系统的功能和指标体系分类如表 1-1 所示。

**表 1-1　光学设备整机系统及各分系统的功能和指标体系分类**

| 系统名称 | 功能 | 固有指标体系 | 衍生指标体系 |
|---|---|---|---|
| 设备整机系统 | 根据需求列出所有功能要求 | 探测距离、测量精度 | —— |
| 光学系统 | 将目标光会聚在成像焦面上 | 口径、焦距 | 透过率、分辨率、调焦、调光 |
| 伺服控制与跟踪系统 | 接收计算机系统送来的角度信息，驱动光学系统转动并跟踪目标 | 角速度、角加速度、过渡过程时间 | 超调量 |
| 编码器系统 | 测量并输出角度信息 | 分辨率 | 体积、大小、质量、材料 |
| 探测器及成像系统 | 对光学系统会聚的目标光成像，并完成图像记录和处理 | 像元大小、像元数、记录时间、帧频 | 灵敏度、噪声、对比度 |
| 计算机系统 | 接收探测器送来的测量图像并记录，合成各种数据信息，控制整个系统有序工作，完成设备承担的任务 | 主频、存储空间、结构等 | 各种二次开发的应用功能 |
| 载车系统 | 完成设备的承载和运输 | 外形尺寸、自重、载重、运输性能等 | 各种电控、照明、内部结构、配线等 |

研究固有指标体系和衍生指标体系的分类，有助于更好地把握各分系统的指标来源和特征，对于系统设计、器件选择、参数设置更加清晰明确，并能准确掌握参数之间的关系和相互关联性。

### 1.2.3　系统主导性技术分析

光学设备的研制发展过程总是围绕一个或几个核心系统展开，可以用先天核心系统和后天核心系统的概念来分析。一个分系统要成为一项工程的核心系统，必须具备以下几个特征：

（1）该分系统是整个工程存在的基础，没有该分系统，整个工程就不存在；

（2）该分系统承担着完成任务的主要作用，其他分系统需围绕该分系统工作；

（3）该分系统在工程运行和工作过程中始终处于主导地位，协调其他系统共同完成任务。

传统的光学设备以光学镜头、探测器、跟踪系统作为三大主体系统，所有的设计均围绕这三个系统展开。随着计算机技术的发展，计算机与图像处理系统的重要性越来越强，渐渐上升为光学设备的核心系统，整个光学设备设计围绕光学镜头、探测器、跟踪系统、计算机与图像处理系统等展开，变成了四大核心系统。

如果说光学镜头、探测器、跟踪系统是先天核心系统，那么计算机与图像处理系统便是因为技术的发展而成为核心系统，算是后天核心系统。

工程总体技术人员必须熟练掌握光学设备的核心系统，熟悉核心系统的配置与规模结构，掌握技术发展带来的推动作用。通过掌控核心系统的技术状态，把握整个工程的技术总体，协调各个系统的有序进展，合理安排进度节点和关键技术的攻关情况，保证工程顺利进行。

20 世纪 50 年代到 80 年代初期，光学设备研制的总体人员一般由光机系统技术人员担任。光机系统在当时的情况下，在整个工程研制过程中始终处于核心地位，难度大，需要把握的节点、技术环节多，系统研制紧紧围绕光机系统的性能和质量展开，特别是后期的装调、测试和使用，几乎都离不开光机系统的良好状态和运行。

20 世纪 80 年代中后期，光机技术完成了探索阶段，各个环节渐趋成熟稳定，设计、制造、装调、工艺、检测、使用等各个环节都有了完善又标准的程序，进场后性能稳定，在工作中也不再需要投入过多的精力。从测量需求看，从胶片时代到实时景象测量阶段，光机系统设计不管采用单通道成像还是多光合一的综合设计，基本能保持性能稳定，而且到了外场检测、使用阶段，光机系统一般不会出现重大故障和颠覆性问题。

随着计算机技术的发展，自动化、信息化、实时性的需求越来越迫切，计算机系统的地位逐渐得到提升，无论是设备调试，还是使用过程，计算机系统始终处于主导地位。计算机系统设计人员开始担任总体技术负责人，在后期的测试过程和功能完善使用阶段，尤其是硬件功能软件化的趋势下，软件修改的方便性和随时性发挥了更大的作用，在测试过程、测试方法、数据采集、计算结果整理分析方面，自动化程度越来越高，软件编制人员越来越得心应手。在设备调试完成并交付使用后，与用户的任务磨合期，大部分的修改、功能的改进、性能的提升，几乎都与软件的优化和使用相联系。因此，由计算机技术人员担任总体技术负责人可以提前规划和预测可能会遇到的问题，减小后期的难度和工作量。

由以上分析可知，一个系统随着技术的发展，不再居于核心地位，不是其重要性下降，而是由技术发展和使用要求、应用环境和条件决定的。

计算机技术与图像处理技术属于动态性很强的技术，根据不同的场景和用户的需要，随时可以进行调整和更改、更新。这种应用特点成为后期牵涉精力的主要原因。

推动技术发展的动力，一是需求，二是技术，三是成本。从光学设备的技术发展和需求发展来看，对于光学系统的要求越来越复杂和多样化，如远距离、高清晰的测量要求，小、暗、多、快的高速运动的多目标群，复杂背景的目标识别，太空环境的目标测量与识别等，目标特点越来越复杂，使用环境越来越严酷，研制周期越来越短，对图像的清晰度和高速记录、存储时间和精确度要求越来越高。所有这些变化，对从事光学设备研制开发的技术人员提出的挑战越来越大。光学设备的研制并不是一蹴而就的，需要投入更多的精力和时间进行基础性研究，以提高性能、效率和适应性。因此，在今后的发展过程中，光学系统和计算机系统技术会交替成为光学设备的核心技术，光学设备研制过程始终会围绕这两个核心技术进行。

### 1.2.4　光学设备后期主要故障分布情况分析

研制设备的最终目的就是应用，如何保证设备在应用阶段的可靠性是利益各方关注的重点问题。从事物运行的规律看，任何一个系统可靠度都不可能达到100%，因此使用过程中出现故障是在所难免的。研究故障的分布规律有两个好处，一是对于易出现故障的系统在设计过程中尽量采取技术措施，减小故障率；二是把握故障出现的时机，避免在紧要关头出现故障，并尽量能在出现故障时有修理维护的空间和时间，将损失降到最低。

光学设备后期工作及各分系统涉及问题分布如表 1-2 所示。

**表 1-2　光学设备后期工作及各分系统涉及问题分布**

| 分系统名称 | 涉及问题 | 影响 | 处理方法 |
|---|---|---|---|
| 光学系统 | 密封性 | 影响防潮、防沙尘、防水、防锈蚀效果，引起故障，加速老化，减损使用寿命 | 密封处理 |
| | 镜面洁净度 | 透过率下降 | 定期保养 |
| 计算机系统 | 人机交互界面 | 操作失误、信息误判等 | 根据需求进行修改 |
| | 处理功能升级 | 操作方便性、快捷性降低 | 定期升级处理 |
| | 信息归类 | 分类不清，造成信息误判等 | 根据需要合理分类 |
| | 传输 | 信息传输卡顿，增加误码率，甚至信息传输中断 | 提高传输速度，减少误码等故障 |
| | 日常维护 | 垃圾信息堆积等 | 及时清理，保证运行正常 |
| 伺服控制与跟踪系统 | 偶尔失控 | 造成飞车、跟踪失灵等事故 | 定期检查相关部件，保证安全可靠 |
| 编码器系统 | 乱码、进位错误等 | 影响正常跟踪，造成数据错误 | 定期检查，排除干扰因素 |
| 图像记录存储系统 | 错帧、重帧、丢帧等 | 造成图像记录错误，影响判读和处理 | 加强设计管理，减少干扰因素，保证控制在指标范围内 |
| 载车系统 | 液压不稳等 | 影响车的升降和稳定 | 及时检修，更换部件，保证工作正常 |

续表

| 系统名称 | 涉及问题 | 影响 | 处理方法 |
|---|---|---|---|
| 时间统一系统 | 时间码错误 | 造成时序错误，影响正常工作 | 做好检测和维护，保证工作正常 |
| 电源系统 | 输出电压有误 | 影响设备工作，甚至造成损坏 | 开机前对电压进行监测，自动报警并切断电源 |

从上述内容可以看出，完成设计、制造、装调、测试等关键节点任务后，在使用磨合过程中，软件方面的问题占比仍然很高。能否通过故障问题的分类、定义和使用要求的变化进行调整，以减小影响，尚需要进行更多的考证。

对于系统出现不同问题或故障的分析和解决，必须从原理和使用环境、方法出发，但问题现象和解决方法也是随着技术的发展而变化的。作为使用中的设备，问题现象的发生是必然的，只能通过科学分析尽量减少或提前预防，问题现象的根除是不可能的，也是不科学的。

对于故障的处理，也可以采用故障率原则进行重点研究和攻克。故障率原则是指对于故障率高的机构件，因为没有其他方法和构件进行取代，所以这样的技术必须作为重点技术进行攻克。例如，早期摄影系统的抓片机构很容易发生故障，摄影频率越高，划片、断片的故障率就会越大，其主要原因包括机械误差、摩擦、热效应、低温条件下胶片变脆及胶片损毁等[12]。

通过对故障率、故障现象及故障分布的研究，找出光学设备各系统故障的分布规律，以此指导各分系统的设计，在设计制造过程中，避免故障现象对设备的影响。

## 1.3　光学设备研制的系统工程意义

钱学森认为，系统是由相互作用、相互依赖的若干组成部分结合而成的，是一个具有特定功能的有机整体，而且这个有机整体又是它从属的更大系统的组成部分[13]。

在现代化的大型工程建设和开发中，将系统工程方法学、原理和技术引入并应用到实际的工程应用中，并持续不断地进行系统工程改进，对系统开发工作产生了显著的影响。在信息和通信尚不发达的年代，系统工程的应用仅限于一个系统内部的应用和思考，随着信息和通信系统的发展，生活中的每一个物体，几乎都不再是孤立的存在，尤其随着物联网的发展，"万物互联"成了现代社会的标志性特征[14]。因此，作为重要的信息获取工具的光学设备，必然不可阻挡地要融入这个庞大系统中，从更宏大的角度去审视光学设备，必然要从更大的系统角度入手。

　　系统工程学的原理和方法被广泛应用于各种工业体系和商业活动中,并取得了很大的成功。将系统工程的方法、原理应用到光学设备的研制中,从大的系统角度看待光学设备和其获得的信息,更能拓宽光学设备的应用价值。

　　本书旨在介绍与光学系统相关并应用到光学设备开发活动中的系统工程的基本概念,重点内容仍然是作为应用主体的光学系统。把系统工程的概念、方法学与光学探测方法、光学成像应用等联系起来,并说明如何采用系统工程的方法学驱动光学系统的设计、开发、生产制造、集成测试、应用、保障、退役和处置的全系统生命过程。

　　一个跨生命周期的光学设备开发过程的系统工程模型如图 1-1 所示。从图中可以看出,开发一个光学系统,从问题定义开始,设计过程经过多次有效的迭代和重复,经过制造、测试和使用维护,直到完成退役和处置,整个过程始终体现着系统工程的思想和价值理念[15]。

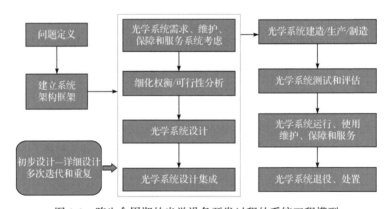

图 1-1　跨生命周期的光学设备开发过程的系统工程模型

　　图 1-1 中,在光学系统需求方框中,标示出了光学系统的系统级需求,一般的系统工程教科书将这一环节标记为“系统需求”,但因为本书立足于光学系统工程,所以特意加上“光学”二字加以强调。系统初步设计从“光学系统需求、维护、保障和服务系统考虑”开始,结束于“光学系统设计集成”。这些具有代表性的核心系统过程在每个设计阶段需要重复进行。例如,如果从系统级需求开始,要考虑与这些需求相关的系统级维护、保障支持和服务等技术问题。每一个系统级模型组合构成整个设备的系统工程模型[16]。

　　工程团队要基于功能进行分解设计和集成设计。需求和设计之间的联系可以分解成两个可以区别的步骤,即一般需求与基于一般需求的设计。光学系统需求用于指导已经确定技术基线并进入配置管理的设计工作,设计过程从光学系统需求的功能分解开始,在功能分析过程中,定义和分析光学系统需求的相应功能部分的子系统。

工程团队在项目开始阶段，就要有效地与利益相关各方就系统性能进行充分交流，以确定系统的用途、功能、技术性能和技术指标，以及关键的性能参数和技术。首先以此为系统级需求基础进行功能分析，通过功能分析对该系统级需求进行综合评估，并定义满足这些需求所需的子系统的功能；将系统需求分配到由功能分析和需求分配过程确定的功能部分，并适当考虑有效测试和定量评定问题。

在分析候选的光学成像系统的子系统时，有必要导出和形成子系统层级的新需求，这些新导出与形成的需求和分配的系统级需求共同构成子系统需求和相关需求文件的基础。确定子系统需求的基线时要重复这一过程，在完成所有需求生成/设计阶段之后，开始建造、生产或制造光学系统。对完整的光学系统进行测试、验收和全寿命周期支持。在光学系统生命周期的末端，要以高效费比、环境友好、安全合法且符合伦理的方式进行退役或处置。

## 参 考 文 献

[1] 何照才. 光学测量系统[M]. 北京: 国防工业出版社, 2002.

[2] SCHMIDHUBER J. Deep learning in neural networks: An overview[J]. Neural Networks, 2015,61:85-117.

[3] 曾声奎. 可靠性设计与分析[M]. 北京: 国防工业出版社, 2011.

[4] 褚君浩, 沈宏. 红外光电子[M]. 北京: 科学出版社, 2020.

[5] 徐家骅. 工程光学基础[M]. 北京: 机械工业出版社, 2022.

[6] 郝伟, 谢梅林, 冯旭斌. 光电装备图像处理技术[M]. 沈阳: 沈阳出版社, 2023.

[7] 郝伟, 谢梅林, 冯旭斌. 光学精密测量技术[M]. 沈阳: 沈阳出版社, 2021.

[8] 胡湘洪, 高军, 李劲. 可靠性试验[M]. 北京: 电子工业出版社, 2015.

[9] 马艳如, 王青, 胡昌华. 执行器故障下的运载火箭非奇异终端滑膜容错控制[J]. 宇航学报, 2020,41(12):1553-1560.

[10] HU S W, SONG X L,ZHANG H. Integrated system of azimuth structure for extremely large telescopes[J]. Optics and Precision Engineering, 2018,26(4):850-856.

[11] 郝伟, 苏秀琴, 杨小君. 高速视频硬盘记录系统分析[J]. 光子学报, 2005(4): 606-609.

[12] 王大珩. 现代光学与光子学的进展: 庆祝王大珩院士从事科研活动六十五周年专集[M]. 天津: 天津科学技术出版社, 2003.

[13] 钱学森. 论系统工程[M]. 上海: 上海交通大学出版社, 2007.

[14] 邓庆绪, 张金. 物联网中间件技术与应用[M]. 3 版. 北京: 机械工业出版社, 2021.

[15] WILLIAM W. 光电与红外系统的系统工程与分析[M]. 范晋祥, 张坤,译. 北京: 国防工业出版社, 2019.

[16] HAO W, ZHANG K, ZHAN Z H. Study on correlation-tracking method based on edge detection in long-wave infrared image[J]. Chinese Optics Letters ,2012, 10(s2):1005.

# 第 2 章  系统工程在光学系统中的应用

本章探讨系统工程的方法和技术是如何引入光学系统论证过程的，说明如何采用系统工程原理和方法学驱动光学系统的开发、保障、退役和处置，以及一个完整光学系统的结构组成、需要考虑的因素、体系构建、评价和优化等。

在光学仪器的开发过程中，不管是大型光学设备，还是简单的光学系统，即使没有明确说明，设计制造过程中也在一定程度上应用了系统工程的思想和方法。把系统工程的概念、方法学与光学设备论证和设计、光学探测方法、光学成像应用联系起来，旨在更明确地指出系统工程方法在设备设计制造过程中的地位和作用，以便更好地运用系统工程方法，使设计制造和开发过程更系统、更科学。

## 2.1  系统工程概论

### 2.1.1  系统工程的形成与发展

从古到今，凡是成功的重大工程，无不凝结着工程技术人员系统思维和规划的智慧。工程技术人员将系统工程方法、原理和技术引入并应用到重大工程建设场所，在众多领域创造了千年不朽的伟大工程，如中国的万里长城、都江堰水利工程、京杭大运河，埃及的金字塔，古罗马的供排水系统等，数不胜数[1]。正是一代一代创造者的持续探索，从初期朴素的系统工程开始，一步一步形成了完整的系统工程思维、方法和理论，对后来的工程开发工作产生了显著的影响。

从广义上来说，系统工程可以追溯到古代第一次将大型建设进行工程化。古代的建筑可被看作系统，因此埃及金字塔、中国万里长城、古罗马供排水系统和其他古代建筑都是工程化系统工程的典型代表。然而，从历史角度来看，系统工程的原理、方法、工具和技术等现代思想的发展是近年来才开始的。随着技术发展，各种工程的规模越来越大，涉及的人、财、物越来越多，时间跨度也非常长，如果没有系统工程的观念和规划，庞大的工程根本无法完成，系统工程也因此得以发展和完善。

系统工程是一项有组织、有优化、有需求驱动的系统开发活动，强调的是顶层设计和跨生命周期的完整系统，系统工程的重点在于有序集成。

　　系统工程这一术语起源于 20 世纪 40 年代美国电话实验室。美国国防部在 20 世纪 40 年代末期进入这一领域，并将系统工程应用到导弹防御系统。系统工程在第二次世界大战期间得到了应用。美国制造原子弹的曼哈顿计划及北极星导弹、阿波罗登月计划皆为系统工程取得成功的著名案例。第一次讲授系统工程的是麻省理工学院吉尔曼（Gilman），他曾经是贝尔实验室的系统工程主任。1951 年，菲茨（Fitts）提出了将系统功能分解到物理单元的思想。1962 年，霍尔（Hall）在对系统工程的描述中提出了如下 5 个阶段的划分[2]。

　　（1）初步策划：进行系统研究和适当的策划活动；

　　（2）探索性策划：实现已知的系统工程功能；

　　（3）发展策划：重复第（2）阶段，但要使系统工程的功能在更详细的层级上实现；

　　（4）发展研究：在发展策划的基础上，进行进一步的系统规划，建立各种模型和方法，使方案更加全面和合理，每一个细节都得到充分的考虑和完善，形成可以工程实现的蓝图；

　　（5）当前工程：在系统得到改进并进入运行使用阶段时进行当前工程。

　　20 世纪 60 年代之后，系统工程学科得到了稳健的发展，2007 年国际系统工程协会出版了《系统工程手册》，使系统工程的理念和方法在各个行业都得到了广泛的认可和应用。系统工程的理论和方法应用到企业后，促进了企业体系框架方法的建立和发展，形成了包括企业体系架构方法的建立和发展、能力成熟度模型集成方法、生命周期成本方法和基于模型的系统工程方法等不同的理论和方法体系，使得系统工程的思维模式应用到几乎所有领域。

　　能力成熟度模型集成方法是一种以过程为中心的方法学，对于建立一组有组织的评估标准和最佳的做法特别有用。这种方法起源于一个涉及商务和政府与卡内基梅隆大学软件工程研究所之间的创造性协作项目，美国的国防工业协会和国防部等是其强有力的支持者。

　　系统生命周期成本的概念在 20 世纪 60 年代开始流行，当时美国国防部认识到仅仅基于价格授予合同所存在的问题，对武器系统和其他采办事务的研究结果表明，采办成本通常小于拥有和维护使用的成本，采办成功后的运行和维持系统所需的人力和材料成本往往非常巨大，因此不得不采用系统生命周期成本的方法重新定义需要长期拥有和维护使用的系统。

　　基于模型的系统工程的思路是在系统开发过程的所有层级上采用一体化模型，并尽可能地改变跨学科的集成和跨系统生命周期的各种系统工程活动的集成。现在有各种优秀的基于模型的系统工程工具，既能提供基于模型的体系架构，又可以与自身标准的管理工具及其他基于模型的系统工程工具集成。许多基于模型的系统工程工具构成一个一体化组合，能够对企业体系架构方法、需求工程和需求管理方法、业务过程建模、决策与风险分析建模等系统工程方法和技术进行建模。

## 2.1.2　系统工程的部分定义

根据《韦氏大词典》的定义，系统的概念描述为由一组规律性相互作用或相互依赖的要素构成的统一整体。根据这一定义可知，系统是一个宽泛的概念，这一概念适合于许多事物，从一般事物到不寻常的事物。

根据这一概念，一个整体要有资格成为系统，必须有交互作用又相互依赖的单元，而且这些单元之间要以一定形式构成一个整体。例如，星系本身可以看作一个包括几十亿颗恒星、行星、黑洞、类星体、等离子体、电磁辐射等单元的系统，星系中的这些单元通过引力和电磁效应等物理交互作用相互影响，并综合为一体，形成星系。其他系统，如卫星系统、医疗系统、军事系统、民航系统、质量管理系统、检验系统、制造系统和光学系统等，都能用这个定义进行描述[3]。

从系统的这一特点分析，只要有多个相互依赖的单元以某种形式综合为一体，它就是一个系统。例如，一艘导弹巡洋舰被当作舰队中的一艘具有特定任务使命的可机动的海军水面舰艇时，可以被看作一个系统；同理，巡洋舰的导弹作战系统本身也可以被看作一个获取实时目标位置信息，并将信息提供给舰艇指挥机构的系统。系统工程涉及按照定义将一个系统进行工程化过程中所涉及的原理、方法和技术。系统工程包括以下三个方面特征：

（1）涉及整个系统；

（2）应用在整个生命周期，从方案设计直到系统退出使用和处置结束；

（3）综合考虑和分析所涉及的各个环节。

当考虑一个系统并进行工程实现时，以上三方面是不能忽视的。系统必须定义在其环境中，这样可以确定其边界和与其他系统或实体的关联，离开其所处的环境定义系统是没有意义的。系统可以与其他实体交互作用，并将系统进一步细分成子系统或者更小的功能单元，这种功能分解是分层级的，不但取决于系统本身，还经常取决于分解的主体，即谁在分解系统。子系统又可以进一步分解为组件、部件、单元、零件等。

举一个光学系统的例子来理解这一分解层级的概念。一个由一组子系统构成的卫星系统，其中有作为子系统的光学组件。光学组件包括主反射镜（简称"主镜"）、次反射镜（简称"次镜"）、太阳能电池阵列、太阳能传感器、仪表模块等。此外，卫星的其他部分也可能是直接影响光学系统性能的关键组件，这些组件包括光阑、遮光罩、电源、信号处理系统、辐射遮护板、环控系统和数据通信等。

因此，如果把一颗卫星定义为一个天基卫星光学系统，那么一个完整的卫星光学数据系统由多个这样的天基卫星光学系统构成，在这种意义下，每一颗卫星都可以被看作大系统中的一个组成部分，如北斗卫星导航系统、全球定位系统（GPS）、格洛纳斯（GLONASS）等。

除了要理解和定义系统，还要区别项目群（大型项目）和项目，以及服务、产品和过程等这几个词汇之间的差别。项目群通常定义为一个可以向着一个总目标采取统一行动的计划或系统，在国防科技中，这一术语指一个大的、复杂的开发或采办活动，项目群管理指与实现这一计划相关的管理活动。例如，我国著名的载人航天工程就是一个典型的大项目群，为了协调各方面的资源和技术力量，专门成立载人航天工程办公室，按照规划推动实施和稳步发展。

按照一般的经验，项目指一些较小规模的活动，也可以理解为一项按计划进行的工作，如一个科研项目、一个由政府支持进行的项目或工程，或者由一组特定人群共同完成的一项任务或课题等。

不论项目大小，项目管理和实施有与项目群类似的活动规律，区别在于规模小得多。

系统工程学科不仅关注系统、项目群或项目，而且关注服务、产品或过程。在较大的系统中，在活动中经常有多个组元，系统工程师也涉及各个方面，包括系统、服务、产品或过程。

一个大型光学系统的研制和开发，需要的技术人员类别很多，包括光学系统工程师、光学科学家、光学设计师、机械工程师、光学测试师、软件工程师、硬件工程师、光学技师和一线装配人员等；涉及的知识和技能包括较强的数学背景和计算能力，以及几何光学、傅里叶光学、非线性光学、统计光学、探测器、材料特性、信号/图像处理、一般力学、系统噪声分析和光学系统建模方法等多学科的交叉和运用。此外，设计人员还要具有某些技术主题方面的经验，如现代光学、激光、电磁学、电子线路、计算机结构、大气湍流物理学、光谱学、红外辐射等。至于系统管理，需要熟悉需求管理和工程、建模和仿真方法、工程设计原理、可行性分析、权衡分析、功能分析、需求分配、配置管理方法、接口控制程序、技术性能测度和指标、决策和风险分析、成本、进度、性能、风险评估/管理、质量计划和执行，以及系统优化方法等。

光学系统工程师还必须精通以下具有代表性的概念、过程和问题：可靠性、可维修性、可使用性、可支持性、可生产性、安全性、可处置性、人素工程、勤务保障、工程伦理学、价值工程、生命周期成本、工业标准、评价标准、质量标准、知识产权、合同管理与法律、环境适应性等[4]。

### 2.1.3　系统工程开发过程

系统工程原理在开发大型的由多个分系统组成的复杂大系统过程中至关重

要，工程规模越大、系统越复杂、周期越长，系统规划的作用越发凸显。系统工程方法和原理用于保证实现最优的系统，在整个生命周期内，具有有效、安全、环境友好的系统处置原理、方法学、过程和技术。简言之，系统工程能实现复杂的系统，并在整个生命周期内进行系统支持，并以最优的方式进行系统处置。

图 2-1 为全系统寿命周期瀑布模型的光学系统工程开发流程图，图中显示了光学设备从问题定义、建立系统架构框架、设计、集成与装配、生产、制造、测试和评估、使用、维护、保障和服务，直到退役和处置的全系统寿命周期。

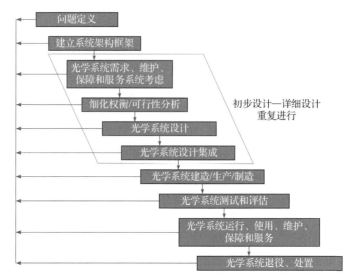

图 2-1　全系统寿命周期瀑布模型的光学系统工程开发流程图

图 2-1 中，在光学系统需求方框中示出了光学系统的系统级需求，模型的这一步从"光学系统需求、维护、保障和服务系统考虑"开始，到"光学系统设计集成"结束。这些具有代表性的核心系统工程过程在每个设计阶段要重复进行。

瀑布模型概括了光学系统工程过程中的主要步骤，从光学系统需求到光学系统设计集成的步骤是串行的，在方案设计、初步设计和详细设计这三个系统工程设计阶段，每个阶段需要重复进行，多次迭代，直到最优。

系统工程过程的层级分析方法是一种澄清概念的技术，在需求分析过程中，用于界定问题和概念，并对概念进行分类。层级分析的核心在于通过不同层级对概念进行分解和细化，从而更清晰地理解和处理复杂问题，确保在分析问题时能够全面考虑各种因素和细节，将复杂问题简单化和条理化。

层级分析的步骤如下：

（1）基于系统层级需求进行功能分析，并对功能进行定义；

（2）整体评估系统需求，并定义满足这些需求所需子系统的功能；

（3）将系统需求分配到相对应的功能部分，完成"需求-功能"过程闭环。

通过层级分析，能够更好地确定系统的总体功能需求、技术性能和指标，以及系统的关键性能和关键参数指标，这样做的好处有三点：①对系统的功能性能描述更加准确清晰；②可以有效地测试和定量评定系统；③可以有效地与系统的利益相关各方进行交流，并取得共识。

工程设计团队要基于系统功能进行分解设计和集成设计。

分解设计是按照分系统的功能需求进行分系统设计；集成设计是根据总体需求进行总体和框架设计，并在需求与设计之间建立有机的联系。通过需求功能分析和满足功能需求的设计，在需求和设计之间建立起联系的纽带。

在分析每一个不同的子系统时，又会导出和形成子系统层级的需求和设计关系，这些需求和设计关系构成了相关文件的基础。在确定子系统需求的过程时需要重复这一过程，直到完成评审。

在完成所有的需求功能与设计评审之后，才能转入生产、制造和装配集成阶段。此后，对完整的光学系统进行测试、验收和全寿命周期支持。运行使用、测试和评估通常在运行使用（或仿真）条件下在外场进行。在系统通过使用测试和评估后，研发行动完成，系统转到使用、维护、保障和服务阶段。在这一阶段，系统工程涉及评估系统性能、进行系统的预先统筹产品改进，以及根据更改和配置控制方法学进行更改，形成工程更改建议，并进行更改和完善，直到顺利进入应用阶段[5]。

系统生命开发周期的最后一个阶段是系统退役和处置阶段。系统工程设计过程中，退役和处置的方式也需要提前考虑，早期提出合理的方法和建议，避免后期出现不妥当的处理方式。

## 2.2　光学系统模型

大型光学设备一般在野外环境下工作，目标被照射源和背景源照射，并经过大气到达光学系统成像镜头。大型光学设备系统组成及工作过程如图 2-2 所示。

一个完善的光学成像系统一般由光学系统、伺服控制系统、探测器系统、测角系统、大气湍流补偿与自适应光学系统、环境控制和调节系统、信号采集与处理系统、图像处理和分析系统、图像存储和传输系统、数据通信系统、指挥和控制系统、电源系统、数据分发系统、任务规划系统、保障和服务系统等组成。根据光学系统的口径大小和使用场景，中大口径以下和快速运动目标的测量系统中一般不采用大气湍流补偿与自适应光学系统[6]。

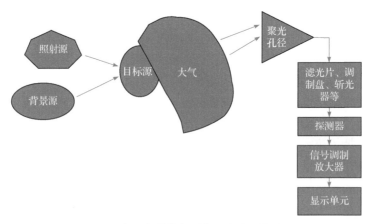

图 2-2　大型光学设备系统组成及工作过程

图 2-2 中，照射源包括太阳、月亮、星光、地物反射光或其他光源，也可以是被太阳、月亮、星光或由其他目标发射的红外辐射等照射的被动光源，还可以是激光、红外灯或其他人造光源发出的自身主动光源。进入光学镜头的光，包括来自目标源的反射光和辐射光，背景辐射作为干扰信号与目标光一起进入光学系统，经过各种介质的散射、折射和吸收后，目标光线与干扰光线会聚到位于光学系统成像面的探测器上。

对于一个设计良好的成像系统，其入瞳就是会聚孔径本身。光束在经过入瞳之后，经过一系列光学元件和组件进行传播，这些光学元件和组件起到对光束整形的作用，实质上是将目标入瞳光能量中继到光学系统的成像面上，并在成像系统的探测器单元上形成目标图像。

为了在辐射到达探测器之前对辐射的光谱响应进行适当的整形，首先对入射的辐射光进行滤光，根据目标光在不同谱段的特性，通过采用窄带滤光片、宽带滤光片、带通滤光片、带阻滤光片、低通滤光片、高通滤光片和自适应滤光片等一系列光学元器件，对光线进行整形，使其仅包括所希望的部分，衰减或滤掉不希望的光谱区域。转动反射镜、分束镜、透镜和棱镜等在内的光学器件用于对入瞳中的辐射进行二维傅里叶变换，并将光线映射到光学系统内探测器的成像面上[7]。变密度盘可以用于控制照射到探测器上的辐射量大小，以确保探测器不会过饱和。探测器的作用是将源于物理变化的能量转变成一个更易于量化的电信号，以探测一个特定的可探测物理量（如压力、亮度、温度、湿度和电磁波等）的变化[8]。在到达图像或者数据显示器之前，要对探测器的输出信号进行处理。在信号处理阶段需要完成以下工作：信号预处理、滤波、图像和信号分析、加密或解密等。

## 2.3 系统工程规范与利益相关者

在系统工程中，要使一个待开发系统最后获得成功，其中一个关键的环节就是正确地定义或描述需求定义的问题。主要包括以下四个方面：

（1）利益相关者的确定、利益相关者需求的确定、利益相关者需求的生成和一些相关的问题；

（2）系统运行与使用概念方案的形成；

（3）系统任务、使命、目标和目的定义；

（4）系统工程开发工作总范围的确定。

本节对系统工程的规范及要素、利益相关者的确定及需求分析进行论述。

### 2.3.1 系统工程规范及要素

人们对于系统的认识，即关于系统的思想来源于社会实践，在长期的社会实践活动中逐渐形成了把事物的各个组成部分联系起来，从整体角度进行分析和综合的思想，即系统思想。随着科学技术的迅速发展和生产规模的不断扩大，迫切需要发展一种能有效地组织和管理复杂系统的规划、研究、设计、制造、试验和使用的技术，即系统工程。从这个角度看，系统工程是一门涉及整体观念和系统思想的学科，其目的在于有效地组织和管理复杂系统。实际上，无论项目复杂性如何，系统工程的核心目标就是使系统尽可能地以最高的效费比、最优的工程方式和最切合实际的水平运行。在工程实施的初期，设计人员一定要根据需求和实际情况，切实建立系统工程过程，以帮助利益相关者和系统开发团队建立从定义开始的，包括设计、开发、生产、保障和使用过程的系统，满足确定的功能性和非功能性需求。

在一个非常复杂的大型系统中，一个人不可能成为系统掌握所有方面的技术专家。因此，系统工程过程必须综合和统一复杂的信息，并提供用于融合来自许多相关团队和部门的行动和产品的交互作用机制。为了有效地完成这些任务，系统工程过程必须聚焦在一个多方面的系统中平衡技术和组织需求的能力上。

美国国家航空航天局（NASA）的《NASA 系统工程手册》中提到：系统工程与权衡和折中有关，与通晓数门知识者而不是专门知识者有关，与观察一幅大的图像有关，不仅要满足需求，而且要实现正确的设计[7]。系统工程原理、技术和方法的目标是为系统的利益相关者提供一个精确而又完备的、可靠而又可信的和高效费比的系统产品服务过程。

系统工程学科涉及系统生命周期的所有阶段。系统工程生命开发周期按照工程进度，可以分成以下 6 个阶段：

（1）概念方案设计阶段；

（2）初步设计阶段；

（3）详细设计和开发阶段；

（4）生产、建造或制造阶段；

（5）系统运行使用和保障阶段；

（6）系统处置和退役阶段。

不同的人和组织，不同的工程管理模式，对这几个阶段的定义和归并有所不同，有的把前四个阶段称为研发、测试和评估阶段，把后两个阶段称作运用或使用阶段。但不论组织者如何划分，系统工程生命开发周期应该是一个比较容易被广泛接受的概念。

在系统工程生命开发周期过程中，根据系统的组成层级，将设计过程产生的技术规范分成五个层级，即系统技术层级、子系统研发层级、产品技术层级、过程工艺层级和材料需求层级。这五个层级具有不同的规范和清晰的界限，且对应着不同的管理过程。五类规范定义如下。

A 类规范：系统技术规范；

B 类规范：子系统研发规范；

C 类规范：产品技术规范；

D 类规范：过程工艺规范；

E 类规范：材料需求规范。

系统工程最有效的启动时机是在系统工程生命开发周期的早期，越早越好。系统生命周期的开始是问题定义过程，包括需求定义、可行性分析和概念方案设计。在这个阶段，系统工程过程将系统开发分解成更详细的设计活动。系统级设计是在概念方案设计阶段实现的，在确定系统技术规范（A 类规范）基线后结束。系统被分解成功能更具体的组成子系统，这些组成子系统要在初步设计阶段进行设计，在接口控制文件中定义分解的单元之间的接口，这一阶段的输出反映每个子系统需求的研发规范（B 类规范）、接口控制文件、初步的较低级别的技术规范和集成的子系统设计。接着在详细设计和开发阶段将子系统进一步分解成最低层级的设计单元，即组件单元、部件和零件等。在详细设计层级上，需求将体现在产品技术规范（C 类规范）以及过程工艺规范（D 类规范）和材料需求规范（E 类规范）中[8]。需求文件、接口控制文件、功能框图、功能流程图、基于模型的系统工程产品，在详细设计阶段发展的原型样机、子系统与组件层级的设计，构成了进行组件生产的基础。

系统工程不仅涉及系统设计、服务过程和产品，而且涉及系统开发工作中的相关过程。系统由组件、组件属性和组件之间的联系构成，组件包括所有输入、工作过程和结果输出的系统的工作部件；组件属性是一个系统的组件的特性或功能；组件之间联系是所有组件和属性之间的联系。在设计阶段，要清晰地定义所有的组件、组件之间的联系和交互作用过程[9]。如果不能确定系统、子系统和组件之间的联系和交互作用，可能导致项目的设计差错、成本过高和进度拖延等后果。

系统工程学科强调系统开发的工程途径包含三个基本方面：系统管理原理、系统工程过程、系统工程工具和技术。近几年，由于技术的快速变化，开发环境变得非常易变、高度交互且非常复杂，设计和生命周期成本显著增加，系统总效能降低，这将带来许多技术问题和进度的拖延，最终导致成本增加。

这些问题产生的根源在于设计阶段以下几方面问题：

（1）用户对需求表述不明确，研制者没有与用户进行充分的沟通；

（2）对需求没有准确定义；

（3）没有对需求和定义进行纸面或文件形式的表述。

要解决这些问题，必须建立及时的沟通机制，通过沟通对需求进行准确定义，并形成确定的纸质文件。

为了减少项目后期的设计缺陷，在设计工作开始前，使用足够的时间来准确而适当地定义需求问题是非常必要的，古语"磨刀不误砍柴工"用在这里再恰当不过，"现在设计，以后修改"的思想会导致成本过高和进度拖延，而且容易漏洞百出，会给制造和使用留下很多隐患[10]。在许多系统开发环境中，要经常有"必须现在做"的思想。一个工程或项目的启动过程，似乎总是没有足够的时间预先进行全面策划，但却有时间重做一遍甚至多遍并确保解决问题，实际上付出的代价往往比第一次就把事情做好的成本高出许多。

需求过程定义方法是系统工程开始设计的第一步。需求过程定义方法提供了项目起步阶段的详细方法，能向设计团队提供需求规范。通过这一过程，开发团队能够正确捕捉所需要的需求特性和项目属性，并回答涉及子系统和组件交互作用及产品运行使用的问题。问题定义包括系统需求生成过程，并要形成用于后续子系统甚至组件设计的系统需求基线文件。

项目团队准确地定义要解决的问题，是保证在开始设计工作时清晰地理解需要解决的问题的关键，并能提高设计出满足各方利益相关者需求和产品成功研制的概率。

### 2.3.2　利益相关者的确定

利益相关者是指与系统、产品或服务过程有利益关系的个人、组织或实体单位。

为了构建一个合理的利益相关者竞争策略，首先要确定以下三个关键问题：

（1）每个利益相关者受到项目影响的方式；

（2）每个利益相关者受到影响的程度；

（3）每个利益相关者对项目的影响。

首先确定全部利益相关者及需求的差异性。系统中涉及的利益相关者的需求可能是不同的，甚至是相互冲突的。在确定了全部的利益相关者及他们各自的需求之后，系统工程师要负责定义、分析这些不同的需求，并将这些需求综合和集成到一个满足各方利益相关者需求的系统中。

确定利益相关者的关键在于，作为项目发起人，需要准确了解以下信息：

（1）真正的利益相关者；

（2）最后的决策者；

（3）需求的提出者；

（4）主管设计人员或单位；

（5）项目隐含的决策和优先级顺序；

（6）有没有被忽略的利益相关者；

（7）各方利益和相互影响关系。

利益相关者可以简单地分成主要利益相关者和次要利益相关者两类。主要利益相关者是指直接受项目影响的个人或组织，包括项目发起者、投资者、开发团队、系统用户、维护人员、与项目相关的组织或个人、竞争者、经销商、系统的市场和业务开发人员、管理人员、保险人员、法务人员和保障服务人员等；次要利益相关者是指对系统有输入和需求，可能从系统的相关技术或后续演进中获得未来收益的潜在人群或组织。

从未来的业务观点来看，应当以一个开放结构的视角，尽可能考虑主要利益相关者的需求，这将使系统更具市场和更加标准化。系统的标准化程度越高，就具有越强的可支持性和适应性，能够使系统的设计周期更短，且使系统的演进成本更低。

次要利益相关者不受项目输出的直接影响，但未来可能会从项目或项目的演进中获得利益的个人或组织，如大型空天望远镜的建设给当地带来的旅游收益。

主要利益相关者和他们的需要覆盖各种系统需求，但关注点和优先级可能是不同的。用户是最终的利益相关者，也是最终的产品拥有者和使用者，因此用户会站在使用者的角度来评价产品，并对产品的各种功能、性能做出解释且紧随有发言权，只有满足了用户需求的产品，才能算是一个合格的产品。

例如，在设计用于捕获军事目标的大倍率光学望远镜时，寒冷地区的用户可能希望设计一个凸出的按钮，以便在戴着军用手套时也可以完成操作；但是，在温暖地区这个需求就不强烈。为了防止误触发等差错操作，设计者就需要耐心协商与试验，力求做到既满足使用要求，又具有可靠的防差错措施等。

表 2-1 对利益相关者类型和特征进行了描述。

**表 2-1　利益相关者类型和特征描述**

| 利益相关者类型 | 特征描述 |
| --- | --- |
| 咨询顾问和学科领域专家 | 在项目内部或外部,可以直接涉及系统开发或一个相关系统的人员 |
| 管理人员 | 组织内部的关联人员、项目和产品经理、管理委员会成员 |
| 检验人员 | 政府或私人的安全、技术人员和其他检验人员 |
| 法务人员 | 律师、警察、执法机构 |
| 负面的利益相关者 | 对产品没有兴趣并且可能会受到系统影响而产生负面作用的人员或组织 |
| 工业标准管理者 | 可以对产品设定标准的专业组织和政府组织 |
| 潜在公众群体 | 可能使用系统或受到系统影响的一般公众 |
| 特殊利益群体 | 受到系统直接或间接影响的特殊利益群体的代表 |
| 相关的多元文化群体 | 受到系统直接或间接影响的不同文化群体的代表 |
| 相关系统 | 与系统在功能、数据或逻辑上相互关联的一组系统或子系统,与相关系统的利益相关者就系统的功能输入和特征需求有联系 |
| 老客户 | 与企业保持长期稳定关系的客户,可以与老客户进行接触并讨论过去系统的缺陷 |
| 客户服务代表 | 通常在组织内部,是涉及对以往交付系统的客户服务的人员,可以提供有关以往系统缺陷的输入 |
| 维护和现场服务技术人员 | 通常在组织内部,这些利益相关者具有可维护性的输入 |

图 2-3 为光学系统利益相关者及交互关系作用图。定义利益相关者和项目的关系对于定义需求并对需求进行优先级排序是很重要的。

利益相关者的确定过程是非常重要的,有助于更好地观察谁对系统有输入,谁受系统的影响,哪些需求影响系统,利益相关者与系统的交互作用。这些分析能帮助系统工程师对利益相关者的需求进行优先级排序,并洞察利益相关者对系统的看法。利益相关者的确定是利益相关者需要和需求定义的起点。

从图 2-3 中可以看出,最内部的圈层是光学系统运行使用环境,包括光学系统要探测的目标、光学系统的某些实际子系统和使用人员等;第二层,即中间圈层,是所包含的业务,这些利益相关者不是实际用户,但他们使用光学系统提供

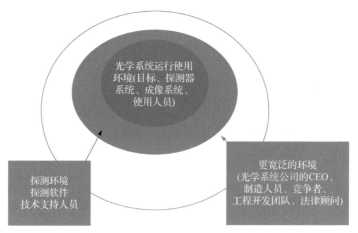

图 2-3 光学系统利益相关者及交互关系作用图

的数据或服务来完成某些具体功能；第三层，即最外圈层，是更宽泛的环境，包括对光学系统有直接影响的利益相关者，如光学系统公司的首席执行官（CEO）、制造人员、竞争者、工程开发团队和法律顾问等。

### 2.3.3 利益相关者的需求

利益相关者的需求和解决这些需求，是推动项目进行的因素之一。一旦确定了利益相关者，就必须确定利益相关者的需要和期望。利益相关者确定过程可以是问题的来源，也可以得到许多复杂问题的答案。项目团队要正确地获取利益相关者的输入并以文件的形式准确描述，形成适当的系统需求集。

值得注意的是，利益相关者所想要的理想产品往往和他们所面临的现实是有差别的，因为在理想需求和技术成熟度方面的差别将导致不可能完全满足其理想需求。利益相关者的需求可能会随着他们关注点和兴趣的变化而变化。每个利益相关者都有不同的关注点和需求，也会受到环境、经济、文化、意识形态和伦理学等因素的影响，面对不同的关注点，要学会分析相互冲突的关注点，并找出原因，尽可能在现实的技术条件下，达到一个平衡状态或合理取舍。

一个系统或产品有多种不同的生产方式,生产工艺会受到时间和价格的影响,产品的性能、功能、可靠性等指标能否满足利益相关者的需要和需求是一个决定因素。利益相关者的需要和需求往往会随不同产品特征和性能而发生变化，因此利益相关者的需要和需求经常是动态的，期望和关注点也可能会随着时间变化而变化。由于利益相关者的需求和期望值的变化，在开发一个更好的系统时，利益相关者需求的最终确定是一个迭代和复杂的过程，也是很关键的步骤，项目开发者对此既要谨慎，又要有足够的耐心。

　　关于洞察利益相关者的想法和动机，有很多有用的方法可以参考，如调研会谈、焦点团体访谈、需求研讨会、头脑风暴、用例模型开发、业务建模和客户需求规范评审等。不管采用哪种方法或多种方法的组合，理解和获取利益相关者的动机和执行力，对于系统开发是非常重要的。

　　准确理解利益相关者的需求、期望、动机和动因的最常用方法就是调研会谈。针对需要了解和解答的问题，如需要产品具备的功能、约束条件、想要解决这一问题的原因、是否有隐藏的动机、项目的权衡和取舍等，调研会谈应当尽可能提供问题答案。利益相关者想了解的内容往往包括能不能解决问题、解决问题的最佳方式、突出问题、效率、有没有诚意、有没有虚假的成分等。

　　在系统概念方案设计阶段的早期，项目组如果能对利益相关者提供有关系统假设和设计概念方面的培训，并获取他们的需求输入，在系统部署阶段将能够得到正面影响。在会谈和调研之前，项目组尽可能列出详细的调研提纲，帮助团队理解利益相关者的真实看法和关键问题。在会谈过程中，要注意方式方法，并控制心态，采用礼貌用语，避免激怒性问题，保证会谈过程融洽高效。利益相关者和项目组成员一起讨论问题，并更多地了解项目，从运用的视角概括所建议的系统特性，以帮助相关各方评价运行使用概念方案，更好地理解系统，顺利完成调研会谈。

　　在一个光学系统的项目调研过程中，如果调研咨询的是一个光学专家，光学专家对具体的光学问题可能会给出准确解答，并对项目给出中肯的建议。除一对一的面谈外，也可以与利益相关者进行焦点团体访谈，从而推动个人之间的思想交流。个人之间的互动能加快对利益相关者需要的理解过程，然而，有时一个具有非常强势性格的人会使其他利益相关者的意见发生变化。焦点团体访谈的牵头人应当确保能够给出并综合考虑各种观点的总结性观点。在焦点团体访谈中牵头人要努力创造轻松的谈话环境，鼓励并保证每个人都有机会发表自己的意见和看法，所谓的集思广益就是这个道理，不能搞成"一言堂""走形式"，避免失去焦点团体访谈的意义。

　　为了使过程更有效，在组织焦点团体访谈之前，最好有确定的团体、确定的议题和系统性组织的会期。

　　有时，有必要根据利益相关者的特点、目标、终端用途或某些共同的"看法或感觉"来组织利益相关者，将这些内容以表格的形式汇总，帮助团队以更好的方式理解利益相关者。

　　为了便于读者举行这种类型的会议，下面举例列出一个具有各方利益代表参与的名单，作为焦点团体访谈会议的参考，如表 2-2 所示。

表 2-2　光学系统的利益相关者分析表

| 利益相关者类型 | 利益相关者代表 | 优先级 | 目标 | 需求 | 目标探测距离 |
|---|---|---|---|---|---|
| 总体部门 | 张先生 | 高 | 市场化的产品 | 现代，易于使用 | 10km |
| 客户 | 李先生 | 高 | 完成规定功能的系统 | 制造精良，坚固，持久耐用 | 15km |
| 用户 | 王先生 | 高 | 易于使用，价格合理 | 易于使用，可靠性高 | 5km |
| 光学顾问 | 赵先生 | 中 | 将来的顾问工作 | 实现最先进的特征 | 20km |
| 设计团队 | 刘先生 | 中 | 全面的产品，市场化 | 易于实现，满足尺寸和质量要求 | 20km |

表 2-2 列出了利益相关者的类型、代表和优先级，对利益相关者优先级进行排序，并将优先级高的利益相关者放在上部，可以帮助团队优先实现重要的需求。表 2-2 是对项目的一个简略视图，可以从一个光学系统的较大视图中摘录出来，所列出的特征或功能可以帮助团队设计优先级。实际上，用户和客户的需求一定更多，也更复杂，需要更复杂的表述来理清顺序进行权衡。

此外，项目团队需要了解各利益相关者之间的交互作用和关系并加以记录，以理解和平衡利益相关者的不同观点和需求，虽然已经对利益相关者进行了排序，但对他们所提供信息的思考和排序也需要认真、谨慎对待。

一个项目的启动是围绕利益相关者的需求展开的，因此利益相关者的需求构成了系统需求、系统验证和系统验收的基础，在系统工程中起着重要的作用。

利益相关者和设计团队之间通过有效的交流，确定需要、动机、愿望和动因，并将这些愿望和需要转化成一个清晰的需求集，采用技术的语言和指标化的数字形式完成初步方案设计。即便在完成这一过程的工作之后，客户的需要和愿望在设计甚至生产过程中，仍然有可能与其他利益相关者的需要和愿望有所矛盾和冲突，如果客户是单一的，这些冲突会缓减。

为了解决这一问题，可以采用一种叫作质量功能部署（quality function deployment，QFD）过程的方法作为规划工具，将客户的需要和愿望转化为需求，并在整个开发过程中进行跟踪[11]。

质量功能部署（QFD）过程是一种规范化方法，包括制作一个将利益相关者需求与系统工程参数关联起来的矩阵图，这是一种使利益相关者能够在一张表格中看到所有信息的非常有用的工具。采用 QFD 过程方法将利益相关者需求放在一张表格中能方便需求讨论，提高利益相关者之间相互交流的质量，并推进利益相关者之间有效的互动。

QFD 过程方法可以用于许多不同的设计阶段，在项目开发过程中，无须全面使用 QFD 过程方法。QFD 过程方法可以以不同的方式应用，具体情况取决于所应用的项目阶段。采用 QFD 过程方法，应当始终关注需求形成、设计决策及更改影响客户对产品满意度的方式，可以帮助缩短产品开发周期，减少后期的重新设计，提高整体质量和客户满意度[2]。

QFD 过程方法有许多类型的需要遵循的图表和过程，以实现在设计过程中从客户处提取最有用的信息并掌握信息优先级的目标，这一过程的核心是质量屋图表，其用来帮助设计团队避免出现以下三种常见的问题：

（1）产品的设计不能适当地表达客户的意愿；

（2）在设计过程中丧失了客户需求的输入；

（3）项目中多个设计小组对同一问题有不同的解释。

# 2.4　系统运行使用概念与项目范围

## 2.4.1　系统运行使用概念

创建或获得一个系统的高层级图形化视图是与不熟悉系统的人员进行交流的一种方式。它采用一个图形化的视图来描述系统实际上能做什么，可以设计一个大图，用于了解系统的功能、运行和支撑环境。

系统运行使用概念方案图是一个系统的综合视图，由设计团队根据客户对系统的运行使用要求来创建，它的重点不在细节、组件与子系统上，而是强调总体概念。在某些情况下，一个客户可以将这个运行使用概念方案图交给设计团队，使设计团队很好地理解系统运行的方式。

运行使用概念方案图用来提供高层级的用例，并确定主要的组件，以便使利益相关者了解所设计的系统；设计团队要进一步使系统架构工程师了解与技术或产品相关的限制，并避免在后续开发过程中产生问题。

运行使用概念方案最重要的目标是使利益相关者认可系统的任务、工作过程和原理、使用环境等，通过综合每个利益相关者角度的信息来实现，形成每个利益相关者和设计团队容易理解的运行使用概念方案。

运行使用概念方案也可以采用可视化的格式表示顶层的用例和场景。在某些情况下，对于非常复杂的系统，为了概括多个用例，运行使用概念方案可能不止一张图。不管采用何种方式，一定要遵循简洁易懂的原则，使每个利益相关者能够理解和了解"大图"即可。

　　创建运行使用概念方案图是一项非常具有挑战性的工作，一个好的运行使用概念方案图应当反映每个利益相关者的观点，且易于理解。

　　在某些情况下，一个客户组织内的多个机构的应用会略有不同。项目组最好在利益相关者的运行使用概念方案图中反映这些需求，并详细地对每个系统架构解释为什么当前实现方案优于其他实现方案，或者为什么基于另一个机构的输入加入某一特征或删去某一特征，取得相关各方的理解和支持。

　　总之，运行使用概念方案应当帮助利益相关者认识并理解系统运行方式。设计一个运行使用概念方案图有助于在利益相关者、体系架构师和设计者之间形成共识。设计团队和体系架构师应当了解每个利益相关者，必须把重点放在包括项目每个主要方面的运行使用概念方案图，还必须避免等待由利益相关者准备运行使用概念方案图，不应推迟整个项目的运行使用概念方案图的准备和更新[12]。

　　系统项目的领导者应当负责确定运行使用概念方案的更改，确保每个新团队成员看到的是说明系统应当做什么的同一版运行使用概念图。在整个设计过程中，针对运行使用概念方案衡量每个设计决策，并确定每个设计决策是否有助于满足系统的目标，对于偏离其核心价值的系统要能及时发现并纠正。

## 2.4.2　项目范围

　　项目范围是指对一个项目设定的边界，需要通过适当的定义来界定在项目中要开展的工作范围，项目范围与建造一个系统或产品所必须完成的工作直接相关。项目范围是一个关键的项目要素，明确项目所涉及的事项，并概括预期的工作条件。利益相关者和设计团队需要在项目早期就项目范围达成共识。

　　一个合理的项目范围说明应当包括以下要素。

　　（1）项目范围判定：项目的需求和意义；

　　（2）项目目标范围：项目要实现的目标；

　　（3）产品范围描述：项目成果形式；

　　（4）产品验收准则：最终的产品需要满足客户的质量标准并得到验收；

　　（5）项目约束：项目技术约束和物理约束；

　　（6）项目实现规划：为完成项目而规划的方法、安排、计划等。

　　一个标定范围适当的项目可以避免成本和进度超出预期，并保持设计团队聚焦在其应当做的工作上。对于一个项目的领导者，范围管理是一种防止对系统提出额外的外部和内部要求的手段。

　　一个合理的项目范围说明应当提供一个明确的管理线路图，用来解释当确定需要进行更改时做出决定的方式。采用有效的范围管理方法，有助于避免项目的成本增长和进度拖延；当增加新需求时，在进行良好的技术集成和分析的条件下，正确评估新需求对项目进程和设计产生的影响，做出是否接受新需求的决定，如果接受新需求，则应及时纳入项目管理，并实现新需求。

事实上，确定和更新范围可以分解成跨项目的 5 个关键步骤，分别为范围策划、范围定义、范围验核、范围控制、设定目标和目的等。在完成这 5 个关键步骤之后，项目领导将能交付以下事项：范围说明，创建工作分解结构图，系统验证和确认流程，要求对系统范围进行更改的流程[13]。

1）范围策划

确定和更新范围的第 1 步是范围策划，包括一组确定项目范围的工作。策划工作是数据获取和信息获取过程，包括确定范围的创建模板和表格、评估利益相关者有关范围的初步陈述、评审项目的合同等。

2）范围定义

当确定项目以后，确定和更新范围的第 2 步是范围定义，这从设计团队基于运行概念和用例完成的项目需求分析开始。这一过程中，应当详细分析利益相关者需求和业务需求，应当采用所获取的所有信息来完成范围定义。范围定义过程最重要的一个部分是创建工作分解结构图，这是一个包括用于系统开发主要活动的工作表或图形形式的文件，并提供关于系统单元如何协同工作的某些结构。工作分解结构图应当有与每个结构单元相关的成本估计和完成时间，以控制进度和成本，并帮助设计人员进行影响分析。

3）范围验核

范围验核是将研发团队所定义的范围与利益相关者实际期望的范围进行一致性检验，这一步要将开发团队的重点和注意力放在利益相关者的需要上，确保利益相关者和开发者对必须要做的工作有共同的理解，这一过程的结果是项目共同的、唯一的范围。

4）范围控制

确定和更新范围的最后一步是系统的范围控制。任何人可以定义一个范围，在一个复杂系统的开发周期内对范围进行控制是非常具有挑战性的。在设计阶段，可能有一些利益相关者、合作商和管理者想要做出超出项目范围的更改。

项目范围应当包括对请求的更改要求所采取行动的指南这一部分内容。确定保持目标并使利益相关者和设计团队之间出现问题最小的项目路线图。一个超出范围的要求，将给客户带来某些成本、进度、资源和产品质量方面的影响，需要组织对这些超出范围的要求对项目的影响进行权衡，并做出决策。

对于项目管理者而言，项目范围说明过程是至关重要的，范围问题应当在设计阶段开始前确定，从而确定成本或进度目标，并评估影响。跨项目的范围确定和管理可能得到更一致的结果，避免设计团队和利益相关者之间的不一致性。采用相应的工具和方法可以帮助确定项目的边界、约束条件、假设场景、验收准则和对更改做出的判断，也能提供设定目标和目的的框架。

5）设定目标和目的

对一个项目设定目标和目的，会对工程组织和项目本身产生许多正面影响。这一过程促进所有利益相关者向着同一个目标努力，形成团队协同。设定好的目标可以得到成功的测度，在项目完成时，可使组织清晰地了解在下一个项目中的改进内容。设定合理的且可以实现的目标，给聚合团队的力量并帮助评估项目进展和结果带来共同的挑战。

目标是团队奋斗目的的基础，可以提升团队的士气和创造性，鼓励个体在项目中更有效地工作。设定严格的目标有利于在从利益相关者处获得信息时不偏离目标，紧扣主题，不在无关紧要的细节上浪费时间，同时可以使利益相关者相互理解项目的目标。

衡量目标可以帮助项目团队对项目设定有效的目标，并指导开发团队从起步就向着成功迈进。然而，目标的优先级可以是变化的，某些目标是紧要的，某些目标也可以被划分为短期或长期目标，这样的分类对于制订进度计划时很有好处。

一般情况下，目的是目标的深层动机，而目标是实现目的的手段，通过完成目标来实现最终目的，反过来说，目的应当是可行的、现实的、可预测的、能够清晰定义的。最重要的一点是，目的必须是有意义的，且应当在过程策划中明确表达。

总之，设定一个项目的目标和目的能指导、协同团队，并确定在系统发展生命周期内需要实现的里程碑。目标和目的被当作所有利益相关者的共同基准点，因此，目标和目的能够衡量系统的性能或评估结果。

# 2.5　可行性研究

决定研发一个新项目前，项目组必须进行可行性研究。可行性研究包括需求可行性分析、技术可行性分析和经济可行性分析，有些项目还需要进行环境影响性评估，如要建造一个大型天文望远镜就必须进行环境影响性评估。通过各种所需要的可行性分析之后，各项条件都满足可行性要求，才会正式进行项目的设计和建造。

采用可行性研究验证需求方法，能为设计团队提供满足需求的可行的技术途径、备选方案或方法。通过可行性研究，设计团队可以确定某一技术途径对于某项需求是不是实际可行的。权衡研究和备选方案评估的重点则是确保系统的属性满足利益相关者的需要。备选方案评估是一种严格的、客观的、可判断的方法，从而从几个排他的技术途径中做出判断，这是一个迭代过程，要持续到确定了最佳选择，接受并实现这一选择。权衡研究提供了一种类似的结构化决策制订过程方法，用于优化系统配置，并在开发所设计的系统时最佳地分配资源。

当设计一个光学系统时，可行性分析的第一个问题可能是能否探测到目标并将图像数据进行实时传送，如果光学系统不能为用户提供图像或视频，系统就失去了意义。如果一个团队忽略了系统工程方法，在深入到系统组件的设计时，可能在设计一个优良的通信子系统方面获得成功，然而没有借助可行性研究，在集成子系统时，通信系统可能不能读取并将图像数据格式转换成所需要的信号格式，或者整个系统的数据传输率受到信号处理子系统和通信子系统接口的严重制约[14]。尽管在系统生命周期内实现这些分析需要一些时间和费用，但与可以避免的成本超出和计划拖延相比，还是非常必要和划算的。

### 2.5.1　可行性与风险类别

可行性和风险是联系在一起的，所涉及的风险越大，实现目标的可行性就越小，实现目标的可行性高意味着风险较低。在评价一项任务的可行性时，实际上就是在进行风险分析。可行性或风险分析实际上定义了在已经确定的约束和限制条件下可以实现的目标。

利益相关者的约束和限制往往与其对风险的容忍度成正比。一个不喜欢风险的利益相关者通常选择一项有良好基础的成熟技术，而不是具有更好的潜在性能但尚未得到验证或完全测试成功的技术。例如，在传感器应用中，选择一个具有良好基础并得到试验验证的信号处理板来提供所需的探测目标的能力，而不是选择一个新的刚进入市场的既能探测所需探测的目标，又能探测其他感兴趣的目标的信号处理板。尽管对风险的容忍度在确定约束和限制条件方面起着重要的作用，但是在进行风险分析时往往将风险划分为技术风险、经济风险、组织风险、运行使用风险、动机和进度风险、管理与政策风险等多个方面进行单独论证。

技术风险基于生产和制造产品技术的局限性。成熟的技术在生产和制造产品方面自然是风险较小，但对于未来市场的竞争有可能会处于劣势，这就必然要求技术上要不断创新。一个采用现有的组件和工艺设计生产的产品，其风险低于采用新发展的或未经验证的组件和工艺设计生产的产品。创新存在的风险，需要经济和成本作为代价。

经济风险基于开发、制造和支持一个产品所需成本的估计。成本风险与时间、材料、劳动力、安全风险和不可预期的风险相关，也可能与技术风险直接相关，需要较高技术风险的产品也有较大的经济风险，技术越新，风险越大。

组织风险和运行使用风险有时是相互关联的。组织风险是内部过程、人员和系统的不足或无效，或内部/外部事件造成的风险。按照系统工程的观点，在利益相关者的初步需求中组织风险和运行使用风险并不总是很明确的，存在不确定性。然而，在完成风险评估和量化过程后，这些风险就明显可辨。风险评估和量化可以采用故障模式与影响分析（FMEA）、工作分解结构和生命周期成本等分析工具来完成；可靠性工程、安全性工程和质量工程采用故障模式与影响分析来确定系统故障点并提出应对对策。

动机和进度风险用于确定一个系统在对项目的支持方面（如对完成项目的意愿和责任心）和完成项目所需要的时间方面是否可行。

管理与政策风险通常是难以量化的，有时甚至是模糊不清的，某些技术上可实现的事情，在组织管理或政策方面可能是行不通的。这是因为可以定义、设计和生产的产品在管理和政策方面不一定能够被接受。例如，对环境有严重影响或对社会有害的项目，即使在技术上能够生产和制造出来，但是没有组织和政策的支持，一定不能生产和制造，更不允许投放市场。总而言之，不符合政策法规的技术一定要坚决杜绝。

### 2.5.2　可行性研究的方法、应用与评估

不同的地方对可行性研究有不同的定义，然而，这些定义有一些共同点，即基于可以提供的资源，在要求的时间进度内，提出的系统概念是否在物理上是可行的和可以实现的。因此，基于利益相关者的具体需求，可行性研究可能要对利益相关者的每项需求做出响应，并要确定在给定的资源和时间进度内，是否可以实现利益相关者的需要、愿望和约束。在系统工程过程的较后阶段，将对系统、子系统或组件层级的需求，进行进一步的可行性研究。

对于一种在设计上可以实现和满足需求的解决方案，可行性研究应当能够对这个解决方案是否可行给出一个可度量的评估方法。

可行性研究用于分析备选系统设计或技术途径。如果在进行可行性分析之前，一个系统的概念方案、组件或功能未得到很好的定义，系统开发团队可以采用可行性研究来选择备选概念设计、功能、系统组件和技术，然后进行权衡研究来确定备选方案。

假设有一个需要可见光光学系统的利益相关者，对可见光光学系统的需要被转化成利益相关者的一组需求，这组需求是采用一系列简短的、可测度的陈述来表述的，然后采用这些利益相关者需求作为系统需求分析过程的输入。基于利益相关者需求，系统工程师可以考虑以下用于形成高质量图像的硬件和软件：类似波前传感器和可变形反射镜的像差修正组件、图像处理硬件和软件、自适应光学方法或大气湍流补偿方法等。对这些技术途径需要考虑系统生命周期，对于依赖更大、更好和更精密的反射镜、透镜和传感器，需要识别可维护性、可生产性、可支持性、可处置性和组件供应等问题。需要依赖专门的光学数据，但当前的图像处理算法还不成熟，要辨识可能影响开发进度和技术集成风险的其他问题，一个新软件用户接口也可能导致终端用户的人素工程问题。

可行性研究可以聚焦在一个需求集的技术方面，如确定用无人机平台的光学系统所需的分辨率，这一可行性研究的输出可以确定可能有较高进度和成本风险概率的某些高风险的技术问题。类似的可行性研究已经应用在几个不同的设计概念。

初步的可行性研究对确保项目目标在利益相关者的参数和风险范围之内是非常重要的，这一可行性研究可以提供基本的可行性信息，对于进一步的可行性研究、备选方案分析和权衡研究等分析工作也有间接的影响。

可行性分析的目的就是在一个项目实施之前，系统工程师采用这种办法来确定系统某些方面是不是可行的，对一个新系统来说，在研制工作开展之前，系统工程师的职责是通过可行性分析，在满足用户需求的前提下，确定研制工作是否可行。

一个新系统意味着需要研制所提出系统的所有或部分组件，也可能利用已有的研究成果，配置在一个新结构中以满足用户需求。这一概念使得系统工程师能重塑现有的技术、思路或产品，形成一个新系统，且具有较高的可行性和较低的风险。

实现一个新系统可能意味着，基于未经测试的概念和结构，形成一个完全原创的思路是比较困难的任务。采用这种方式发展一个系统在大多数方面（进度风险、成本风险、技术风险、组织和政策风险等）是非常有风险性的。这种类型项目通常仅在利益相关者的动机较强、利益相关者需要、有资源支持，且没有其他高效费比的方式来实现效果时，才是可行的。

如果通过可行性分析确定研制或部署一个更好的光学系统，通过系统需求评审、初步设计评审、关键设计评审、功能配置审查或物理配置审查等阶段性评审后，得出的结论是收益仅仅超过成本，则可以继续进行系统研制。

较早地进行风险评估，对于避免不必要的成本浪费是非常关键的。越晚识别风险，延误进度且增加项目成本的可能性就越大。较早地进行可行性研究，也能有时间来权衡确定多个解决方案，从而能针对利益相关者做出最佳的选择。与每个单独的系统概念相关的成本、进度和技术风险，可以是在竞争的系统概念之间进行比较和选择的主要驱动因素。可行性研究的结果起码可以初步确定优点和缺点，用于权衡分析和备选方案选择。

交流可行性研究的结果也可以为利益相关者提供有用的反馈，使其能够在进行备选方案选择之前考虑需求。利益相关者所需的功能和设计特征有可能实际上并不能解决希望解决的问题（例如，一个 200mm 口径的光学系统，难以清晰拍摄 50km 处快速运动和特征变化明显的 600mm 大小的物体）[15]。如果开发团队适当地覆盖利益相关者问题的范围，可行性研究和功能分析可以揭示真实的运行使用需求和所表述需求之间的逻辑不一致性，及早对系统的性能要求做出调整。

要证明一个系统在物理上或技术上是不可行的，只要能证明其在未来出现科学突破时才能实现即可。一个系统是可行的，则需要满足三个基本条件，一是能够设计出来，二是在技术上能够完成生产制造，三是能满足系统功能需求，达到项目目标。

如果一个系统的可行性研究工作和验证任务由系统采办者或者系统提供商负责完成，那么可行性分析可能存在风险。这种可行性分析方法的风险在于，一是主办人员可能对影响可行性的因素考虑不够，二是有可能混淆概念，把技术解决方案的可行性当成运行使用需要来对待。出现这种情况的后果往往会给后期运行和使用带来比较大的损失。为了规避风险，这种情况下尽量采用货架产品。

一个稳健的系统工程概念设计过程应当确定多个可能的技术解决方案。系统工程团队应当提出多个可能的系统备选方案，并提出初步系统配置建议。尽可能从不同的技术角度设计几个备选技术途径，可以通过其他方案来降低一个技术途径失败的风险，同时降低把更好的配置排除在考虑之外的可能性。另外，利益相关者的意见反馈对于选择满足其对系统能力和功能需要的设计方案是关键的一步，可以遵循以下三个原则，一是能简不繁，二是适当冗余，三是留有代偿措施。

### 2.5.3　可行性需求确定

对于需求的可行性评估问题，如果用户的需求相对简单，可行性评估报告可以简短、简单，但一定要严谨和诚恳，不能有糊弄之嫌；对于复杂的系统，尤其是具有较大不确定性的系统，某些技术可能需要更进一步的试验、研究，在这种情况下，需要请领域专家参与可行性论证。不管需求的性质如何，必须恰当地考虑技术、经济、组织、进度、政策和运行使用等风险，以应对系统发展中预期遇到的障碍和问题。在项目生命周期的开始，可行性研究的结果能洞悉系统怎样来满足利益相关者的需要。

可行性研究必须指明系统将怎样完成其功能。系统工程师不能在不验证采用什么方法来满足需求的情况下宣称可以满足需求。能否得到多个可选的具有明确定义的功能设计方案，取决于设计的进展程度。与设计相关的参数包括主要技术性能指标、设计寿命、质量、可靠性、可预测性、可维修性等固有的指标要求。可行性分析要把重点放在所考虑的每个设计方案的成本、效能及作为基准的与设计相关参数的确定上。

有些文献特意提到可行性分析和可行性研究这两个概念的区别，从概念上区分，可行性研究更注重宏观性质，可行性分析更注重针对物理设计属性产生的数值结果，这些数值有些是基于可用性、灵活性和可支持性等定性导出的统计量，对导出的统计量构成相应物理和性能指标的补充元素，一般的性能指标值包括光学系统的探测距离、分辨率和质量等。

可行性分析的重点是概念方案设计的系统效能、成本和一组风险参数，其任务是从确定客户的运行使用需求、头脑风暴、研究和咨询专家开始的设计综合的整体性工作。概念方案设计过程至少需要形成一个可以满足利益相关者需要的可行性设计，这样才能进入初步设计阶段。这一过程不但必须评估所有的需求，还要分析多个设计方案概念，而且需要有令人信服的数值或非数值结果来支持可行性论证。

系统的复杂性和运行使用需求之间的矛盾，可能导致很难确定最佳的系统选择，没有一个特定的系统在所有类型的评估中都获得最高分。对于决策制订，需要权衡研究和备选方案分析来对可行性研究进行补充，从可行性研究和分析得出的度量可作为这一过程的关键输入。在概念阶段，可能还没有可供分析的设计，可行性研究必须确定系统的功能、运行使用需求、组件和可能的配置，这是一个高层级的综合活动，直接在利益相关者的需要、运行使用需求与一个可行的设计之间搭起了桥梁。

图 2-4 是研制规范和层级分析图。

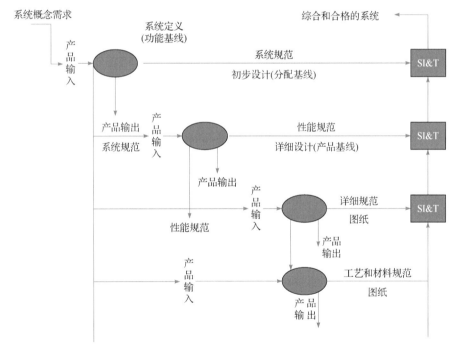

图 2-4 研制规范和层级分析图
SI&T-系统集成和测试（system integration and testing）

图 2-4 给出了系统工程开发过程的整体结构规范和层级结构，以及系统研发过程的多个阶段和子阶段，这些阶段和子阶段采用系统定义环、初步设计环和详

细设计环之间的连线形式表示。利益相关者的初步需求是系统概念需求的一部分，用于确定功能基线。随着系统转向后面的阶段，在初步设计环和详细设计环中将形成更详细的需求，所有这些活动将在可行性研究所确定的安全空间内继续进行。

单一的可行性研究不能确定一个系统设计的所有要素。根据所有需求、利益相关者输入和其他并发的设计过程进行的可行性研究，要产生由系统工程师进行综合处理的知识，以深化系统设计。可行性研究必须做到以下几点：①必须指向一个连贯的系统特征集合；②指向几个可能的自洽的系统概念和设计；③可行性研究还应当为比较这些系统奠定基础。需要通过权衡分析，对备选方案分析选择的多个系统进行比较，并进行优化。

可行性研究的最高级别的成果就是验证。对真实系统的验证是估计、仿真和建模。对于一个简单的需求，可以采用风险分析证明系统故障率低，故障的影响小，且在出现故障时有多个备选对策等措施，以验证系统的可行性。对于高技术应用等较不确定性需求，可以采用计算机仿真、原型样机测试、物理模型、数学模型和工业经济数据等，证明可以组合概念和技术，以得到利益相关者所期望的结果。最可信的可行性研究报告的标准是，通过论证证明能成功地实现用户需求或功能，并能运行在利益相关者所期望应用的环境中。

### 2.5.4　权衡研究

方案设计过程中，在系统或子系统层级一般会得到多个技术解决方案，主要有利益相关者仅想选择发展一个系统，这时候就要在多个方案中进行权衡决策，选择一个最优的技术途径。

权衡研究实质上就是在一定的条件约束下对所要选择的对象进行的决策过程。权衡研究是在综合对比各种性能和指标的前提下，选出最符合运行使用要求的、性价比最高的技术方案。在系统或子系统层级，可以得到多个技术解决方案，权衡研究则是通过各种因素的比较，得到一个最优的系统。权衡研究的功能是在给定的良好定义的技术选择和参数的条件下，优化系统设计的一个特定的方面。权衡研究的输入是竞争的技术解决方案或者与较宽范围内可变动的技术解决方案设计相关的参数，这些输入包括技术解决方案的模型、利益相关者按优先级排序的运行使用需求、系统全寿命周期考虑和其他数据等要素。权衡研究的输出是一个决策，它依据备选方案采取技术途径，这些备选方案不管采取什么技术途径，首先必须满足系统的功能、性能和技术指标要求。权衡研究将形成对决策进行论证的文件。

本小节的目的是诠释为权衡研究提供论证能力的过程，详细介绍相关的输入和输出，进行权衡研究的时机、次数，以及怎样将分析的备选方案与权衡研究联系起来，并对灵敏度概念进行分析等。

根据所关注决策的规模大小和难易程度，粗略地区分备选方案分析和权衡研究。

备选方案分析通常指在概念设计中进行的、从不同类型解决方案中选择最佳设计的决策。权衡研究聚焦在怎样在相对稳定的结构中最优地分配变化的变量，所选择的变量按照用户的运行使用准则进行排序。例如，在设计一个光学系统时，在选择光学口径大小和经济成本这两个因素中进行权衡，光学口径越大，聚光能力越强，探测距离远，分辨率高，成像清晰度高；但是，光学口径越大，光学系统的质量和规模越大，系统的复杂程度也会越大，研制成本就会越大，研制和使用难度也会加大。因此，要选择一套合适的光学系统来满足用户的使用要求，就必须在多种条件下进行权衡，最终选择一个理想的设计方案。

性能指标测度除了要与性能相关的设计和当前设计阶段的成本与进度直接对应，还应当考虑系统的采办和生命周期。也就是，应当有一个涉及从系统概念到系统退出以及中间所有过程的性能权衡的宽泛的评价准则。

从许多成功的案例中得出一个经验：权衡分析不一定选出最好的设计，但一定要排除掉不可行的设计，否则就会发生更大的损失。

成本和风险也是重要的考虑因素。由于成本和风险往往淹没在其他参数之中，将这些参数单独进行详细分析，并对这些参数对成本和风险的影响进行灵敏性预测分析，用于说明在从系统模型转向实际系统时更改性能指标的风险性。如果备选方案彼此在总的排序上相互接近，但根据组件模型和大系统交互作用对比，一种备选方案的性能指标有大的波动，则说明这种备选方案显然比其他方案的风险大。因此，在这种情况下，要及时对优选方案做出调整，并改变强调单个指标或性能的习惯性思维，而是平衡系统运行的和谐性，调整成本和进度准则，避免这些准则有明显的冲突。

可靠性和可维修性是不同类别的性能指标。为了更好地比较、评估解决方案，应当对这些性能指标和运行使用指标进行排序，以形成决策制订过程的一致性。例如，在设计一个大口径光学系统用来观察空间大目标是否会对地球产生危害时，首先可选的光学系统平台是星载天基平台还是地基望远镜模式；由于大气湍流的影响，大口径地基望远镜肯定会受到大气的影响，从而影响到成像的清晰度，天基和地基光学系统在同样口径的情况下，图像质量会有很大差别。虽然地基设备可以采用自适应光学系统进行大气补偿和校正，但成像质量依然无法与天基平台的成像质量相比，但是天基光学系统缺点是可靠性和可维修性与地基光学系统相比要求更高，难度更大。如果采用地基光学望远镜系统，必须寻求价格低廉、技术成熟度高的大气补偿技术。利益相关者在技术路线方面一定会认真比较和论证，进行采用成熟技术和发展新技术的成本比较、对技术风险的控制和容忍度之间的权衡比较等，采用新技术的风险高低将是一个重要的决定因素。即使利益相关者已经确定一种模式，接下来仍然要做第二层级的权衡研究。如果选择了星载平台，则可靠性的优先级要排在可维修性之前，以保证光学系统在全寿命周期内尽可能不进行维护。

权衡研究要在整个采办周期内进行，最好选在功能分析结束时开始，此时功能被分解到下一个细节层级，通常每个新系统层级将意味着一个新功能分析、需求分配和权衡研究。在开发过程的每一个阶段，可能都要确定许多备选的机制，在评估备选组件和结构之前，仍然需要权衡研究。

由功能分析引出的权衡研究的一个案例是先进的实时视频系统需要对图像处理功能进行分解。通过不同软件和硬件对图像处理功能层级下的光学数据流的处理方式和效果研究分析，可以获得几种类型的软件和硬件应用组合方案，哪种软件和硬件组合的技术途径能够实现最高效费比仍然需要进行权衡研究。

在估计优先级排序并针对最佳的权衡进行调整时，要向客户提交一个精心平衡的值。假设一个小的软件错误可能导致系统不能满足性能要求，则系统工程团队应当重新进行权衡研究，风险管理响应强调选择更成熟和更稳健的软件系统，或者对所选择的软件进行额外的测试，在这种情况下，灵敏性分析能够捕捉到可能被已经满足需求的说法所掩盖的成本、进度和技术风险等因素。

### 2.5.5　备选方案评估

质量功能展开、因素评分和层次分析法是用于备选方案分析的几种常见的模型方法，应用效果良好。这些方法涉及对性能指标测度进行分类排序的问题，但其评估模型不同。评估建模可以是解析的，依赖于确定的数学关系和算法机理；也可以是基于仿真的，依赖于随机过程、事务处理分析和概率数学，以描述在迭代周期内的事件和决策的输出。

层次分析法是一种典型的确定性模型，是一种被广泛认可的方法，在复杂决策问题中得到广泛的应用。系统工程团队需要一种可以展示给利益相关者的可信的分析过程，以便选择最好的结果。层次分析法一般在概念设计的末期使用，输入条件是可选的设计、利益相关者运行使用需求和相关的性能指标的排序，以及对这些设计进行的可行性研究的其他结果。可行性研究和以往权衡研究的结果是良好的信息源，涉及非功能性需求、风险、成本的指标测度以及模型等因素。

层次分析法的要点是获取某些信息并对其进行处理。设计分析、敏感性分析和在备选方案分析中形成的文件等，对于系统开发团队是很有价值的。层次分析法矩阵的特征矢量分析实际上能够指向 $n$ 维空间中理论上的最优资源分配，尽管它可能不是严格的，但这是一种能洞察设计的解析方法。在一个更加面向结果的视角中，在生命周期的早期对所有的备选技术途径进行评估，有助于更早地提高设计成熟度。此外，在项目后期重新查阅正规的备选方案分析文件，被证明对于降低技术风险是非常有用的。例如，在"方法 A"失败的情况下，系统工程团队已经有了"方法 B"可以成功的思路。

评估模型的过程概括了用于验证、确认指标测度和测试准则。从利益相关者的视角来看，应当确定对设计进行测量和测试的方法，以降低不确定性和生命周期风险。一个利益相关者对产品的要求至少应该满足两点，一是产品的各项性能必须满足测试要求，二是得到多个设计中最优的一个设计。

层次分析法得出的结论之所以能得到用户采信，是因为在权衡备选方案的过程中，紧紧围绕用户的需求作为选择的输入条件，而且把对设计选择、成本与风险的影响及时反馈给用户，始终做到客观透明。

层次分析法在决策制订过程中，常常采用简单的成对比较排序方法，在一组相互认可的准则之间来确定重点方向。在设计一个深空探测目标的光学系统时，把光学系统性能、可靠性、可维护性、可支持性和可使用性作为衡量系统的几个重要指标，在论证过程中，用户对各项性能的优先级进行排序，一般认为光学系统性能最为重要，超过可靠性；然后移向下一个成对比较，认为光学性能依然超过可用性；在可用性和可靠性之间进行比较；依此类推，构建出一个完整的排序系统。

## 2.5.6　可行性与风险之间的关联性

从逻辑上讲，可行性与风险之间是互补的，随着可行性的增大，风险降低；随着事情的风险增大，项目的可行性降低。可行性和风险之间的关联性是成反比的，比例是滑动的。

可行性研究试图为项目建立一个稳健的开端，以便降低风险。这不仅涉及预测技术的可行性，而且记录可能遇到的问题并做出反应。例如，有大量的与可生产性相关的风险，因此，可行性研究要事先确定一种模型或其他方法是否可以验证一种设计方法有没有制造问题。一个明确的论点是，在可行性分析和权衡研究上花费的时间和精力越多，项目的风险将越小。如果可行性研究的结果发现系统供应商不能满足需求条件，则这种分析无疑是成功的，避免发生时间、金钱和资源浪费的现象。

在可行性研究中形成文档的可能的问题和备选的技术途径要直接反馈到风险分析中，要把在可行性研究中研究的各种技术途径变成应对风险的因素，如果当前的技术途径因为各种因素变得无效，因为有其他备选技术途径，可以采取一种备选的技术途径，且不会显著地阻碍项目的进展，工作才会变得有意义。例如，在研究一种多目标测量的光学系统时，考虑采用小像元尺寸的大靶面器件和大像元尺寸的大靶面器件两种方案，以实现更可靠地捕捉目标。从成像效果分析，采用大像元尺寸的大靶面器件效果更好，但由于种种原因，器件的研制过程受阻。为了不影响进度，经研究决定，立即更改器件和一系列的备选设计方案，使得研制计划能够顺利进行，在时间、进度和经济上都没有造成大的损失。

参照以往的经验，即使是初步的可行性研究结果也将进入风险分析与评估环节，并提供有关故障的似然度、故障严重性的评估信息，并确定可以提供可靠的量化预测模型。

# 小　　结

可行性研究、权衡研究、备选方案评估和层次分析法是决定系统的构成、功能、成本和决策的非常重要的几个过程。对这些研究最重要的输入要素是跨整个系统生命周期、多学科团队、模型、数据、利益相关者的需求和资金的稳健的系统工程支撑环境。采用可靠的产品集成模式和过程开发原则建立起的系统工程环境，是确保系统研制顺利进行的有力支撑。

可行性研究是在系统工程过程的早期启动的，其在确定需求的基础上，基于成本、进度、系统设计和技术风险评估等进行，包括与设计相关的参数、模型、经济研究、备选技术的类型和初步的结构等。可行性研究是高层次的、综合的行动，在确定可行性的过程中经常衍生出创造性的解决方案。可行性研究必须建立在实事求是的基础上，可以进行多方面的调研，甚至可以邀请协作的团队和用户一起完成。

权衡研究和备选方案分析是用于决策制订的结构化的方法。备选方案分析通常涉及较宽范围的不同类型的技术路径，当对正在开发的系统进一步完善和定义时，在功能分析中需要权衡研究。一般的指南将说明形成方法与决策制订过程。对主要的利益相关者提出的重要准则被设定为比较准则，并针对这些准则评估不同的备选方案，准则可以包括系统满足技术性能的能力、成本目标、项目的生命周期活动和如可维修性、可靠性和可生产性的属性等。针对不同的用户需求和时间、资金、应用前景，可以采用成熟度高的类型，也可以提高一些技术难度和开发性的新技术，但一定把控好比例和风险。无论针对哪一种类型的用户，完成项目并顺利投入使用才是王道。

层次分析法是用于完成备选方案分析的一种非常具体的方法。层次分析法是将利益相关者的多项应用需求，转化成对这些排序进行量化的矩阵，然后按照一定的原则进行比较和分析。事先要将比较的原则描述清楚，不采用模棱两可的语言。

性能和生命周期对技术决策的影响分析，是对由利益相关者选择的准则和重要的性能进行量化，并根据准则对应的性能进行排序，筛选出可能的方案。特征矢量矩阵处理过程将技术排序矢量与准则排序矢量相乘，产生一个排序的解决清单方案。在接受这一结果并作为建议交给利益相关者之前，应当完成灵敏性分析和一致性分析。

## 参 考 文 献

[1] 王大珩. 现代光学与光子学的进展[M]. 天津: 天津科学技术出版社, 2002.

[2] WOLFGANG W. 光电与红外系统的系统工程与分析[M]. 范晋祥, 张坤, 译. 北京: 国防工业出版社, 2019.

[3] 郁道银, 谈恒英. 工程光学[M]. 3 版. 北京: 机械工业出版社, 2002.

[4] 潘家轺. 现代生产管理学[M]. 4 版. 北京: 清华大学出版社, 2018.

[5] 褚君浩, 杨平雄. 光电转换导论[M]. 北京: 科学出版社, 2020.

[6] 唐晋发, 顾培夫. 现代光学薄膜技术[M]. 杭州: 浙江大学出版社, 2006.

[7] 石顺祥, 王学恩. 物理光学与应用光学[M]. 3 版. 西安: 西安电子科技大学出版社, 2018.

[8] 《红外与激光工程》编辑部. 红外成像系统测试与评价[R]. 天津: 《红外与激光工程》编辑部, 2006.

[9] 黄建平. 物理气候学[M]. 北京: 气象出版社, 2018.

[10] 邓庆绪, 张金. 物联网中间件技术与应用[M]. 3 版. 北京: 机械工业出版社, 2021.

[11] 马洪连, 丁男. 物联网感知、识别与控制技术[M]. 2 版. 北京: 清华大学出版社, 2017.

[12] 范丽. 卫星星座理论与设计[M]. 北京: 科学出版社, 2008.

[13] 高梅国, 付佗. 空间目标监视和测量雷达技术[M]. 北京: 国防工业出版社, 2017.

[14] 曹晨, 李江勇. 机载远程红外预警雷达系统[M]. 北京: 国防工业出版社, 2017.

[15] 杨宜禾, 岳敏. 红外技术[M]. 2 版. 北京: 国防工业出版社, 2017.

# 第3章 光学设备、系统测试与评估

## 3.1 光 学 设 备

### 3.1.1 光学设备测量原理

由于偏振特性在目标识别和复杂环境下的特殊作用，偏振特性的测量渐渐受到人们的重视。遗憾的是，并不是所有的测量要求都能得到满足，原因是多方面的，这与目标所处的外部环境和自身特性有关。例如，紫外光进入大气层就会被大气中的臭氧层吸收[1]，对于设在地面的设备，这时候就不可能再测量得到目标的紫外信息，因此，对于任何一种设备，只有将其使用环境和目的研究清楚，才能有的放矢提出任务书和技术要求，满足在环境条件约束下的测量任务[2]。

从以上分析可以看出，要研制合适的光学设备，三个要素必须研究清楚，一是测量目的和要求，二是测量目标的特征，三是测量环境。这三个因素相辅相成，互相影响。

### 3.1.2 靶场光学设备分类

按照功能划分，靶场光学设备主要分为弹道测量设备、飞行实况景象测量设备、物理特性测量设备和事后信息处理设备等四大类。

弹道测量设备在导弹航天光学测量系统中主要用于弹道测量，包括光电经纬仪、弹道相机、高速电视测量系统、激光雷达等多种类型，其中光电经纬仪、高速电视测量系统兼具实况景象记录功能。这类设备是光学测量系统的主体设备，具有口径大、系统组成完善、测量精度高、探测距离远等特点。

飞行实况景象测量设备在导弹航天光学测量系统中主要用于实况景象的记录测量，一般由电视系统和红外系统组成，具有探测距离远、图像清晰度高、帧频高等特点，除用于初始段的实况景象记录外，还可用于测量飞行中段、末段和遭遇段的参数和姿态[3-4]。这类设备的测量精度要求是中等精度，大多采用车载方式，具有机动性强、布站灵活的特点，适用于测量技术条件优越，但生活和环境条件相对艰苦的地区布站。

物理特性测量设备包括红外辐射特性测量设备、紫外辐射特性测量设备、光度计、光谱分析仪等，具有这种功能的设备可以独立设计，也可以与光电经纬仪、景象测量设备合成设计，成为这类设备的一个分系统，共同完成要求的测量任务。

事后信息处理设备主要用于早期信息记录介质是电影胶片的时期，包括洗片机、判读仪、照相干板、坐标测量仪等。随着胶片记录介质的淘汰，这类设备也不再具有使用价值，所以基本上不再研制单独的事后信息处理设备。

电视测量系统普遍应用之后，电视、红外等数字信息的事后判读系统在计算机上很容易实现自动判读；飞行实况景象测量设备又可分为飞行初始段景象测量设备、飞行中段景象测量设备和炸落点景象测量设备；在自动化程度和车载不落地测量技术比较成熟的情况下，自动定位技术、站址定位精度和设备测量精度基本达到了弹道测量的精度要求，实况景象测量设备和弹道测量设备已经没有严格的界限；随着多光合一光学镜头的设计和应用，一台光学设备集弹道测量、实况测量和物理特性测量等多种功能于一身，从设计制造上已没有严格的区别。

起飞漂移量测量系统一般由三台高速电视测量仪组成，布设在发射架周围，完成起飞初始段的景象测量和起飞漂移量测量。近期建设的部分发射工位，提出可以不再进行起飞漂移量的测量要求，但是出于安控信息的需要，希望能够完成起飞初始段的实时弹道测量，激光雷达不但可以实现实时起飞漂移量的测量，还可以实现实时弹道测量，有一定的发展潜力和应用前景。

### 3.1.3　靶场光学设备系统组成

光学设备（包括电影经纬仪、光电经纬仪）的基本构成包括光学镜头、成像器件、跟踪架系统、伺服控制系统、测角系统和计算机系统等六大部分。

随着功能的需求扩展，目前一般的光学设备由跟踪架分系统、主光学分系统、红外辐射测量分系统、可见光实况测量分系统、中波红外捕获分系统、伺服控制分系统、操作控制分系统、图像判读分系统、气象测量分系统、标定与数据处理分系统、目标模拟仿真训练分系统、通信分系统、时统终端分系统等组成，如果是车载设备，还要包括不落地测量分系统、载车分系统等部分[4]。

各分系统设计指标与功能大致如下。

1. 跟踪架分系统

1）组成及功能

跟踪架分系统是整个测量系统的传感器承载主体，为目标捕获、跟踪测量的各种设备提供安装平台。

2）主要战术技术指标

跟踪架分系统主要战术技术指标要求如下。

（1）编码器：采用 24 位绝对式编码器，测角精度优于 1.5″（这个指标根据用户要求可以改变）。

（2）工作范围：方位无限位，360°连续，俯仰-5°~185°。

## 2. 主光学分系统

主光学分系统由可见光相机、红外热像仪、光学系统、视频跟踪处理系统、视频记录系统等组成。主光学分系统采用最佳的分光效率和结构方案设计，如采取独立设计，三光合一光谱分光方案设计，四光合一光谱分光方案设计等，需根据实际情况进行研究。一般情况下，口径大于400mm的中大口径光学设备，为了利用大口径集光能力强的特点，采用多光谱分光方案比较合适[5]。

光学系统具有以下功能。

（1）具有目标自动捕获和跟踪功能，实时输出目标脱靶量及目标标示；

（2）具有数字图像记录、模拟视频输出功能，能接收同步脉冲、触发信号，实现同步记录、触发控制、距离触发事件；

（3）在同步信号控制下实时记录绝对时间、方位角、俯仰角和焦距数据，并将这些数据信息与图像进行叠加；

（4）对视场内的多个目标图像进行检测、识别，跟踪视场内1个目标，可同时给出另外两个至多个目标脱靶量；

（5）具有辐射特性测量的功能；

（6）实时无损图像记录，下载图像无损失、无丢帧；

## 3. 可见光实况测量分系统

可见光实况测量分系统包括可见光相机、光学系统、镜头控制分系统、视频跟踪处理系统、可见光视频记录系统等部分，主要完成近距离高质量高帧频成像任务。

可见光实况测量分系统主要功能如下。

（1）具有数字图像记录、视频输出功能，能接收同步脉冲、触发信号，实现同步记录、触发控制、记录触发时间；

（2）在同步信号控制下实时记录绝对时间、方位角、俯仰角和焦距数据，并将数据信息与图像叠加；

（3）对视场内的目标图像进行识别，实时输出目标脱靶量（帧频不小于50Hz）；

（4）实时无损图像记录，下载图像无损失、无丢帧；

（5）能够将数字图像转化为符合相关国军标要求的图像格式。

## 4. 中波红外捕获分系统

中波红外捕获分系统由光学系统、中波红外相机、镜头控制系统等部分组成，主要用于对目标的快速捕获。

5. 伺服控制分系统

伺服控制分系统由伺服控制器、功率放大器、单杆及相应的控制按键等组成，包括方位和俯仰两套彼此独立工作，但又相互配合的跟踪控制系统。根据单杆数据、外引导数据、可见光或红外数字图像处理系统给出的脱靶量数据、编码器的角位置信息，控制力矩电机驱动跟踪架双轴实现对目标的自动跟踪[6]。

6. 操作控制分系统

1）组成

操作控制分系统包括操作控制台、主控计算机、视频监视器、不间断电源（UPS）、打印机等硬件及相应操作控制软件等。

2）主要功能要求

（1）能够接收中心送来的引导跟踪信息，对设备实施引导，并具备正弦引导、等速引导和定点引导等理论引导方式。

（2）能按规定时序采集设备角位置测量数据、绝对时间和设备工作状态等信息，并进行记录、显示。

（3）设备应具有将本机测量数据及经本机预处理后的数据按规定格式实时输出功能。

（4）具有系统标校及误差修正软件，要求包含星库，具有半自动选星功能、恒星自动跟踪测量功能，能自动求解测量误差，能解算经纬仪各单项差，并自动对各单项差进行修正，并记录误差、形成文本文件。

（5）能完成几种跟踪方式（可见光电视自动跟踪、短波红外测量自动跟踪、中波红外测量自动跟踪、长波红外测量自动跟踪、中波捕获自动跟踪、人工半自动跟踪、实时引导跟踪、理论弹道引导跟踪、融合跟踪）之间的平滑切换。

（6）操作手能通过显示器观察目标，操作单杆完成对目标的跟踪。

（7）跟踪操作具有预推功能。

（8）具有红外探测器工作时间累计功能、探测器温度实时显示功能。

（9）可通过机下按钮调节变倍系统的焦距和各测量分系统的调光调焦小系统，使之能对不同距离、不同亮度的目标清晰成像，且调光、调焦机构均有相应的反馈值。

（10）设备能对各分系统和主要功能模块的工作状态进行自动化检测，对故障进行显示，必要时发出音响警告。

7. 图像判读分系统

1）功能

图像判读分系统主要对实时记录下来的数字图像信息进行事后处理。事后处理主要完成用户方对图像数据及测量数据的事后浏览功能以及实现图像资料的编辑功能。可以事后完成数字图像的判读,提取目标的脱靶量信息,并对目标的灰度进行统计,做出图像的灰度直方图。

2)主要技术指标

(1)判读方式:半自动判读、自动判读(具有质心、边缘、相关 3 种方式);

(2)判读速度:半自动判读≥1 帧/s,自动判读≥2 帧/s;

(3)判读精度:优于 0.5 像素。

### 8. 气象测量分系统

气象测量分系统由激光雷达、能见度仪、粒谱分析仪、气象仪和大气传输计算软件组成,主要为测量数据处理分析提供必需的气象测量参数和大气传输修正,包括地面大气光学参数及气象测量单元。地面大气光学参数及气象测量单元可以提供测站所在位置的温度、湿度、压力、风向、风速等基本气象参数,以及辐射传输斜程上的大气参数,计算得出实时各光学波段的大气透过率和背景辐射,为红外辐射特性测量数据的大气传输修正工作提供基础数据[7]。

### 9. 标定与数据处理分系统

标定与数据处理分系统包括辐射定标系统、数据综合分析处理模块等。辐射定标系统由标定设备和标定软件组成,是在光学系统入瞳辐射量和探测器输出之间建立对应关系,作为目标特性定量处理结果修正的依据,保证定量测量精度。标定设备车载大面源黑体[8]。数据综合分析处理模块用于对获取的红外测量数据进行定量分析、处理、存储和管理,主要由目标特性分析处理模块和数据库管理模块等组成。

### 10. 目标模拟仿真训练分系统

目标模拟仿真训练分系统主要用于模拟训练过程中在红外探测器不开机状态下,为系统提供目标红外仿真图像信息,在保证正常模拟跟踪训练的同时,延长红外探测器的使用寿命[9]。

### 11. 时统终端分系统

(1)时统终端分系统能够接收 BD 码和标准 IRIG-B 码时统信号,给出绝对时间码,产生设备所需同步信号,具有守时功能和采用 AC 码方式对外输出 B 码的功能。

(2)输入信号形式:IRIG-B(AC 码)、IRIG-B(DC 码)、外频标输入、BD 时码输入。

（3）输出信号：并行时间码输出（BCD 码）、IRIG-B/AC 输出、IRIG-B（DC 码）输出、时标输出。

12. 不落地测量分系统

（1）不落地测量分系统由定位定向接收机和解算单元、倾斜测量单元和解算软件等组成，解决经纬仪的自定位、定向和倾斜测量问题[10]，实时测量经纬仪坐标系与靶场坐标系的变化量，并进行解算与修正。

（2）系统采用 BD/GPS 来实现定位与定向。采用实时动态（RTK）测量技术实现经纬仪的厘米级定位精度，利用两套经纬仪之间及经纬仪与机动方位标的 RTK 测量两种方式实现经纬仪定向。

（3）具备经纬仪工作过程中的晃动量实时测量与动态数据修正能力。

### 3.1.4　光学设备的设计原则

光学设备设计的主要任务就是根据设计技术要求和研制合同（包括研制任务书、技术方案）确定光学设备总体技术方案，设计出具有良好适应性、较强生命力和优越性能的光学设备。具体来说，就是提出经过优化的最佳总体技术方案、确定光学设备工作模式、确定系统内部各关键部件的性能参数和设计方案，并根据设计要求以及研制水平正确地分解和确定关键技术。衡量技术方案优劣时，应从先进性、现实性、继承性和发展性等四个方面进行综合评价，是技术、时间、经费三者结合的最佳平衡，不应单纯追求单项技术的先进性，不盲目追求高指标、高性能，应从系统工程的观点追求总体性能的最优化[11-13]。总体设计就是在理论分析的基础上在上述各方面之间寻求平衡点，既是一个自上而下的设计过程，也是一个自下而上的设计过程，是多次理论分析和验证的集成和统一，也是各分系统协调设计的结果，在确定各系统的各项设计要求后，指导分系统的设计和验收[14]。

在工程中，光学设备的性能一般由技术指标评定，技术性能主要取决于目标识别跟踪能力、抗干扰能力、环境适应性、使用维修性和可靠性，目标识别跟踪能力是核心。如果把一个设备的主要技术性能分成六大类，则分别是目标识别跟踪能力、测量技术性能指标、抗干扰能力、可靠性、安全性和可维修性、可用性，分别从不同的方面对一个设备进行全面的定义，且具有可执行性。光学设备技术结构组成如表 3-1 所示。

表 3-1　光学设备技术组成

| 技术性能 | 技术组成 |
|---|---|
| 目标识别跟踪能力 | 探测距离 |
| | 空间分辨率 |

续表

| 技术性能 | 技术组成 |
|---|---|
| 测量技术性能指标 | 光学系统口径 |
| | 焦距 |
| | 视场 |
| | 测量精度 |
| | 最大跟踪角速度 |
| | 最小跟踪角速度 |
| | 最大跟踪角加速度 |
| | 最小跟踪角加速度 |
| | 保精度跟踪角速度 |
| | 保精度跟踪角加速度 |
| 抗干扰能力 | 抗电磁干扰能力 |
| | 抗机械振动与热干扰 |
| | 抗杂散光 |
| | 天候和天时适应能力 |
| 可靠性 | 日历寿命 |
| | 工作寿命 |
| | 平均无故障时间 |
| 安全性和可维修性 | 可测试性 |
| | 可维修性 |
| | 工作稳定性 |
| 可用性 | 成本 |
| | 准备时间 |
| | 操作使用 |

光学设备设计的目的就是达到上述技术指标要求。具体设计时应遵循以下原则[15]。

（1）综合权衡原则。光学设备各参数之间是相互联系的，但也存在一定的矛盾，如探测距离和空间分辨率之间就是相互矛盾的，提高了其中一个，就会降低另外一个，希望探测距离远，但目标像就会变小，因此设计的时候要认真分析各参数之间的内在关联性，以满足技术指标要求为目标，不片面追求高指标，以综合性能最优、综合代价最小为原则[16]。

（2）继承性原则。充分继承已有成熟技术，使用已有部件可以减小技术风险、缩短研制周期并降低研制成本。

（3）先进性原则。所设计的产品应在相当长的时间内保持一定的先进性，并兼顾未来系统发展的需要，如图像信号处理系统为了适应算法改进设计的需要应该预留计算能力，设计成硬件可重构结构；光学系统跟踪架也可预留可扩展硬件接口，等等。

（4）现实性原则。系统设计要充分调研现有技术和工艺的成熟性，所提出的方案要建立在现有技术水平的基础上，否则设计方案难以实现，或者受限于工艺水平，设计性能打折扣，或者可靠性不高，这都会影响研制进度和声誉。

（5）发展性原则。光学设备各部件、功能模块尽量进行模块化、标准化、通用化设计，以便于维修和更换，也便于将来被其他系统集成运用；同时，设计良好的设备应具有可扩展性，便于功能扩展和性能升级，特别是图像处理系统设计、融合算法设计、探测器系统设计更应具备可扩展性，要能够适应未来自动目标识别算法的需求，要保持持续的改进能力。

上述原则是设计任何光学设备时都应该普遍遵循的准则，各项准则之间也是相互联系和相互制约的，实际设计过程中要充分理解用户的需求和任务特点，根据任务书的要求进行权衡和取舍，争取做到"经济、实用、先进、可靠"。

### 3.1.5　光学系统成像特性类别分析

光学设备拍摄目标大体分为两类：民用目标和军用目标。民用目标主要包括天文观测和各类目标监视；军用目标包括卫星发射与飞行、导弹发射与飞行、导弹下落景象与位置测量、空中与地面的攻防对抗、海上防护等。针对用户的需求，认真分析目标特征、背景特征、应用特征（有人、无人、长时、短时）、时间和空间特征、环境特征等，从而进行技术分析。技术分析越详细，设计研制的设备越能发挥其作用[17]。

成像效果分析是光学设备设计的理论基础，成像效果与目标特性、背景特性分不开，准确计算各种不同的背景特性是成像效果分析的关键步骤[18]。

目标与背景分析一般包括目标的类型、目标的反射特性、目标的温度特性、目标的红外辐射特性、目标的运动特性、背景的光学特性、背景的温度特性、背景的红外辐射特性、目标与背景的亮度差别、红外辐射差别、自然和人为红外干扰及红外隐身特性等方面的分析。

目标飞行过程中所经历的背景，大致有以下几类：空间目标与深空背景、临近空间目标与天空背景、空中目标与天-空/地-物复合背景、地面目标与地物背景、海面目标与海洋背景等。

1. 空间目标与深空背景

空间目标指高度 100km 以上的战略导弹、卫星、空间飞行器、空间站和中继站等。深空背景指辐射温度大约在 3.5K 的冷背景，绕地球飞行的各种空间目标在向阳区太阳光照射下具有表面温度 300～450K 的红外辐射；在无阳光照射的阴影区仅有表面温度 200K 的红外辐射。对于现有的军用红外系统，3.5K 的深空背景辐射非常微弱，可以忽略不计。空间目标的红外辐射包含目标本身的红外辐射、反射的太阳的红外辐射和反射的地球的红外辐射，其中目标本身的红外辐射是主要部分。但是，在光学设备探测空间目标时，除接收上述三种辐射外还接收太阳直接辐射、地球辐射以及地球反射的太阳辐射，探测器接收到的目标特性与空间目标自身的特性存在一定的差别，设计探测空间目标的光学设备应注意这种特性，因为太阳直接辐射和地球辐射直接照射探测器时辐照度太大，会淹没空间目标本身的辐射，从而探测不到空间目标本身，须避免太阳和地球辐射出现在探测器中，实际使用时通过控制探测器的姿态和位置来实现[19]。

2. 临近空间目标与天空背景

临近空间目标是指飞行高度在 30～100km 范围的飞艇、浮空器、高超声速飞行器等。天空背景是指由地球大气散射和辐射形成的光学天空背景以及在不同气候条件下的云、雾、霾、雪、雨等。临近空间可探测的目标不多，其红外特性研究还刚刚起步，没有更多的相关数据。但是，随着临近空间军事目标的增加，关注临近空间目标红外成像特性是必然的。

3. 空中目标与天-空/地-物复合背景

空中目标是指在高度 30km 以下飞行的各种类型的飞机（战斗机、直升机、轰炸机、预警机、加油机和运输机）和战术导弹（巡航导弹、飞航导弹、空地导弹、空空导弹和地空导弹等），以及飞机和导弹可能释放的各种红外诱饵。这些目标所处的背景可能是天空背景，也可能是天-空/地-物复合背景。当光学设备从下向上观察时，目标处于天空背景之中；当红外成像光学设备从下向上观察时，目标处于天-空/地-物复合背景之中，不同应用的光学设备在研究空中目标的红外辐射特性时将根据应用背景不同研究不同的目标/背景红外特性。

空中目标的红外辐射包括发动机红外辐射和蒙皮红外辐射，发动机的红外辐射波长主要分布在近红外 1～3μm 范围和中波红外 3～5μm 范围，蒙皮红外辐射与目标形状尺寸、表面材料性质、目标飞行速度、目标飞行高度、采用的隐身措施以及环境气象参数（地理位置、太阳辐射、天空辐射和大气成分分布等）有关。如果不采取红外隐身措施，天空目标相对天空背景在红外区有较强的红外辐射，容易跟踪识别。例如，对于飞机，若选用近红外波段，可以进行尾追制导；若选用中波红外, 可以进行前向跟踪制导; 若选用长波红外 8～14μm, 可以实现全方位和全天候的跟踪制导。目前, 红外成像光学设备对于热目标的成像距离可以达到几十公里到上千公里, 为了降低被探测的可能性, 人们对空中目标已采取了红外隐身措施, 如通过采用无烟推进剂、对蒙皮采取制冷措施等来降低目标的红外辐射, 采取隐身措施的目标红外辐射特性将大大降低, 热辐射可降低 66%～75%[20]。

天空背景的红外辐射特性由大气参数的垂直分布特性决定。

### 4. 地面目标与地物背景

地面目标是指处于地球陆地表面上的目标, 如常见的坦克、车辆、桥梁、机场、建筑物、发电站、雷达站、停留在地面的飞机等。地物背景是指陆地地表背景或者城市背景, 如土壤、沙漠、植被、树林、城市道路等。地物背景的红外辐射有地球本身的辐射和太阳辐射的反射, 地球本身的辐射波长主要集中在 4μm 以上, 反射的太阳辐射主要在近红外区。

对于有动力的地面目标, 如坦克和车辆, 其发动机部位及排气口红外辐射能量较强, 其他部位若受太阳照射红外辐射比周围背景强, 若长时间不受太阳照射, 红外辐射则比周围背景弱, 因而白天红外辐射高于背景, 夜间红外辐射低于背景, 可利用目标背景辐射温差来对目标识别定位。对于无内热源的地面目标, 如桥梁、机场、建筑物等, 其红外辐射主要分布在长波红外波段, 采用长波红外探测器比较合适。例如, 对桥梁的特征分析, 桥梁具有如下特征: 桥梁灰度较高, 和陆地灰度接近; 水域具有一定面积, 灰度较低, 桥梁横跨水域, 横向延伸, 即桥身纵向为水域, 横向延伸到陆地上, 桥梁长度一般不会超过水域宽度; 桥梁在图像中占的区域非常小, 一般情况下, 桥梁边缘线表现为近乎平行的直线段, 有时也仅为几个点。因此, 在设计对桥梁类目标成像的光学系统时, 就要把握桥梁的成像特征。

### 5. 海面目标与海洋背景

海面目标是指行驶在海面上的各种海面舰艇, 包括航空母舰、巡洋舰、驱逐舰、护卫舰、猎潜舰、扫雷舰、运输舰等。舰船在运行时, 烟囱部位相对于海洋背景红外辐射较强, 可以利用中波红外探测器进行跟踪识别, 但当舰船位于太阳照射区、舰船和红外成像器件处于亮带区 (形成镜面反射的区域) 时, 中波红外成像探测器的性能会大大下降, 甚至丧失工作能力, 使用中波红外探测器成像时要考虑此种情况。另外, 采用红外隐身措施后烟囱的红外辐射会大大降低, 能量降低 90%, 中波红外探测器的探测性能会大大降低。

舰船其他部位的热惯量小, 有阳光照射时温度上升很快, 无阳光照射时温度降低很快, 因而舰船的红外辐射可能高于海水, 也可能低于海水, 采用长波成像探测器可以实现舰船目标的识别跟踪, 特别是吃水线在红外图像中特征特别明显且比较脆弱，可以利用该特征对舰船进行有效识别和打击。但是，在昼夜中有两个瞬间舰船和海洋背景红外辐射温差为零，长波红外探测器不能从海洋背景中检测识别出舰船目标[21]。

观察的角度不同，舰船的目标特征也不同，从空中往下看时主要看到的是舰船俯视剖面的目标轮廓和海水背景；从侧面观察时，吃水线特征就比较明显。

### 3.1.6　大气传输特性

大气传输过程特别是经过长光程的传输，对图像的质量影响很大。大气对图像的影响主要由以下原因产生：①大气湍流；②粒子的散射和吸收。地球周围气体各部分的温度和压力不均匀变化引起大气密度和折射率的非均匀随机分布，即大气湍流现象。这种湍流现象随时间而涨落，对光束的传播产生显著影响。大气湍流对非相干光成像的影响主要有像闪烁、像抖动、像模糊等。大气的主要成分包括各种分子、水汽、气溶胶等。它们对成像的影响主要表现在对光的吸收和散射，随着天气的变化，大气的组成特别是气溶胶的直径和浓度都会发生变化，从而引起所成像的衰减和模糊。

在一般的天文成像中，曝光时间往往超过几秒钟，因此记录的是一个时间平均像，称为"长曝光像"，但在军事目标测量过程中，成像时间是以毫秒、微秒甚至是更短时间为单位的，这种情况下的成像称为"短曝光像"。湍流对长曝光像和短曝光像的影响是不一样的，可以分别用不同的调制传递函数来描述。

长曝光湍流调制传递函数：

$$H_{\text{Turb-L}} = e^{-57.3\upsilon^{5/3}C_n^2\lambda^{-1/3}R} \tag{3-1}$$

式中，$H_{\text{Turb-L}}$ 为长曝光湍流调制传递函数；$\upsilon$ 为空间角频率；$C_n$ 为折射率结构常数；$R$ 为光程；$\lambda$ 为辐射波长。

短曝光湍流调制传递函数：

$$H_{\text{Turb-S}} = e^{\left\{-57.3\upsilon^{5/3}C_n^2\lambda^{-1/3}R\left[1-\mu\left(\frac{\lambda\upsilon}{D}\right)^{1/3}\right]\right\}} \tag{3-2}$$

式中，$\mu$ 为湍流修正系数，近场情况下取系数 $\mu_{近}=1$，远场情况下取系数 $\mu_{远}=0.5$；$D$ 为光圈直径。

湍流强度与地表特征有关，如湿度、粗糙度等。天气参数，如温度、风速等都会受到地表特征的影响，因此天气参数不仅包括大气信息，还包括环境和地表的特征。

大气中存在各种各样的不同大小和化学成分的粒子，气溶胶是由悬浮在气体中的小粒子构成的弥散体系。气溶胶的主要组成为霾，从光学角度看，霾对大气散射能力大于气体分子而小于雾，其粒子尺度的变化范围有三个量级。光的衰减大部分是由大量半径在 0.1～1μm 的大粒子造成的，半径近 0.3μm 的粒子在决定能见度上通常是起最大作用的因素，半径大于 1μm 的粒子少得多，但对前向散射影响很大，粒径大于 10μm 的霾很少，可以不予考虑[22]。

分子和气溶胶的影响主要在散射，散射的影响会导致点目标像的扩散，使到达角度发生了变化，从而使图像产生了模糊。由于每个传感器都有一个有限的动态范围，对于射线的非散射部分就有实际的仪器限制，传感器的有限角频带宽截去了高频射线，传感器有限的空间频带宽限制了实际图像中非散射光线的最大值，有限的带宽使边缘变得不再陡峭，也抹去了一些细节，但相比散射光还是很小。带宽对非散射光线的限制使得由散射光线引起的污点相对提高，这对提高图像质量的影响非常不利，因此，通过散射方式得到的图像由以下两部分组成：轻度污染的非散射光形成的图像，污染主要由硬件的带宽引起；散射光形成的较大的污染图像，主要由实际图像中的目标散射角决定。实际成像的气溶胶影响可以由测量得到的气溶胶调制传递函数来表示[23]。

## 3.2　系统测试方法学

根据系统测试方法学的理论，按照每个阶段的特点，将每个阶段的测试类别根据工作特征划分成五类，不同阶段对应不同的类型，适用于每个阶段的测试方法和内涵，不同开发阶段的类别及特征如表 3-2 所示。

**表 3-2　不同开发阶段的类别及特征**

| 项目 | 一类 | 二类 | 三类 | 四类 | 五类 |
| --- | --- | --- | --- | --- | --- |
| | 方案设计 | 初步设计 | 详细设计和部署 | 生产和建造 | 运行使用和系统支持 |
| 内涵 | 开发用于方案研究的高层级模型 | 在试验阶段和原型样机上进行的，通常在初步设计阶段、详细设计与研发阶段的早期进行 | 在初步设计的基础上更进一步，更强调细节 | ①涉及在指定的测试场所或模拟环境条件下对产品单元的测试；②聚焦在一个设计审查或其他验证或确认活动，得到验证后可以用于生产；③强调测试的规范性，验证与在外场进行的确认活动密切相关 | ①在运行使用场所进行；②用于系统的运行使用和持续发展工作；③在系统已部署使用的情况下，需要改进和升级；④当系统需要引入新零件或部件时，要采用适当的测试方法重新评估系统，并验证系统仍然满足需求，能够正常地实现功能 |

续表

| 项目 | 一类 | 二类 | 三类 | 四类 | 五类 |
|---|---|---|---|---|---|
| | 方案设计 | 初步设计 | 详细设计和部署 | 生产和建造 | 运行使用和系统支持 |
| 方法 | 分析性测试和分析性模型 | — | 应当在对系统影响有限的条件下暴露问题 | — | — |
| 工具 | 计算机辅助设计 | 计算机辅助设计 | 计算机辅助工程 | 计算机辅助制造 | 计算机辅助后勤保障和分析模型 |
| 效果 | 原理清楚,方案合理,条块清晰 | 参数明确,结构清晰,信息明朗,关键技术、重点难点定位准确,且有切实可行的解决办法 | 细节设计、人员、资金、时间、试验安排合理,每一步都准确到位,实现纸面工程化 | 实际的工程投入、零部件生产、板卡生产调试、软件编制 | 完成特定使用环境下的测试、使用、验证,完成交付并进入正式使用环节,并有效果反馈 |

从系统工程的角度出发,在产品的全寿命周期内,测试与评估贯穿于始终,只是每个阶段测试与评估的方法和内涵不一样。测试与评估可以组织设计人员、专家委员会与用户方共同参与评审,希望早发现问题并解决,但不能依赖这个过程,最主要的还是要依靠设计人员自己对需求的理解、对原理的掌握、对所设计器件性能的熟悉程度、对设计的精准评估等。评审委员会只能从不同的方向和层面帮助发现或提出问题,解决问题还是得依靠设计人员本身。这个情况设计人员必须做到心中有数。

值得注意的是,正常测试的过程中,在光学设备正常运行工作情况下,需要确定和确认所需的最佳测试数目,测试太多浪费时间和金钱,测试太少可能会导致系统性能测试覆盖不全,并可能导致系统运行使用的错误继续传递[24]。

### 3.2.1 评定方法和工具

不同阶段评估的方法和工具是不一样的,针对的方向和努力的方向也不一样,最终的落脚点都在满足用户的需求和可行性上。

在每一个不同的阶段,收集整理的材料越详细,越贴近工程实际,评估的准确度越高。研究成果和工程应用往往有一段距离,因此当需求指标贴近最新研究成果时,不但要注意达到的指标,更要关注指标产生的环境和技术条件,实验室条件和外场使用条件相差很大,在技术评估的时候,一定要将条件表述得非常详细,以真实反映指标产生的背景和达不到的限制条件,如洁净环境、安静环境、光照环境等。工程技术人员进行评估和应用时,一定要保持清醒的头脑,不能盲目,否则可能会陷入难以实现的尴尬境地,不但可能难以按时交付用户合格的产品，而且会对自己的信誉产生不利的影响。因此，评估的时候，一定要贯彻"严、慎、细、实"的工作作风。

需求和测试之间具有一定的关联和逻辑性，怎样算满足需求要求，对于不同的场景应当采用怎样的测试和评估方法，这些问题都处于评定过程的核心地位，是系统工程师必须理解和掌握的，并做好有效规划，以确保系统能够在应用过程中正常地实现其功能[25]。

在开发一个通用的光学系统时，把需求定义过程看作给定的系统工程需求层级的起点，需求层级包括相关方需求层级、子系统层级和组件/部件/零件层级。在方案设计阶段，即问题定义阶段，首先要确定各相关利益方及其需要和期望，然后对需求进行定义。通过重复的需求定义、功能分析和需求分配周期，形成较低层次的需求。

系统需求建模周期如图 3-1 所示，从需求定义开始，通过系统建模、评估，确定备选方案并进行更改后，回到需求定义进行比较，直到评估完成后，进入生产过程。系统需求建模周期是对系统开发过程的互补，确保构建的系统始终在需求的约束之下。

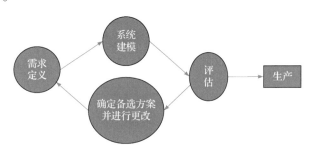

图 3-1　系统需求建模周期

在定义任何特定层级的需求后，开始对该层级进行适当的建模。这些模型是描述性的，或者在条件允许的情况下保证模型的结果可预测性，既可以定性描述，也可以定量计算，并覆盖整个系统开发工作。

对于评估而言，需要利用特定的模型，这些模型不但能够给出描述性信息，而且能够给出预测的性能和结果，这种情况下对测试结果进行比较分析才是有用的。在评估过程中，如果结果不是所期望的，则要确定替代方案以解决问题。这些模型通常包括基于系统工程的模型、基于分析和仿真的模型、图形化模型、可靠性模型、后勤和保障模型、物理模型等。

### 3.2.2　测试的策划和准备

测试的策划和准备过程涉及测试方法学的问题，同时会受到企业文化的影响，因此在策划过程中这两方面的作用都不能忽略。策划和准备过程中，受到影响的因素很多，主要包括以下几种。

1. 企业文化

在测试的策划和准备过程中，有一个重要的背景问题往往被忽略，或者不屑于提及，那就是企业或组织的文化影响。每一个企业和大的组织，都有自己的文化和工作作风、模式，这些软文化不知不觉影响着处于其中的人们的工作作风和思路[26]。

某些组织倾向于内部职能和责任的划分，这样做的好处是责、权、利分明，利于管理，但对于技术的讨论可能会产生不利的影响，主要表现在不同的组织单元之间缺乏充分的沟通机制，从而削弱测试和评估计划的质量、认可度和权威性，在测试过程中，可能会降低有效性，也可能会产生意想不到的阻碍。因此，在企业文化的基础上，寻求建立持续有效的沟通机制、切实可行的评估能力和测试环境方法学，是非常关键的。

建立公众认同的企业文化,需要企业内部人员具有共同的企业价值认同理念，并且敢为企业的发展积极努力，建言献策。团结向上、友好乐观的企业文化，才能让企业的发展欣欣向荣。企业管理者应该勇于创造和谐融洽的企业文化氛围。

2. 测试方法学

测试方法学包括测试方法、测试质量与可信度、测试结果的反馈与应用等。

测试方法学的一个重点是仿真。仿真也可以归类为一个文化现象。仿真文化在测试与评估过程中，尤其是前期设计阶段，对于系统性能的预测、优化以及设计的可行性和合理性，发挥着越来越重要的作用。仿真可以模拟对系统带来各种不利因素的各种条件，并帮助检测到可能的弱点，确认的模型和仿真器可以产生看作实际测试的结果，这可以简化过程，并降低总成本，使设计、生产和制造少走弯路，甚至不走弯路。

数字孪生实质上是一种动态仿真。数字孪生技术的应用让仿真技术走上了更加真实和动态的层次。

数字孪生技术是一种通过数字化方式创建物理实体的虚拟模型的技术手段，借助历史数据、实时数据以及算法模型等，模拟、验证、预测、控制物理实体全寿命周期过程。数字孪生是一个超越现实的概念，可以被视为一个或多个重要的彼此依赖的装备系统的数字映射系统。它充分利用物理模型、传感器更新、运行历史等数据集成，基于多学科、多物理量、多尺度、多概率等，在虚拟空间中完成映射，从而反映相对应的实体装备的全寿命周期过程。

研究人员通过构造物理系统的数字孪生体，不仅可以对目标物理系统的健康状态进行完美细致的刻画，还可以通过数据和物理的融合实现深层次、多尺度、概率性的动态状态评估、寿命预测、任务完成率分析等。数字孪生技术的应用，使得复杂系统虚实融合，实现系统全要素、全过程、全价值链达到最大程度的闭环优化。

数字孪生技术几乎将实物完全搬到虚拟空间进行仿真演化，可以完全发现实物的优缺点，并及时改进设计，最终达到完美投产的目的。

未来的光学系统设计，尤其是大型的光学系统，一定会引入数字孪生技术，贯穿于包括设计、开发、制造、服务、维护乃至报废回收的整个设备生命周期过程，不仅能帮助研制单位把产品更好地制造出来，还可以帮助用户更好地使用产品。

### 3. 质量工程原则和方法

在一个组织中，要使一个好的测试方法制度化，最重要的方式就是理解和采用质量工程原则和方法。当前在工业界采用一种称为"策略管理"的方法，策略管理的重点是逻辑和策划，这种方法有四个显著的特点，一是目标的可测量性；二是需求测试方法要明确；三是团队成员在每个阶段的末端节点要达成一致；四是每个过程必须受到质疑和挑战。

### 4. 解决方法和工具

系统测试与评估范畴的问题解决工具包括解析设计工具、统计工具、系统安全性工具和可行性分析工具等。灵敏度分析、像方差分析是与统计相关的工具，故障树分析是与可行性分析有关的工具。为了确保系统的稳健性，灵敏度分析是一个很常用的方法。灵敏度分析过程中，可以改变许多相关的参数，以检验系统的偏移性规律。故障树分析方法采用自上而下的分析模型，确定故障产生的可能原因，这是一种用于故障分析的有效的、符合逻辑的问题解决办法。为了确定一个故障的根本原因，必须评估可能影响到故障条件的多个因素。

故障树分析方法用于设计方案初期，可以有效防止设计中出现缺陷和盲区，针对不同的原因，设计过程可以采用合理的设计来避免。

### 5. 系统测试

验证策划从需求开始并由需求驱动，且与系统工程测试策划和评估过程相结合，针对每个需求进行测试，具有以下四个主要特点：①验收准则，即确定系统是否满足规定的需求；②验证方法，包括所采用的验证方法和对验证方法的描述；③测试参数，包括相关参数的定义、测试计划和规程的界限；④测试资源，包括测试仪器设备，为完成测试所需的时间、所需的人员，场地和环境条件等。

在进行任何测试之前，测试团队首先要完成验证策划，确定验证的途径和方法，根据测试需求的有效性规律，在测试、检验、验证和分析等四种类别中选择一种最合适的类别进行测试。在策划阶段的早期，必须明确验证的需求清单（或称"需求报告""检测大纲"），清单里应当包括相关的验证准则、方法学、参数和具体的详细信息，如参数范围，策划团队应当在清单中汇总所需要的精度、灵敏度、特征、结果的范围、额定值和界限等。

在测试之前，需要召集相关人员对测试计划进行评审，特别是要听取用户方的意见，让他们的意见成为测试计划的一部分，这样的测试结果才能得到用户认可。

技术文件编写者应当持续地编写并更新用户手册，以确保在产品开发周期内的有效性和适用性。在完成这一过程后，管理者可能采用用户手册确定是否投放系统、服务、产品等。编写用户手册是一项很重要的工作，也是系统管理的一部分，但出于各种原因，往往不被重视，很多时候都是在产品完成后才开始动手写。实际上，如果在设计之初就考虑这个问题，可能设计过程更能让用户有更好的体验感。系统用户应当对用户手册进行评估，并将意见反馈给系统专家和技术开发团队，用户根据相应的文献及时与开发团队进行沟通，更有利于产品功能的完善和操作使用的合理性、方便性。

### 6. 报告和反馈

从系统工程的角度理解报告和反馈，就不能简单地对阶段性工作进行总结，而是要通过总结和反馈来达到改进不足的目的。从传统的测试和评估角色到对验证系统开发生命周期的每一步进行监控和报告的方法学的转变，可以更精确地估计项目完成的百分比。

与过程中的需求分类方法相结合，跟踪和报告满足用户需求的状态，过程中的需求分类方法可以分为以下四步。

（1）对需求分析分类；

（2）将每类需求量化到范围；

（3）将每项需求放在相应的范围；

（4）监控每个需求的状态差异。

基于实现成本，首先对需求和用户的要求进行分类，接着以项目完成百分比来报告和反馈测试解决方案的实现和效果。这种类型的报告有许多优点，包括较容易追溯、增加对项目当前的了解，以及按照重要度对每项需求进行排序。

反馈报告的一个重要方面是验证报告本身。对每个主要测试活动创建一个验证报告，具体地说，就是实验室功能性能、全系统兼容性和环境测试均应创建验证报告。验证报告应当包括测试总体项目、测试描述、说明与外场测试配置设置的差别，以及对预期结果偏差与符合性描述，分析测试数据的有效性和质量，并进行说明和解释。另外，每次实验应当得到具体的结果，测试结果可以通过图形分析、图像或者数据表进行表述。最后，每个验证报告应当有结论，并基于测试结果提出下一步的意见和建议。测试报告也可以包括系统性能进一步改进所需要采取的措施等内容。

## 3.3　系统测试和评估

《机械制造工艺学原理与技术研究》[27]一书中提到，制造不只是将零件放在一起，还要提出思想、测试原理，并要对工程完善化，最终完成组装和功能性能测试。

根据国际系统工程协会（INCOSE）的定义，测试是一个在受控的实际或模拟条件下，验证系统的可使用性、可保障性或性能能力的活动。

评定过程是整个系统研发工作的必要环节，这一过程在系统开发生命周期内进行，包括形成测试计划、测试规程、评审、检验、分析、建模和仿真，以及对组件、子系统和系统本身的实际测试等活动。通过实现一个贯穿系统开发生命周期的全面的评定计划，研发部门可以向用户保证，能在每一个开发阶段逻辑上的进步点满足用户的需要和期望。

需求和测试之间存在内在的关联，如何确定是否满足用户需求，对于不同的场合采用什么样的测试和评估方法，这些问题处于评定过程的核心地位，是系统工程人员必须理解和掌握的，通过测试和评估确保系统能够在其应用中正常地实现功能。

### 3.3.1　系统测试和评估的一般概念

在开发一个系统时，把需求定义与分析过程看作任何给定的系统工程需求层次的起点。首先明确需要和期望，综合考虑并定义相关各方的需求。简单的系统需求建模与评估测试周期如图 3-2 所示。

图 3-2 所示的系统需求建模与评估测试周期是对系统开发过程的互补，根据在系统开发过程中所产生的需求构建系统，能够有效地运行系统，并进行适当的建模。通过需求定义与分析、系统建模、方案评估、确定初步方案并修改的过程循环形成一个完整的周期过程，修改后的方案再次通过评估后，进入详细设计和制造生产阶段。通过需求定义形成的建模模型，可以是描述性的，或者在可能时是预测性的、定性的和定量的，并覆盖整个系统开发工作。

对于评估而言，经常采用的模型包括采用比系统更大的环境和与其他系统及实体的关系来定义的企业架构模型、基于模型的系统工程模型、基于分析和仿真的数学模型、图形化模型、可靠性模型、后勤和保障模型、物理模型等。这些模

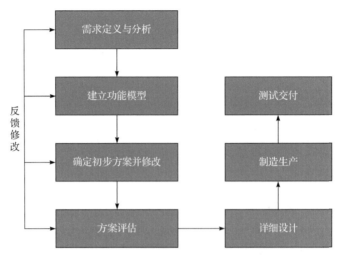

图 3-2 简单的系统需求建模与评估测试周期

型给出了描述性的信息，并且经常给出预测的性能，这些工作对测试结果进行比较性分析是有用的。如果测试结果或评估给不了期望的结果，可能需要采用重新建模或修改模型的方法来解释结果并确定原因。有时发现实际的测试本身有问题，可能需要改变测试计划和规程；有时设计可能不能产生所期望的结果，设计团队需要重新评估和更改计划以实现需求。问题也可能出现在需求上，这些需要用户方参与修改、取消或放弃需求。建立贯穿整个系统开发生命周期的建模方法并集成建模活动，对于解决问题和避免出现问题是非常有用的。

根据《红外与光电系统手册》的定义，光电探测系统将处于光学波长的电磁辐射转换为电信号，用于对光源的探测或模拟视频输出显示。光电探测系统可以用于探测、放大和操控所接收到目标的光，这些光的光谱覆盖紫外、可见光和红外部分。由于光电探测容易受到干扰、噪声和探测器件缺陷的影响，因此光电探测系统要求稳健、专门、精心设计的测试和评估方法，确保系统工作正常运行。

### 3.3.2 系统生命周期和测试

一个系统的生命周期划分为多个阶段，每个阶段在系统的开发、运行使用和保障以及最终的退役和处置中起着独特的作用。在系统开发工作中的步骤可以串行或并行执行，取决于系统的性质、系统当前的开发阶段，以及在开发工作中是否采用并发工程的做法。为了成功地开发系统，并验证系统满足需求驱动的设计、用户的需求与期望，全面的评定计划是非常必要的。相应地，评定计划必须精心地集成在整个系统开发生命周期，而且必须是其中一个重要的核心组成部分。

为了区分系统设计师和系统使用者的活动，把光学系统的生命周期分解成两个阶段：研制阶段和运用阶段。将两个阶段按照时间顺序再细分成以下六个阶段：

方案设计、初步设计、详细设计和开发、生产和建造、运行使用和保障、系统退役和处置。系统生命周期阶段如图 3-3 所示。

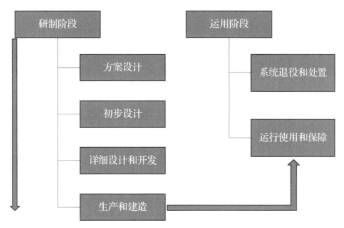

图 3-3 系统生命周期阶段

对测试的错误概念和错误理解，可能导致在系统开发过程中采用昂贵的、不合适的错误做法，根据成本管理和控制原理，降低成本的策略应该明确地辨识在系统生命周期早期采取的能够在后期运行使用和保障阶段降低成本的行动，在评定计划中实现得越早，在后面开发阶段出现缺陷的风险越小。这种思想一定要在开发团队中达成共识，并坚决执行。

开发活动的早期阶段发现问题并解决问题是降低系统生命周期成本的最佳时机。在开发活动的开始阶段，相应的系统生命周期成本增加得很快，而整个系统生命周期的成本增加相对较慢。相应地，在开发活动的较早阶段，针对需求对设计方案进行正面的改进，将会对运行使用和保障阶段产生显著的影响。因为在系统开发工作的需求生成阶段发现的问题，可以通过修改或取消需求来解决，一旦项目进入研发阶段甚至是运行使用和保障阶段才发现问题，将会导致大量的重新设计、重新研制和重新测试，付出的时间和金钱成本非常巨大。"将问题消灭在萌芽状态"是一种非常有效的手段，较早制订评定计划并精心地贯穿于系统开发工作中，扎实推动评估系统的进展，是确定系统是否满足项目目标、目的和需求的核心。

验证和确认测试是测试过程基本的互为补充的术语，这两个术语对应于系统评估过程非常具体、单独的任务。根据《NASA 系统工程手册》的描述，确认活动的类型和严格性取决于寿命周期阶段（如需求分析、集成测试）及系统层级（如组件、子系统、系统），最终需确保终端产品满足用户任务目标。因此，处于系统结构终端产品的位置，所完成的确认类型将是寿命周期阶段的一个功能，确认的目的是验证在所开发系统或系统单元中已经成功实现某一给定需求层级的所有需求。验证通常在测试过程中进行，由观察者（如系统工程师、质量工程师、测试工程师或技术人员）采用检验、分析、验证、测试或其他方法，确保所考虑的系统、服务、产品或过程满足给定的需求文件所阐述的需求。

按照需求层级进行分类，把检测验收的标准从低到高规定为 E 类、D 类、C 类、B 类、A 类。A 类为系统级标准，B 类为集成级标准，C 类为设计级标准，D 类为过程级标准，E 类为材料级标准，按照先进行验证测试，再进行确认测试的顺序进行。在系统构建完成后，验证测试在所分解的系统的最低层级——组件、部件或零件层级进行;再按照这一系统的设计需求(C 类标准)进行验证测试，对组件/部件/零件集成后进行集成测试(B 类标准)，最后按照 A 类标准进行验证。这些验证活动通常称为研发测试和评估。

如果在 C 类标准验证过程中，出现达不到设计要求的情况，则需要按照过程需求(D类标准)和材料需求(E类标准)对系统的组件/部件/零件进行重新测试验证。在组件/部件/零件得到重新验证后，才能继续集成这些组件进行集成测试，在集成测试的过程中，必须按照相应的集成级(B 类标准)对集成的组件/部件/零件进行验证。最后按照 A 类标准进行验证。

确认测试关注的是检验系统是否满足利益相关者的实际需求，涉及评估在真实环境中系统是否能够很好地满足这些需求。在系统设计和开发活动中，可以通过建模、仿真、原型样机和用户评估等活动对系统进行部分确认。与确认相关的评定活动案例：作为详细设计和开发阶段的一部分，建造一个原型系统，并在模拟真实环境或真实条件下进行测试。在系统已经研制出来，并且成功通过作为研发测试与评估活动一部分的验证测试后，必须在真实运行使用环境中对系统进行测试，这通常称为确认测试，是在运行使用测试与评估活动中进行的，这标志着研制活动的结束，系统将转到顾客/用户利益相关者手中。运行使用测试与评估的目的：向利益相关者证明系统满足所有的性能指标要求，能够满足他们的需求和期望。

### 3.3.3　测试类别及一体化测试

在整个系统生命周期内，对系统或系统单元进行的测试可以分为四类：研发测试、评定测试、验收测试和运行使用测试。每一个阶段的测试都有不同的方法和内涵，研发测试通常用于解释方案的可行性，主要方法是运用理论计算和工程分析，计算结果和工程分析结论是否满足指标要求，在工程上、经济上和时间上是否可以达到研制要求；评定测试的重点是原型样机或首件产品，主要方法是通过测试来验证产品能否达到设计指标要求；验收测试主要通过性能测试来体现，通过性能测试评估产品是否满足合同或规范要求；最后一类是运行使用测试，通过一定的验收规则，验证系统在实际使用环境条件下是否满足最终的要求。

在系统工程界，研发和运行使用测试之间能否有机结合是一个长期关注的问题，如何保证二者之间有机结合、达到研用合一的目的，涉及方法学、测试标准和时间节点的把握等技术细节。一体化测试的目的是寻求改进贯穿整个生命周期的研发测试和运行使用测试之间的互补关系，研发测试和运行使用测试活动需要尽可能一体化，以提高整个测试和评估效率，且更加强调与运行使用的相关性。许多成功的项目经常采用一体化测试方法来确保系统的各个方面都能够正确地工作。具体到某一个项目，还要考虑成本、投入-产出比等问题。

测试一体化有助于及早确定运行使用问题，并帮助减小所需要的修正活动的影响。成功的一体化测试采用以下三种方法学：协同策划、协同执行和共享数据。

首先是协同策划。根据美国国防工业协会的描述，协同策划涉及系统开发者和各个测试、鉴定机构，重点在于必须尽早开展协同策划工作，该工作开展得越晚，测试工作的时间越长，成功协同的难度越大。在项目的初始需求确定阶段开展一体化试验计划，首先建立一个一体化试验项目矩阵，提供一个单一结构的文件来驱动试验的执行，为试验的成功执行奠定坚实的技术基础和机构保证。

其次是协同执行。协同执行的机构保障是执行团队，团队之间要进行协同和协作，以执行一体化的测试策略。项目管理高层组建团队的过程中，要明确团队人员的几个特点，一是人员要具有一定的技术基础，二是思虑周密，三是责任心强，四是善于协调。另外，在策划过程的每一步要注意分配预算、共享资源并留出专门的时间。对于一般的项目而言，这可能算是一项超前的投入，但这种类型的团队对发挥测试工作的效能、完成协同测试是必不可少的保障。

最后是共享数据。信息交流不通畅、信息分享不对等、信息沟通不及时往往是造成测试效率不高、效能不好，甚至失败的因素，团队成员、所有参与者能及时得到最大程度的有用数据共享是保证每个成员积极投入工作的要素之一。所有参与者包括所有涉及测试过程的人员。在这一步，要编写完成一份标准化的测试报告，报告中测试项目要严谨清晰、数据要精密准确，避免含糊和模棱两可的措辞，具有较高的科学价值。通过数据共享，提高通信和沟通效率，及早发现存在的问题和潜在的风险。这样做的优点是，减少非工作状态时间、避免不必要的成本支出、避免重复的工作，以及在开发生命周期的早期发现问题等。

## 3.4　光学系统测试

光学设备设计的正确性、制造工艺品质的好坏、性能的优劣、是否满足使用要求等都需要通过试验来检验。一般的光学设备检验是通过物理模型、数学仿真和工程试验等三种形式来检验设计制造的正确性，系统的协调性、可靠性及制造品质，进而评价整个设备的性能。正因如此，试验必须覆盖所有需要检验的内容，试验体系的覆盖性、方法的科学性和合理性、评价模型的正确性等十分重要，试验工作条件的模拟应尽量逼真。

光学设备的系统结构越复杂，包含的系统越多，检验的内容越多，周期越长。

从检验内容分析，测试系统包括研制测试、组装测试、性能测试、功能测试。

研制测试过程实际上是系统研制过程中对单元性能进行测试，最典型的就是相机性能测试，包括尺寸大小、灵敏度、像元数、坏点等，根据测试结果，判定相机的性能能否达到要求。每一个系统都要按照要求，编制研制测试报告，这个过程的工作量繁琐又必须细致，否则就会对后期工作造成影响。

要开展试验工作就需要有满足试验要求的试验条件。例如，要开展光学系统测试，必须有一套光学系统测试设备和满足光学系统需要的洁净空间；进行环境试验需要有环境模拟的条件，包括振动、高低温、淋雨、冲击、电源电压拉偏等；抗电磁干扰试验环境等。

### 3.4.1　性能测试

分系统的测试目的是确保分系统达到设计规定的要求，为整机调试、保证性能创造条件。

一般情况下，设备的研制有两部分，一部分是自行设计和生产，另一部分是委托有资质的单位生产和外部订购。

自行设计和生产的部分只需要进行调试和测试，其目的与外协产品目的相同，都是得到功能和性能满足要求的产品参加整机调试。

委托有资质的单位生产和外部订购的部分由生产单位调试，总体单位人员不需要再进行调试工作，但需要进行测试与性能评价，通过验收测试来控制合作单位的设计和生产质量，确保其功能和性能的正确性，切忌让分系统带着问题进入整机调试，否则整机调试就会变得复杂，轻则出现的问题无法解决，给调试和完善系统设计带来困难，重则影响进度和周期。因此，外购的设备必须严把质量关，设计覆盖性完备的验收内容和方法、合理的验收准则等。

光学成像系统、实时图像记录与处理系统、电子控制系统等研发生产比较复杂，负责总体的研制单位一般不会将该部分交给合作单位生产，其余部分如果委托具有相应生产资质的单位研制生产，就需要进行调试、验收和性能评价。

正常情况下，承担总体研制任务的单位，对主体部分一定具备设计、研发和生产能力，否则难以胜任总体单位的职责，外协部分不能占据整体设备的主要部分，否则，不但生产周期不可控，而且质量难以保证。这是因为主体部分在出现质量和周期问题时难以寻找替代厂家，其他部分可以及时寻找替代品，将风险降到最低。

　　性能测试试验的目的是获得光学设备的设计性能，大部分性能测试试验可以在实验室进行，极少数试验需在外场进行。

　　光学设备一般试验项目如表 3-3 所示。

表 3-3　光学设备一般试验项目

| 试验项目 | 验收试验 | 环境试验 | 鉴定试验 |
|---|---|---|---|
| 外观检查 | √ | × | × |
| 探测距离 | √ | × | × |
| 视场 | √ | × | × |
| 最大跟踪角速度 | √ | × | × |
| 最大跟踪角加速度 | √ | × | × |
| 天候适应性试验 | × | × | √ |
| 老化试验 | √ | × | × |
| 电磁兼容试验 | √ | × | √ |
| 半实物仿真试验 | √ | × | × |
| 抗干扰能力试验 | √ | × | √ |
| 高低温试验 | × | √ | × |
| 振动试验 | √ | √ | × |
| 冲击试验 | √ | √ | × |
| 低气压试验 | √ | √ | × |
| 潮湿试验 | × | √ | × |
| 盐雾及锈蚀试验 | √ | √ | × |
| 电源拉偏试验 | √ | √ | × |
| 运输试验 | √ | √ | × |

注：√ 表示要做的项目；× 表示不做的项目。

　　表 3-3 中，探测距离、视场的测试方法与光学成像系统的测试方法相同，最大跟踪角速度、最大跟踪角加速度等与随动系统的测试方法相同。

　　最大探测距离测试如果没有测试条件，一般就在实际试验中完成。天候适应性试验的目的就是考察光学设备在雾、雨、雪、霜、阴天等各种天气条件下工作的能力。光学设备在各种天气条件下工作能力的检验需要在外场进行，而且需要很长时间才能完成。

常规测试包含的项目如下所述。

1）抗干扰能力试验

抗干扰能力试验一般在鉴定试验时由专业测试单位承担，将相应部分置于干扰环境中，检验其工作能力。抗干扰能力的测试一般要和用户单位协商进行。视场、焦距、调制传递函数（MTF）、噪声等效温差（NETD）等与光学成像系统相关的参数，与各分系统验收测试时的方法和设备相同。

2）老化试验

老化试验的目的是剔除早期失效的电子元器件，通过长时间工作加速早期失效电子元器的失效，使产品进入稳定的性能期，一般在红外成像系统生产出来就必须进行老化试验，且任何一套产品都必须做。根据不同的需要，老化试验时间不同。

3）环境试验

光学设备的重要分系统在组装测试前必须进行环境试验（也称"例行试验"），只有性能试验合格的产品才能用于组装测试，环境试验不合格的产品要重新进行设计和研制。在产品组装测试完成后，不一定再对所有部分进行环境测试，但必须向用户提供完整的环境测试报告，该测试报告必须有质检部门参与试验并盖章确认。

具体的测试内容和测试方法要根据实际的需要和相关的规定或行业标准执行。

4）高低温试验

高温能引起系统轴承、连接部件等发生变形，电阻值改变；低温会引起部分零件互相咬死，电子元器件性能改变，减振器刚性增加。高低温试验的目的是考核光学设备承受高低温环境的能力。试验一般在高低温试验箱里进行，试验箱的温度变化不超过 10℃/min，试验部件在温度达到规定时保持一定的时间（一般2h），然后通电工作，在试验过程中检查成像质量，要求成像清晰，工作正常。高低温试验结束后将试验部件恢复到常温状态，并对其性能进行全面测试，应满足技术指标要求。

5）振动试验

振动试验的目的是考核光学设备的部分系统在预期振动环境条件下的抗振能力。振动会引起紧固件松动、电路短路或断开，元器件和零件产生裂纹或断裂，零件间产生摩擦、干扰或撞击。振动试验一般在振动台上进行，分为验收振动试验和环境振动试验。验收振动试验对每台产品都必须做，环境振动试验按一批抽部分产品做，具体数量由专门的技术条件规定。振动试验噪声较大，试验设备、产品的接地应符合要求，试验的工装设计也十分讲究，须保证试验时产品和工装安装时不存在偏心现象。振动试验过程中，试验部分应通电工作正常，振动试验结束后断电检查产品结构情况，恢复正常状态后对其性能进行全面测试，应满足技术指标要求。

振动的强度、频率和时间应根据设计指标进行规定,一般不超过设计值的 2～3 倍为宜。

6)冲击试验

冲击试验的目的是考核光学设备对工作过程中瞬间产生的冲击环境的适应能力。冲击会引起设备中某些器件或结构因应力产生永久形变、材料疲劳破坏以及绝缘强度变化等。冲击试验条件按光学设备研制的有关要求及技术条件规定执行,试验时需要利用冲击台产生冲击条件,一般采用半正弦波形的冲击激励。冲击试验结束后断电检查产品结构情况,恢复正常状态后对其性能进行全面测试,应满足技术指标要求。

7)低气压试验

低气压试验的目的是考核光学设备及相关部件、系统承受低气压条件的适应能力。不是所有设备都需要进行低气压试验,有些地面设备虽然会到海拔 4000m 以上的高原进行工作,但由于并没有达到真空的环境条件,设计过程中需要对低气压环境适应性、功耗等情况进行设计考虑。

低气压试验一般在低气压试验箱内进行,参与试验的系统要通电工作,在规定的时间内恢复到常压状态,对其进行性能测试,应满足技术指标要求。

8)运输试验

运输试验的目的是考核整机承受运载工具在运载过程中所产生振动环境条件下的适应能力。运输试验包括铁路运输试验和公路运输试验。运输试验时设备应处于运输状态下,不通电。试验前要对设备的性能和技术指标进行全面检查和测试,以便试验结束进行全面检查后进行性能和状态比对,包括结构有无松动情况、有无损坏情况、通电检查后指标是否有不合格情况等,如果有,则需要进行调整并找出原因,进行整改。光学设备若通过运输试验,按同一状态生产的设备可以不再进行运输试验。由于目前军标规定的三级公路、砂石路很难寻找,也给运输试验带来难度和挑战,为了节约时间、降低成本,运输试验可以用同等条件的颠簸试验替代。

9)潮湿试验

潮湿试验是检查设备或系统的绝缘性能。绝缘性能不好将影响电路正常工作,有时可能会引起短路。潮湿试验在潮湿试验箱里进行,被试设备不通电,一般在达到潮湿条件后保持一定的时间,然后取出烘干,检查相互独立的接口之间的绝缘性,一般要求绝缘电阻不小于 20MΩ。

10)盐雾及锈蚀试验

盐雾及锈蚀试验主要考核光学设备的设计是否满足高盐雾环境条件下的防锈蚀要求,其主要目的是考核材料的防锈蚀能力以及接口处的密封性,一般在盐雾箱中进行，放置一定时间后，观察某些部位是否有锈蚀痕迹，如果有，必须改进设计，更换材料或改进工艺，保证设备在盐雾环境下的工作性能。

### 3.4.2　指标测试

光学成像系统测试与评估的主要内容包括视场测试、噪声等效温差（NETD）测试、调制传递函数（MTF）测试、温度变化适应能力测试、非均匀性测试、盲元数、动态范围测试等。

这些参数反映了成像系统的特点与性能，通过对这些参数的测试，可对成像系统的综合性能进行合理评估。

光学成像系统的成像质量直接决定光学设备的跟踪性能，工程应用上必须进行测试评价。通常来说，光学传递函数越大、可见光系统的成像清晰度越高、红外系统的最小可分辨率温差越小，则光学系统的成像性能越好。工程上需要测试的参数有探测距离、视场、动态范围、非均匀性、NETD、温度变化适应性、功耗等，这些都是总体设计必须关心的参数，验收时必须测试。除参数测试之外，对设备的力学环境、光电环境、温度环境、温度变化的适应能力都需要检测。

1）视场测试

用一个可移动的点光源，在距离成像系统 $R_c$ 处上下、左右移动，观察光学成像系统对其成像情况并记录成像的极限位置，测量极限位置间的距离 $L_c$、$H_c$，通过式（3-3）和式（3-4）可以计算出光学成像系统的视场：

$$\alpha = \arctan \frac{L_c}{R_c} \tag{3-3}$$

$$\beta = \arctan \frac{H_c}{R_c} \tag{3-4}$$

2）NETD 测试

利用式（3-5）测量光学成像系统的 NETD：

$$\text{NETD} = \frac{\Delta T}{\Delta V_S / V_n} \tag{3-5}$$

式中，$\Delta T$ 为黑体目标与黑体背景的温差；$\Delta V_S$ 为温差为 $\Delta T$ 时目标与背景的灰度差；$V_n$ 为背景均方根灰度值。

将光学成像系统的光轴与测试设备的光轴对准，分别由目标黑体和背景黑体照射光学系统，测量二者的灰度，获得目标与背景的灰度差 $\Delta V_S$。背景均方根灰度值 $V_n$ 的测量方法：用均匀背景黑体照射光学成像系统，测量面阵探测器的每个像元输出灰度值 $V_i$，平均灰度值为 $\overline{V}$，计算出每个像元灰度值与平均灰度值的差 $\Delta V_i = V_i - \overline{V}$，然后求出均方根灰度值：

$$V_n = \frac{\sqrt{\Delta V_1^2 + \Delta V_2^2 + \cdots + \Delta V_N^2}}{N} \qquad (3\text{-}6)$$

$\Delta T$ 事先已知，由式（3-5）、式（3-6）联合可计算出光学成像系统的 NETD。

3）MTF 测试

MTF 测试方法有两种：直接法和间接法。

直接法基于正弦曲线靶和条形靶的响应，间接法是基于傅里叶变换得到的，二者各有利弊。辐射源、靶、准直仪和光学成像系统应固定在隔振光学平台上，准直仪的口径和焦距尽量大于待测光学成像系统的口径和焦距。测试 MTF 时采用刀口靶标，通过采集图像，在选取的小区域内计算 MTF。

计算公式如下：

$$L(x_i) = \frac{\sum\limits_{j} I_{i+1,j} - \sum\limits_{j} I_{i-1,j}}{2N\Delta x} \qquad (3\text{-}7)$$

$$\mathrm{MTF} = \sum_{i=0}^{M} L(x_i)\cos(2\pi f x_i)\Delta x \left/ \sum_{i=0}^{M} L(x_i) \right. \qquad (3\text{-}8)$$

式中，$\Delta x$ 是像素间距；$N$ 是光学成像系统像元总数；$I_{i,j}$ 是行的光强。

4）温度变化适应能力测试

当外部温度环境发生变化时，光学成像系统的成像特性也会发生变化。用于红外成像导引头的光学成像系统要在−40～60℃温度范围正常工作，对这种性能的测试一般在带有观察窗口的高低温试验箱里进行，将光学成像系统放入高低温试验箱，选取适当的测试点改变试验箱内温度，记录不同温度条件下的 MTF，MTF 下降程度应满足要求，典型值要求下降值不大于 0.1。

其他部分的高低温试验，应按工艺要求进行处理。

5）非均匀性测试

利用光学成像系统相对黑体的成像均匀性特点，光学成像系统灰度离散性就是成像的非均匀性。均匀黑体为大面阵黑体，要充满光学成像系统的视场，并且移动黑体时成像无变化，要严格控制黑体的辐射温度稳定性。保证这些条件是为了保证测试误差不超标。

采集出图像后，通过式（3-9）～式（3-12）计算非均匀性 $\eta_h$：

$$\eta_1 = \frac{G_{\max} - \overline{G}}{G} \qquad (3\text{-}9)$$

$$\eta_2 = \frac{\overline{G} - G_{\min}}{G} \qquad (3\text{-}10)$$

$$\overline{G} = \frac{1}{N} \sum_{i=1}^{N} G_i \qquad (3\text{-}11)$$

$$\eta_h = \max(\eta_1, \eta_2) \qquad (3\text{-}12)$$

式中，$G_{max}$ 为图像中灰度最大值；$G_{min}$ 为图像中灰度最小值；$N$ 为光学成像系统像元总数；$G_i$ 为第 $i$ 个像元的灰度值。

6）盲元数

通过测试像元的响应率与噪声来确定热像仪探测器的盲元数。调整目标黑体温度与探测器增益值，使热像仪采集的高温黑体图像与低温黑体图像灰度范围为 60～200。应用高温黑体测试热像仪像元响应率，若图像中某一像元灰度小于图像灰度的 1/4，则确定此像元为死像元。应用低温黑体测试热像仪像元噪声，当图像中某像元大于图像平均灰度的 4 倍，则确定此像元为过热像元。分别计算死像元与过热像元数量，两者相加即为盲元数。一般要求，盲元总数不能超过总像元的千分之三。

7）动态范围测试

动态范围表征光学成像系统同时探测低亮度辐射目标与高亮度辐射目标的能力，即目标/背景中同时存在低亮度辐射目标和高亮度辐射目标时，光学成像系统不饱和，且不会因高亮度辐射目标的存在而影响低亮度辐射目标的探测。

可以通过测试光学成像系统的信号传递函数（SiTF）得到其动态范围。SiTF 的测试方法：目标与背景输出温差信号 $\Delta T$，通过光学成像系统可得到输出信号差为 $\Delta V$，改变不同目标与背景温差 $\Delta T_i$，可得到与其相应的输出信号差 $\Delta V_i$，即可计算出光学成像系统的信号传递函数：

$$\text{SiTF}(\Delta T_i) = \frac{N \sum_{i=1}^{N} \Delta V_i \Delta T_i - \sum_{i=1}^{N} \Delta V_i \Delta T_i}{N \sum_{i=1}^{N} (\Delta T_i) - \left( \sum_{i=1}^{N} \Delta T_i \right)^2} \qquad (3\text{-}13)$$

控制黑体在一定的温度范围内，如 0～60℃，可以得到一系列 SiTF 值，绘制 SiTF 与目标温度的 S 形曲线，上下饱和区 SiTF 的比值即为动态范围。

### 3.4.3 组装测试

光学系统的各分系统在进行整机组装前要进行性能测试，组装完成后，需与整机一起进行整体功能、性能与协调性测试。主要分系统测试包括图像信息处理系统测试、随动系统性能测试、仿真测试与健康管理测试等。

图像信息处理系统测试一般采用注入法，利用暗箱理论进行测试。将模拟得到的红外图像直接注入图像处理机，在图像处理机里运行算法，检测算法的性能。

测试系统主要由图像模拟计算机、综合测试仪、图像处理机、算法运行过程显示设备、结果记录设备及直流稳压电源等组成。图 3-4 为图像处理测试系统组成框图。

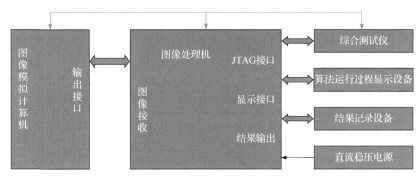

图 3-4　图像处理测试系统组成

JTAG-联合工作测试组

图像模拟计算机模拟出所需要的图像，根据测试内容不同产生不同特点的红外图像序列，图像序列的帧频与红外成像系统一致；图像处理机完成算法的运行、运行过程显示输出和结果输出,图像处理机采用光学设备实际配置的图像处理机，避免算法测试时硬件不同造成的影响；综合测试仪完成算法加载、性能评价方法与准则设定、系统同步启动；算法运行过程显示设备完成过程图像显示功能；结果记录设备完成同步运行结果的记录；直流稳压电源给图像处理机提供电源。

在图像处理系统测试时，硬件接口的测试可通过多次工作来完成。例如，图像接收接口的测试可以利用图像模拟计算机多次、高速输出图像，通过接收图像的正确性来进行，为了测试其协调性和可靠性，需要进行大量的试验。其他硬件接口也可采用同样的方法进行测试。

图像处理机延时测试是在算法固定、图像固定的情况下进行的，每次给出固定的图像序列，测试图像处理机处理的总时间，取平均值得到某算法对某种质量、某种目标/背景图像的计算延时，选取图像质量最差、目标/背景最复杂的计算延时为测量结果，判断其性能，一般计算延时应不大于单帧时，单帧时的典型值为20ms。

对各个自动目标识别算法的性能检测要经过如下步骤。

（1）连接测试系统并检查系统的正确性，启动系统工作；

（2）由综合测试仪设定模拟图像的特性（如目标/背景、对比度、尺度变化、干扰特性等）、要测试的性能指标以及评价准则；

（3）由综合测试区向图像处理机加载要测试的算法；

（4）由综合测试区启动系统同步工作并记录；

（5）统计自动目标识别算法的识别结果；

（6）与指标比对，判断是否合格。

不同性能指标的测试需要设置不同的图像模拟特征。对算法对比度适应能力的测试就需要给出不同对比度特征的图像，对抗干扰能力的测试需要给出不同干扰特性的图像等。检测频率、虚警率的测试需要在对大量图像识别统计的基础上获得测试结果。

针对不同的需求，设计出不同的测试方法，并通过大量的测试案例，确保满足使用要求和设计指标。

# 3.5　光学系统测试方法与技术条件

现代化光学仪器系统是一个综合性系统，包括光学镜头、成像系统、电子学系统、机械控制系统、图像处理系统、计算机系统等，每一个系统的质量保证都离不开相应的技术测试环境和条件。基础的测试条件包括洁净测试环境、无静电测试环境、光学工作台、光学标定标准等。

## 3.5.1　光学系统测试环境

### 1. 洁净测试环境

光学系统是一个成像系统，一般由光学玻璃组成成像镜面，对洁净度有较高的要求，光学玻璃镜面如果受到污染，会导致成像质量下降，对测量系统会造成严重的偏差。光学玻璃生产制造时对环境的洁净度有很高的要求，因此洁净环境测试也是非常基础的要求。

不清洁的测试将会导致光学系统的测试结果产生偏差，甚至对被测系统产生永久性损害。如果一个镜面上沾上了油污，可能会损坏透镜的镀膜，导致镀膜脱落，致使透镜不能工作。

要保证光学系统的生产质量，必须创建一个洁净的环境，洁净环境要求根据生产质量的要求，国家制订有明确的标准。持续改进工作环境的方法有五个步骤：整理、整顿、清洁、规范、坚持。第一步整理，包括整理工具、设备和被测产品，这样做不但能提高效率，还能避免设备损失。第二步整顿，涉及对设备和资源建立逻辑化的组织结构，包括阶梯式的计划和优化的过程流，另外，标签、标志和公告板都可以帮助确保每件物品都放在正确的位置上。第三步是系统化的清洁。第四步规范，包括规范化的测试规程、标定方法、生产规程等，采用一个规范化的方式来做所提到的事项可以帮助提高互换性，这将提高效率并降低成本。第五步坚持，任何一个好的制度只有坚持下去，才能收到好的效果，保持制度的连贯性。

用于空间成像的光学系统，对洁净度的要求非常高，空气中存在的污染物，如果一旦带到天上，附着在镜头表面，将对镜头的成像效果造成较大影响，微粒和分子污染会显著降低一个空间望远镜的可靠性、图像的清晰度和整体性能。为了保证空间望远镜的洁净，在方案设计过程中，就要设计控制污染的办法，如材料的选择，预先清洁系统组件，制造、运输过程的清洁环境措施等。空间环境光学镜头主要污染物来源见表 3-4。

表 3-4　空间环境光学镜头主要污染物来源

| 颗粒污染 | 分子污染 |
| --- | --- |
| 大气颗粒 | 制造过程产生的驻留残余物 |
| 喷漆、绝缘纤维、织物纤维 | 材料吸附挥发的气体分子 |
| 陷落在内表面、振动影响重新弥散的颗粒 | 氧化作用产生的分子 |
| | 空间飞行器推进系统的尾焰在光学表面上沉积的材料 |
| 推进系统喷出的尾焰和水汽导致残余的颗粒云 | 在组装时暴露于环境中的挥发性材料 |

**2. 无静电测试环境**

光学系统在组装、测试和运输过程中，必须防止静电放电事件。静电放电是电子的快速放电现象，导致的危害性和破坏性极大，轻则导致电路烧坏而短路，造成故障，重则对系统内的组件产生永久性损坏。静电放电可能在任何一种工作场合发生，因此制订静电放电控制计划对于确保系统的质量安全和可靠性至关重要。

在标准测试环境中实现和保持控制静电放电主要有以下三个原则。

第一，系统接地良好，或者处于与在防护区域中的导体电势相同。

第二，当与地面连接时，在防护区域的非导体不能放电；在防护区域不允许出现泡沫塑料类、橡胶类、合成类、纸质类和木质类等易产生静电又容易快速放电的材料。

第三，保证在防护区域外的运输过程中，必须密闭在防静电材料中，防止发生碰撞、摩擦等导致放电。

根据这些原则要求，针对不同的测试和工作环境，有国家防静电标准和行业标准，包括设备接地系统、人员防静电措施、工作面要求、防静电封装等，尤其在光电系统开发过程中，静电防护更是重中之重。

3. 光学工作台

光学工作台是光学测试系统中的一个主要设施。通常的光学工作台是由一个支撑光学组件、光源、探测器和专用设备组成的光学工作台面。光学组件可以是只包含光源、探测器的简单系统，也可以是包含光谱滤光片、偏振片、定标源、波束仪、光束整形仪、像差控制和校正器、环境控制装置、探测器、其他专门检测和测试的设备等的复杂系统。

光学工作台的环境条件和技术要求与要完成的测试项目有关，如隔振、洁净、防静电、平行度、背景光等，都必须满足一定的技术要求。这些技术要求用于满足光学测试的环境要求。尤其是振动和冲击，在光学波长范围内，微小的振动和冲击就会造成测试或标定量的偏差。

光学工作台表面必须是完全平坦和水平的，通常采用高度磨光的金属制成，表面包括一些安装固定光学系统和组件夹具的螺孔。

一个完全隔振的光学工作台，因其与周围完全隔离，如同一个浮在水上的台子，因此，有时候又称为"浮台"。

4. 光学标定标准

随着数字技术的应用，光学系统标定的复杂性验证过程已经发生显著的变化，在胶片照相机时代，照相机是采用"成像几何"的方法标定的，在对照相机标定时，仅需要几个关键组件，如透镜、分划板、压力板等，就可以完成测试。

在全数字时代，标定程序经历了全面的变化，需要更加严格的全系统标定，不仅涉及光学系统，而且涉及数字图像记录系统，光学材料也不仅仅限于玻璃材料，因此实验室标定的方法和精度一定要满足光学系统的等效分辨率和光谱响应率，以及材料与环境相互作用的性能测试等。

## 3.5.2　光学系统测试方法

要想成功开发光学系统，必要又完备的光学测试设施是必不可少的，如何利用必要的光学测试设施，恰当又高效地对光学系统进行测试，保证设计的指标和性能，对光学系统测试方法的研究和了解是关键基础。

四种基本测试工具能提供测量光学系统所需的最基本的信息基础。这四种工具包括干涉仪、光谱分析仪、偏振仪和辐射度计。干涉仪主要测量反射镜或透镜的光学特性，并检测光束的质量；光谱分析仪用于定量评定光源、探测器或物质的光谱响应特性；偏振仪用于评估电磁辐射的偏振态与材料的交互作用；辐射度计用于测量辐射沿着从辐射源经过光学信道、光学系统到探测器的光学路径的传播、散射、衰减等。

1. 干涉仪法

干涉仪是一种用于测量透镜和反射镜表面轮廓的常用工具,用于高精度测量,生产高质量的透镜、反射镜和光学组件所需的小尺度的公差测量。干涉仪法有双光束干涉仪法和多光束干涉仪法。

双光束干涉仪法是一种最简单的干涉法,也是在干涉法测试中最常用的方法。在一个双光束干涉仪中,采用分束镜将一个相干光束分成两束,分离的光束通过分开的光路,在一个平坦的表面重新合并,如果不同的分离光束的光程长度之差为零,则光束相干地干涉,形成同心圆环或者暗区与亮区相间的条纹,以此来检测光学透镜的特性。

对于白光光源,两个分离的光路之间的光程是非常小的,在波长尺度量级,光程差必须小于波长量级,以形成干涉条纹。激光光源由于有较高的相干性和方向性,可以容忍比白光光源更大的光程差,因此被用于测试应用中。

多光束干涉仪法就是在两个高度反射的、接近的平行表面之间,插入一个定向的、相干的光束,并采用一个透镜来会聚经过两个表面之间的多次反射的光束,这种方法的优点是干涉图案条纹变得非常窄,提高了可以实现的分辨率和测试台的精度。多光束干涉仪法可以产生的条纹精度,比常规的双光束方法所产生的条纹细近 50 倍。采用多光束干涉设置,极限分辨率可以达到 0.5nm 量级。当然,实现这个分辨率要有一定的技术条件保证:确保反射板有高反射率、低吸收率的镀膜,两个反射机之间的距离要保持尽可能小,输入光应准直为束散角小于 3°的平行光束,光源应当尽可能接近于基准板。

2. 光谱分析仪法

光谱分析仪法用于对与波长有关的光学现象的研究,其用途涵盖了从发现材料的化学组分到天文学中理解星体的构造。光谱分析仪是一个能够分离光信号的光谱分量的光学器件,可以测量光源的光谱功率分布、大气或一个给定物质的光谱吸收/透过特性,以及一个光学元件的光谱响应。单色仪可以选择窄波段的光,并在一个较宽的光谱范围内调谐这一窄带。将一个辐射度计与一个可调谐的单色仪相结合,测量在一个特定波长范围内的光功率。

光谱分析仪的典型框图如图 3-5 所示。图 3-5 表明,采用一个可调谐的带通滤光片对宽带的输入信号进行处理,由光子探测器进行探测。斜坡发生器用于调谐可调谐的带通滤光片。跨阻抗放大器和模数变换器(ADC)对信号进行处理用于显示。大多数光谱分析仪可以划分为基于衍射光栅的光谱分析仪和基于干涉仪的光谱分析仪两类。

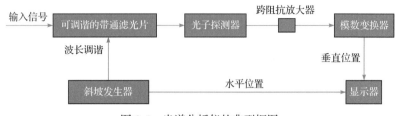

图 3-5　光谱分析仪的典型框图

### 3. 偏振测定法

偏振测定法测量和解释横波的偏振。横波是在电磁波传播方向的法向平面内振荡的电磁波。横波的偏振可以采用两种方式测量：机械方式和电子方式。一种采用线偏振的方法涉及两个机械式偏振器，采用一个偏振器通过一个偏振态，另一个偏振器呈十字形放置在距第一个偏振器一定距离处，避免光通过它。可以改变偏振电磁波的初始偏振态的受试件放置在这些偏振器之间，可以通过第二个呈十字形放置的偏振器的光功率量来测量改变的偏振状态。

为了测试一个样本的偏振效应，可以采用偏振测量系统。一个线偏振器放置在偏振测量系统的前部，仅使一个线性偏振状态（水平或垂直）进入测量系统，采用法拉第调制器来改变输入的偏振状态相对样本的方向。

控制在受试样本上施加的线偏振的角度。检偏镜通常校准到相对于入射的偏振光45°的位置，没有样本放入时，没有光能通过分析仪，没有信号到达探测器。通过引入样本，改变注入样本的线偏光，探测器上可以看到与检偏镜校准的偏振分量。通过旋转检偏镜，可以确定样本材料对基准光偏振状态的影响。

为了测量一个远距离光源的偏振特性，可以在探测器单元的前面引入一个线偏振器，二光源进行测量并显示结果。将线偏振器旋转得到正交的偏振状态测量，直接测量水平偏振分量和垂直偏振分量。如果在旋转线偏振器期间，光源的偏振没有变化，这种方案是可行的。另一种方案是采用一个偏振光束分束镜来分离输入光的偏振态，采用两个探测器同时测量源的垂直偏振和水平偏振。

### 4. 辐射度学测试

光子探测器是一个用作输入光和输出电路之间变换器的器件，将光能转换成一个与其成正比的电流或电压。可以采用辐射度计测量一个光学系统的辐射度学特性。

一个简单的辐射度计采用一个在部分真空中装有光敏传感片的密封的玻璃灯泡制成，光敏传感片安装在一个摩擦系数非常小的旋转轴上，在传感片上的辐照度越大，传感片旋转得越快。由于辐射度计每分钟的转速与在传感片上的光功率成正比，通过这一线性关系可以导出精确的测量。目前市场上各种各样的电子辐射度计，也是根据对光功率线性响应的原理制作的。当考虑一个辐射度计时，需要它的等效噪声功率（NEP）、响应率和动态范围足以在其期望的范围内有足够的分辨率对测量信号完成测量。

在许多辐射度学应用中，有必要在窄谱段内或一个确定的波长范围内测量光功率。在这种情况下，可以采用类似光谱辐射计的仪器。将单色仪和宽带辐射度计结合起来，可以在窄的波段内测量光功率。

### 3.5.3　光学系统测试应用与设备

对于任何类型的光学传感器，产品不一致性或透镜未调准可能会导致不同单元之间信号的大小波动。为了确保这些零部件的质量和一致性，需要对光学系统进行严格的测试。通常，探测器越复杂，所需的测试越复杂；当系统变得更加复杂时，具有基本的硬件、软件和集成系统测试能力就非常必要。

采用干涉仪来测量反射镜和透镜等光学组件的平坦度，口径越大，难度越大。按照镜片研制的工艺要求，反射镜的表面通过研磨、抛光和镀膜来达到表面偏差小于一个光学波长的制备精度要求。可以通过干涉仪产生的干涉图案精确地确定表面形变和非均匀性；同理，也可以采用干涉仪来观察透镜上的缺陷和像差。

辐射度学测量在许多学科中也是普遍采用的，在其最简单的形式中，辐射度计仅测量光信号的功率。按照可追溯的源对辐射度计进行标定，之后其可以用来在测试结构中进行绝对功率测量。例如，标定过的探测器可以测量在入瞳上的光功率，以验证理论或仿真计算；也可用于确定探测器在放置的任意位置处的绝对光功率，在这种方式下，可用标定的辐射度计确定在一个特定位置的实际光功率。将一个受试物放置在源和标定的辐射度计之间，可以测量通过受试物的透过功率，通过测量在探测器之前的功率和探测器之后的功率，可以确定器件的透过率特性，以及受试物吸收和反射的光。通过组合辐射度计和一个光谱滤光器件，可以确定受试物与光波长或光频率有关的透过率、吸收率和反射特性。物质对光辐射响应不同，光谱辐射度计测量方法可以用于探测、跟踪、分类、识别。

一个成像摄像机除辐射度学特性外，还需要一些其他性能参数的测试，才能全面反映它的性能，这些性能参数包括 NEP、探测率、响应率、非均匀性、电路带宽、动态范围、光学系统的分辨能力等，像素尺寸本身引入一个分辨率极限的概念，因为当像素被投影到物空间时，对于投影小于像元尺寸的物体就分辨不出来。光学系统理想的空间分辨率，不考虑像差、大气、系统或探测器噪声，是由理想的衍射线决定的。实际的空间分辨率极限可能远大于经典的衍射率极限。光学系统由于受到大气湍流的影响，如果不增加自适应光学系统，口径到了一定的程度，分辨率也不会有所提高。因此，为了实现大口径光学系统的理论分辨率极限，有必要采用自适应光学系统进行大气湍流校正，以消除大气湍流噪声的影响来提高光学系统的空间分辨率。

在一个成像系统中，像素在一个物空间上的投影尺寸应当小于想要分析的物体的最小尺寸，这样才有可能分辨出想要分辨的细节。为了测试一个光学成像系统的空间分辨率，需要设计一组用于标定的各种尺寸、间距和取向的条形图案板。光学成像系统通过对条形图案板进行成像，刚好能通过视觉观察到的间距确定光学成像系统的空间分辨率。

当光学成像系统在不同的波长获取图像时，这种光学成像系统称为光谱成像系统，这些成像器件一般是非常高端的光学成像器件，如果仅在少数几个波长（6个及以上）获取图像，光学成像系统被称为多光谱成像系统；如果在100个以上不同的波长上获取图像，则光学成像系统被称为高光谱成像系统；如果在1000个以上不同的波长上获取图像，光学成像系统被称为超高光谱成像系统。如果这些系统融合了光学成像系统的空间成像特性和光谱系统的材料分析能力，每个像素都提供了光谱响应能力和空间解析能力，产生的数据将是海量的，数据处理技术是光学系统发展的重要支撑。

光学系统的测试除功能测试外，还包括一些与使用条件有关的性能测试，这些性能测试包括环境试验、振动和冲击试验、热循环试验、真空试验和防辐射试验。光学系统可能会被放置在各种环境中，经受振动、冲击试验的光学系统通常有与振动、冲击相关的需求和使用环境，与之相关的试验设施包括振动台和冲击台。与可靠性相关的试验包括高低温试验，要将光学系统放在高低温箱进行试验，检查经过高低温试验后外观、结构、牢固度、性能等各种参数是否仍然满足要求；如果一个光学系统需要工作在复杂的电磁或其他辐射环境中，则需要进行辐射试验、电磁环境试验。

由于电磁环境的复杂性，目前几乎所有的光学系统必须进行电磁环境试验，否则电磁环境干扰会让设备无法工作。空间光学系统还要进行外太空环境下的防辐射和防锈蚀试验。水汽、湿度、凝结、渗漏、灰尘、杂散光、温度变化、背景噪声和杂波等都需要进行测试，以验证受试器件能否满足要求。

这些测试项目不但要建设相应的测试条件，还要考虑设计成本和使用成本，这些因素都制约着设计水平和使用效果。

# 小　　结

本章内容包括光学设备测量原理、分类及结构组成，论述了光学设备的设计原则、成像特点和大气传输特性对成像的影响，并对光学系统的测试评估原理、测试方法和技术条件进行了介绍。

# 参 考 文 献

[1] 《红外与激光工程》编辑部. 红外成像系统测试与评价[R]. 天津: 《红外与激光工程》编辑部, 2006.

[2] 黄建平. 物理气候学[M]. 北京: 气象出版社, 2018.

[3] 乔永明, 郝伟, 田广元, 等. 舰载光电跟踪系统红外自动捕获技术[J]. 红外与激光工程, 2011, 40(4): 585-588,630.

[4] 苏秀琴, 郝伟, 李哲. 一种基于光电经纬仪的数据预测跟踪技术[J]. 光子学报, 2008(7): 1464-1467.

[5] 范丽. 卫星星座理论与设计[M]. 北京: 科学出版社, 2008.

[6] 高梅国, 付佗. 空间目标监视和测量雷达技术[M]. 北京: 国防工业出版社, 2017.

[7] 曹晨, 李江勇. 机载远程红外预警雷达系统[M]. 北京: 国防工业出版社, 2017.

[8] 杨宜禾, 岳敏. 红外技术[M]. 2 版. 北京: 国防工业出版社, 2017.

[9] 王大珩. 现代光学与光子学的进展[M]. 天津: 天津科学技术出版社, 2002.

[10] WOLFGANG W. 光电与红外系统的系统工程与分析[M]. 范晋祥, 张坤,译. 北京: 国防工业出版社, 2019.

[11] JACOBS A. 地面目标和背景的热红外特性[M]. 吴文健, 胡碧茹,译. 北京: 国防工业出版社, 2004.

[12] 乐嘉陵. 再入物理[M]. 北京: 国防工业出版社, 2005.

[13] 张义光, 杨军, 朱学平, 等. 非制冷红外成像导引头[M]. 西安: 西北工业大学出版社, 2009.

[14] KANIGER R. 师从天才: 一个科学王朝的崛起[M]. 江载芬, 闫鲜宁,张新颖, 译. 上海: 上海科技教育出版社, 2020.

[15] 钱学森. 论系统工程[M]. 上海: 上海交通大学出版社, 2007.

[16] 曾声奎. 可靠性设计与分析[M]. 北京: 国防工业出版社, 2011.

[17] 涂文斌. 空间机动目标跟踪方法研究[D]. 上海: 上海交通大学, 2012.

[18] 王志峰, 姚治海, 高超, 等. 光场强度分布对鬼成像成像质量的影响[J]. 长春理工大学学报(自然科学版), 2018, 41(1): 22-25.

[19] 王志臣, 张艳辉, 乔兵. 望远镜跟踪架结构形式及测量原理浅析[J]. 长春理工大学学报(自然科学版), 2010,1(33): 18-21.

[20] SCHMIDHUBER J. Deep learning in neural networks: An overview[J]. Neural Networks, 2015,61:85-117.

[21] HU S W,SONG X L,ZHANG H. Integrated system of azimuth structure for extremely large telescopes[J]. Optics and Precision Engineering,2018,26(4):850-856.

[22] STOKES G H, BRAUN C, SRIDHARAN R, et al. The space-based visible program[J]. Lincoln Laboratory Journal,1998,11(2):205-238.

[23] SHARMA J,STOKES G H,BRAUN C V, et al. Toward operational space-based space surveillance[J]. Lincoln Laboratory Journal,2002,13(2):309-334.

[24] 杨榜林, 岳全发, 金振中. 军事装备试验学[M]. 北京: 国防工业出版社, 2002.

[25] HAO W, ZHANG K, ZHAN Z H. Study on correlation-tracking method based on edge detection in long-wave infrared image[J]. Chinese Optics Letters, 2012, 10(s2): 1005.

[26] 杲占强. 企业文化的力量[M]. 北京, 清华大学出版社, 2014.

[27] 陈星, 李明辉. 机械制造工艺学原理与技术研究[M]. 北京, 中国水利水电出版社, 2014.

# 第 4 章　光学设备研制规律

我国第一台大型光学仪器研制项目为 150 工程，是一套对导弹轨道进行跟踪和精密测量的大型光学系统，全称为 150 电影经纬仪。为了达到任务要求，这个系统除跟踪电影经纬仪之外，还包括时间统一勤务设备、引导雷达、程序引导仪、判读仪和数据处理设备等。

王大珩先生带领科研人员综合分析了当时的技术状况，认为在光学技术上已有了相当配套的技术基础，包括预研、工程设计以及加工的技师和熟练的技工。接受任务后，他们发动中国科学院长春光学精密机械研究所（现中国科学院长春光学精密机械与物理研究所）的力量对设计方案反复论证，对一些关键机构，特别是跟踪系统，建立了试验模型，对材料和工艺进行预研试验。

在科研模式的形成方面，老一辈科学家也进行了有益的探索。在承接 150 电影经纬仪研制任务时，出现了"一竿子"与"半竿子"问题的争论。"一竿子"问题，就是研究所在承接了任务后，从预研、方案论证、研制到造出产品，"一竿子"到底全部承担。"半竿子"问题，就是考虑到中国科学院及下属研究所的工作性质，只研究解决关键技术问题，将制造整机的任务交给生产部门。考虑到当时中国科学院长春光学精密机械研究所的技术力量和加工能力，再加上必要的协作，王大珩先生认为"一竿子"到底对研制工作更为有利。因为要提供的是高端精密设备，技术上的综合性极强，从方案论证、技术攻关到造出产品，有许多问题是相互交叉、难以分割的，许多微妙精细之处，从研究到制造生产，如果转手，很难实现。另外，研究所已经建设的大量测试设备和加工工具，既可用于研究，也可用于生产，可驾轻就熟地担负生产任务。如果将研究与生产分开，工厂又需另建一套测试及加工设备，就会造成不必要的浪费，还会拖延研制时间[1]。

最终 150 工程采用了"一竿子"到底的方式进行，而且很成功。通过 150 工程，培养了许多纵观全局、驾驭总体、理论结合实际的人才。这种做法，在改革开放后，得到进一步的加强与肯定。时至今日，这种非批量生产的设备一直采用的是边研制边生产的模式。这种模式还有一个好处就是保障的方便性，研制人员为了保障完成任务时设备的正常运行使用，重大任务时期采取岗位保驾、出现故障及时到位的保障模式。如果"研""制"分离，各种成本都会加大，且为保障带来难度。

# 4.1　核心与支撑

光学设备（光电经纬仪）的构成包括光学镜头、成像器件、伺服跟踪系统、伺服控制系统、测角系统和计算机系统等六大部分，这六大部分构成了光电经纬仪的主体，其他功能都可以从这几个部分衍生而来。光学镜头和探测器是光学设备的灵魂，其性能决定着一个光学设备的层次和水平。

决定一个光学设备的核心技术和材料就是光学镜头和成像器件，这两种技术和材料始终是光学设备的基础和核心，其他技术的发展会制约光学设备的发展和性能,但不是最基础的因素。没有好的光学玻璃材料(也有合成材料和金属材料)，就不可能生产出高质量的镜头，不管是大到米级的口径，还是小到毫米甚至微米级的镜头，当然这与加工技术有很大关系，但加工技术必须是在可靠新材料的基础上开发的，新材料的应用一定会催生出新加工工艺。

光学设备是一个完整的体系，该体系由不同的系统有机地结合在一起，在光学设备的发展历程中，以哪个系统为基础和中心展开也是有一定规律的。在光机结构为主的年代，一般以光机系统为中心，所有的设计都以光机系统为中心展开，适应和为结构系统的功能和完善服务，这种情况下，负责光学与机械系统的工程师往往处在技术的中心与枢纽位置，负责总体技术设计和协调各方面的工作。随着机械系统的技术越来越成熟，一旦光机系统装配完毕，性能也就固定下来，许多需要在硬件上调整和完善的功能要靠计算机系统来完成，大多数功能只需修改计算机软件即可实现，这个时候软件工程师往往处在技术核心的位置。一旦确立一个系统的核心地位，所有的设计就以该系统为中心展开，以利于整个项目的设计和完成。

从以上分析可以看出，光学设备的研制过程中，支撑和核心技术是光学镜头、成像器件和伺服跟踪系统，后期的使用和完善则主要依靠计算机系统来完成。

## 4.1.1　光学镜头

光学镜头的材料是玻璃，玻璃的主要成分是二氧化硅和其他氧化物。用于制造光学镜头的玻璃，需要更好的纯度和均匀的折射度，以保证光线的均匀性。

影响光学镜头性能的技术因素有很多，玻璃加工、光学系统设计、镜头加工、镀膜工艺、装调工艺和方法、使用环境等都直接影响光学镜头的性能和质量。

光学镜头的质量是保证成像质量的关键因素，但与调焦、调光系统的性能密不可分。调焦、调光技术的发展与电学的精密控制息息相关。

早期光学镜头的研磨靠的是手工研磨，往往周期长，精度低，进入 21 世纪后，光学加工进入集成化、工业化时代，出现了专门进行光学镜头加工的光学镜头研发中心，对于批量生产和检测有了统一的标准。但是，对于口径较大的光学镜头，仍然需要专门的设计和加工。

我国的靶场光学设备，由于口径大小没有统一的标准，一般根据实际任务需要确定，设计的光学系统口径大小具有多样性的特点。为了实行标准化的生产和装配，相关部门提出光学设备口径的标准化问题，也组织相关单位进行了研究，采取的方法就是对口径大小相近、工作场景类似的光学设备，光学镜头的口径进行统一，避免种类繁多，减少重复设计，不仅可以缩短设计论证时间，而且可以整合资源，优化设计，减少试验环节，节省人力物力。

这样的想法自然很好，但是实际执行起来的确有很大难度，因为不同的使用单位有自己不同的使用习惯和爱好，即使面对同一家研制单位，面对不同的需求和要求，在设计方面仍然需要重新设计。随着材料、技术的变化，工艺也会随时改变。

面对中大口径的光学设备，光学镜头的设计和制造，仍然考验研制单位的水平。400mm 以上口径的光学镜头，习惯采用三光合一或四光合一的光学设计方法，目的是利用光学系统的较大口径和集光能力，提高光学系统的探测距离和分辨率。

多光合一光学系统设计存在的难点和关键技术分析如下。

1）分光结构及膜系设计

采用多光合一的分光技术，要在主镜光路中加入分光镜完成第一次分光，此处分光决定着各光谱段的能量分布和成像清晰度，因此分光结构的设计和膜系设计决定着系统的成败。

镀膜技术和装调工艺非常重要。第一分色镜的镀膜和膜系设计、材料选择非常关键，既要保证对短波和可见光波段的高反射率，又要保证中波和长波的高透射率。膜材料目前选择较多的是硫化锌和氟化镁，硫化锌的透明区为 0.38～14.00μm，氟化镁的透明区为 0.12～10.00μm。根据透过率和反射率测试结果，在 0.40～0.47μm，反射率比较低，不到 60%，且反射率曲线起伏较大，即蓝光被截掉了，因此会造成图像偏暗，色彩失真，可以通过后期色彩弥补和白平衡校正将色彩还原[2]。

2）多路独立成像系统的空间分布设计

经过二次分光后，四个波段的光进入各自的独立成像光路系统中，由于后组空间的限制，空间分配和结构非常关键。后组光学系统的设计，要保证各自独立的成像光路拥有足够的空间，完成调光调焦的光路装调，要防止互相干扰。

因此在进行光路设计时，要充分计算空间位置，优化光路设计，保证光学元件的牢固度，保证在恶劣环境条件下成像清晰。

### 4.1.2　光学探测器

光学探测器是光学系统的一个关键系统，其必须正常工作以使系统能够完成其所希望的功能。

光学探测器通过吸收由物体所辐射的电磁辐射来"观察"物体的器件，将输出正比于物体的辐射能量密度的电信号。辐射能量密度描述从一个物体辐射的在单位体积或单位面积内辐射能量的密集程度，可以通过辐射出射度对波长或频率的微分来计算，这种计算方式反映了辐射场中不同波长或频率的能量分布情况。不同的光学探测器探测的工作波长范围不同，因此光学探测器又分为可见光探测器、红外探测器、紫外探测器等[3]。

光学探测器的工作原理：当用于探测器的材料受到光的照射时会产生光电特性变化，通过测量这些光电特性变化量的大小，得到物体像的变化。

光学探测器是采用其探测的物理机理分类的，第一类探测器是热探测器。热探测器采用与热有关的材料特性来探测入射的辐射，热探测器的响应与所吸收的热量有关，与波长无关，不依赖于电磁波谱而独立工作，不需要制冷。热探测器的一个显著缺点是时间响应常数较长，大约几毫秒，因此，不适用于高数据采样率的场合。

第二类探测器是光子探测器。光子探测器对于来自光的能量与探测器的敏感材料相互作用产生自由电子，光子探测器的响应与波长有关，且有一个截止波长，如果入射的光子波长大于截止波长，则由于光子产生的能量过小而不能产生自由电子。光子探测器需要采用制冷来降低探测器的噪声。光子探测器响应时间短，适用于高数据采样率的场合。

设计一个光学测量系统时，在概念方案设计阶段，需要评估光学探测器的效用，对探测器的类型选择做出决策。一般在光学系统初步设计阶段就要对探测器的选择准则做出明确的分析，选择准则的制订要基于光学系统的可靠性要求、可维护性和可用性模型[4]。

下面对几个重要系统的选择进行一些举例说明。

对于探测器的选择，无论采用层次分析法，还是加权分析法，首先要构建选择准则，然后根据选择准则对探测器进行权衡分析，以选择具体的探测器和给出选择的理由。

描述一个探测器性能的一组技术因素包括尺寸大小、质量、功耗、像素数目、像素尺寸、灵敏度、响应率、量子效率、响应波段、等效噪声功率等，通过对这些因素进行加权分析，来进行选择。这些因素并不一定处于同样的权重地位，有处于主导地位的因素，也有处于次要地位的因素，这与用户方对于相关指标的关心程度有关。在众多的因素中，响应率、像元数和像素尺寸是相对重要的几个指标，按照正常的逻辑思维，要求响应率越大越好，像元尺寸则要求越小越好，响应率越大，探测灵敏度越高，则能探测到的目标距离就会越远；像元尺寸越小，空间分辨率越高，则观察到目标的细节越精细，成像越清晰。但往往这两个因素并不是成正比的，这两个因素的关联性问题需要进行权衡，看是否能够同时满足要求，如果不能同时满足要求，则需要进行权衡和取舍。

一个具有更高响应率的探测器有更大的可能探测到低辐射能量密度目标，在其他技术因素允许的情况下，一个具有较小像元尺寸的探测器可以提供更高的空间分辨率。

由于受到大气湍流的影响，即使探测器的空间分辨率足够小，如果没有大气湍流补偿系统，一个光学系统的理论分辨率（衍射极限分辨率）也会被大气湍流消除掉。因此，光学系统的设计要求是，光学系统的理论分辨率一定要优于像素的投影尺寸；但是，像元的尺寸太小，瞬时视场就会小，又不利于目标的搜索与捕获[5]。因此，各技术因素之间的交互作用，必须采取有效的方法来达到一个平衡点，这个平衡点就是各设计参数的最优解。

如果采取加权法进行权衡，假设每一个技术因素的权重是相同的，即作为权重的每一个因素都同等重要，如果采用响应率、质量和尺寸这三个因素作为权重因子，每个权重值都是1/3，权重的和为100%。在评估这三个因素时，对于一个质量和体积均受限的安装空间来说，会发现大多数可用的探测器不能满足安装空间要求。假设研究结果表明，对信号的保守估计有大约10%的裕量，质量有较大的裕量（探测器的质量显著低于所分配的质量），这种情况下可以将质量类的权重改为10%，将尺寸类的权重改为50%，将响应率类的权重改为40%。如果仍然使用1~10的评分方案，在每一评价类中，1是最差的，10是最佳的，并根据评分对每种探测器进行评估。此外，还可以包括每种类的某些二元判决或门限条件，从而在不满足条件时消除某一候选探测器。例如，某一款探测器的尺寸太大，不能装在环控单元中，或者功耗过大，发热量大，或者探测器像素太小，不能满足视场要求或者不能满足空间采样率要求，这些探测器都不予考虑。

加权法的一个特点就是对所有要考察的因素都是重要的，它们的相对重要性则通过各因素的加权值进行调整。如果技术因素不足以满足光学系统的需求，则不予考虑，如果光学系统设计改变，则加权结果要重新进行考虑。

如果设计一个系统工程工具模型，把设计因素融进模型之中，并与光学系统需求联系起来，这样当评估候选的探测器时，将采用当前的光学系统设计和光学系统性能指标来进行。如果设计改变，模型将筛选系统中的所有探测器，并自动地重新检查约束。如果通过的话，候选的探测器将自动地重新根据当前的准则和权重进行评估。

### 4.1.3　跟踪系统

光学设备的跟踪系统包括方位和俯仰两个跟踪控制系统,这两个系统的结构基本相同,皆由速度回路和位置回路组成双闭环的控制系统。现代光电经纬仪的跟踪系统一般具有自动、随动和半自动跟踪三种基本工作方式。

自动跟踪时电视跟踪器或红外跟踪器测量目标相对于光轴的角量,送伺服控制分系统的位置回路形成闭环自动跟踪。用计算机或雷达引导时,轴角编码器测出经纬仪的方位角 $A_0$、俯仰角 $E_0$,通过程序自动计算出引导信息 $A_1$、$E_1$ 与 $A_0$、$E_0$ 之差 $\Delta A$、$\Delta E$,并将 $\Delta A$、$\Delta E$ 与速度信息 $\dot{A}$、$\dot{E}$ 进行 D/A 转换后加到随动放大器中,构成典型的数字复合控制系统。

半自动跟踪时,操作人员通过瞄准镜瞄准目标并操纵单杆,单杆输出电压经控制放大器加到速度回路,驱动电机跟踪目标。操作人员可单独通过半自动跟踪方式完成目标跟踪,也可以在自动跟踪状态时进行半自动修正,力争稳定跟踪。跟踪控制系统有两种,一种是位置回路采用数字控制,速度回路采用模拟控制;另一种是两回路都采用数字控制。对高速和高机动目标进行跟踪,需采用预测滤波等技术,以确保跟踪平稳可靠,提高目标动态捕获能力[6]。

伺服控制系统是光学设备的核心分系统,其性能直接影响设备的跟踪测量能力,其主要功能是根据输入的伺服给定数据,采用先进、可靠的控制算法,实现对目标可靠的稳定跟踪。

在硬件满足要求的情况下,控制策略与方法对光电跟踪测量系统的跟踪、测量能力起决定性作用。

伺服控制系统采用成熟的全数字伺服控制方案。伺服控制系统硬件设计采用通用的标准化软硬件平台,力求模块化、标准化,便于设计、生产、调试和维护。控制策略采用多数据源信息融合技术及共轴跟踪的方法,结合自适应比例-积分-微分(PID)控制技术、高精度滤波预测技术等提高伺服控制系统跟踪精度。

控制策略与算法直接影响伺服控制系统的各项性能。位置回路采用数据融合的复合控制技术、自适应 PID 控制技术、多点滤波预测技术,保证跟踪平稳性,提高系统的跟踪精度。

脱靶量信号延迟会造成相位滞后,限制系统位置带宽的提高,影响控制系统的稳定性和跟踪精度。目前,广泛采用基于最小二乘原理的 5 点预测滤波算法有效减小目标脱靶量延迟带来的不利影响。由于 5 点预测滤波算法包含的数据信息较少,采用 5 点滤波算法滤波预测后,数据仍有较大的扰动信号,对系统的平稳性有较大影响。

采用一种多点预测滤波算法后,可大幅提高预测数据的光滑度和平稳性。该预测滤波算法在多个工程项目中成功应用,效果良好,有效提高跟踪的平稳性,大幅提高了系统的跟踪精度，算法实现简单，可靠性高。图 4-1 为多点预测与 5 点预测结果曲线。

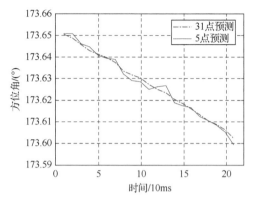

图 4-1　多点（31 点）预测与 5 点预测结果曲线

融合跟踪技术具有短波红外跟踪、中波红外跟踪、长波红外跟踪、外部引导跟踪、理论弹道跟踪等多个跟踪模式，采用多传感器数据融合后，可以降低对单个传感器的依赖程度，设备始终处于轨迹引导状态，可以有效提高光电测量跟踪系统连续跟踪目标的能力、跟踪稳定性和跟踪精度。

借鉴专家系统的推理方式和思维过程，结合各传感器的特性对目标运动过程进行评估分析，充分考虑各种外界因素的干扰情况，利用距离阈值、指数函数等处理技术，实时确定跟踪过程中各传感器测量数据的融合权值，实现跟踪过程中多数据源信息融合处理，并体现数据融合后的数据精度和可信度。

通过融合加权，保证目标不偏离视场，并最大程度地实现连续、平稳的高精度跟踪。图 4-2 所示为仿真试验任务的融合跟踪策略。

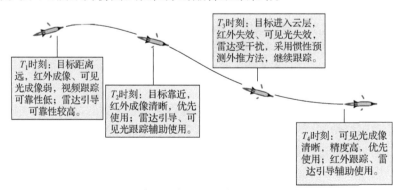

图 4-2　仿真试验任务的融合跟踪策略示意图

当用多个传感器观测目标运动航迹时常用时间/空间融合法，先对多个传感器的观测值进行时间融合，得出各传感器的航迹估计，再对各传感器输出的航迹估计进行融合，从而得出目标的最终航迹。

### 4.1.4　计算机系统

　　计算机技术的发展应用早期体现在光学设备的引导跟踪功能，渐渐扩展到理论弹道程序引导、与中心机的信息互送、本机坐标转换、实时引导、系统误差实时修正、随机误差平滑及设备间的互引导等功能，现代光学设备已经实现了以主控计算机为中心的全部信息智能化系统，实现了计算机参与的全数字化自动跟踪控制、故障自动检测、多目标跟踪与自动识别等。

　　计算机技术的发展也体现在设备的智能化方面。智能化操作的宗旨在于使用上做了相应的逻辑简化处理，根据任务的特点设置各项参数，减少操作手的操作步骤。智能化操作还体现在向导式设计，旨在让操作手不经培训或经简单培训后即可操作使用设备[7]。具体表现：最大化简化设备操作的步骤，从给硬件上电初始化到任务配置与执行各项提示完备清晰，用户可以不经过培训或只经过简单培训即可使用该控制系统对设备进行操作。

　　主控计算机是整个信息处理系统的信息中转和处理中心，主要完成对各分系统的参数配置、监控与保护，实时采集、接收、显示、保存各类数据信息，并发送各种控制命令等。系统管理软件采用面向对象的编程技术，优化设计主控计算机程序，体现其高度集成化、模块化、智能化的特点，极大地提高自动化程度，使操作更加智能化、人性化。

　　主控计算机系统由主控计算机硬件和相应的处理软件组成。

　　主控计算机系统是光学设备的核心，主要承担光学测量设备的数据采集、信息交换和监控管理等任务。主要完成以下工作。

　　（1）对本站设备的控制；

　　（2）数据的实时采集、显示和传输；

　　（3）采集记录方位角、俯仰角、绝对时间码和红外捕获跟踪器的脱靶量、工作状态等数据，采集经纬仪转台限位、锁紧等信号；

　　（4）接收引导数据信息；

　　（5）故障诊断；

　　（6）提供友好的人机交互监控界面。

　　主控计算机软件是实现主控计算机系统功能和技术指标要求的主体，按照软件功能，可以划分为初始化模块、数据交互模块、电源管理模块及数据管理模块四大模块；按照界面组成，可以划分为常用功能、信息显示、电源控制及源码显示。主控计算机软件与各个分系统通过网络进行数据交互及电源管理等功能的实现，通过网络与健康管理系统进行数据交互等。

　　主控计算机软件框架如图 4-3 所示。

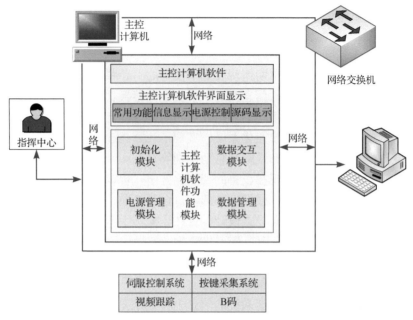

图 4-3　主控计算机软件框架图

主控计算机软件各个功能模块之间存在数据交互关系。初始化模块对需要配置的状态及变量进行操作，同时将初始化后的状态传递给数据交互模块和电源管理模块；数据交互模块需要将接收到的数据发送给数据管理模块进行相应管理，同时将从数据管理模块接收到的数据发送出去；数据管理模块需要对接收到的数据进行相关计算和处理，同时进行必要的存储和配置；电源管理模块主要对各个分系统的电源状态进行开关机操作、阈值设置、监控等必要的管理。各功能模块之间的数据流如图 4-4 所示。

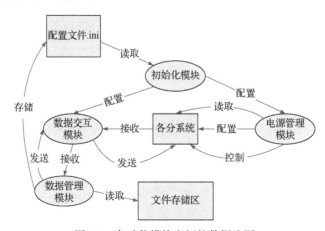

图 4-4　各功能模块之间的数据流图

　　管理软件工作的主要流程：首先初始化各个模块及状态，主线程开始工作，实时接收各个分系统的数据，同时根据设置的数据实时向分系统发送数据，工作结束后保存相关状态和数据。

　　管理软件主流程如图 4-5 所示。

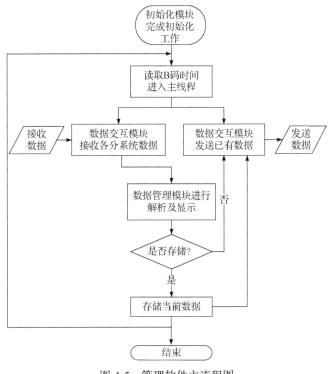

图 4-5　管理软件主流程图

# 4.2　指标体系的关联性

### 4.2.1　指标体系的关联性原则

　　一个完善的光学设备，其各组成系统和单元都是有机结合的整体，各系统的协调配合才能达到设计指标要求，因此，指标体系不是孤立的，而是相互关联的。研究指标之间的关联性及相互关系，能够更好地优化指标和体系，使得设备本身更完美，更能发挥更好的应用性能。

　　指标的关联性研究包括以下几项内容。

　　（1）建立功能性能指标体系。根据用户需求和任务书要求，进行设备的目的要求、功能定义、性能分析和战术技术指标分解，形成完整的设备功能性能指标体系。

（2）建立设备框架结构。光学系统的设计过程从光学系统需求的功能分解开始，在功能分析过程中，定义和分析完成光学系统需求相对应的功能部分的子系统。设计者可以将光学成像系统划分为电源、控制、通信、环境控制、信号处理、图像处理、瞄准和跟踪、光学子系统等。

（3）围绕中心功能进行设计。早期电影经纬仪的光学系统设计必须以能够成清晰的像这一功能为中心，因此光学系统和摄影系统的设计和质量作为最核心的部分，包括胶片的质量，甚至洗印系统都是设计的重点；当以实时成清晰的像为中心进行设计时，电视、红外系统成为设计的重点，围绕电视、红外成像进行技术设计；随着需求的增加，关注的技术重点会变成多个，实时成像、稳定跟踪成像、红外辐射特性测量等多项重点技术成了光学设备必须具有的功能，尤其是投影到大屏之后，成像的稳定性成了各级领导关注的重点，也成了困扰光学系统技术人员的一个技术问题[8]。

从光学系统对于高速运动目标的成像技术原理分析，在运动目标成像过程中，由于目标速度、形状、明暗度和大小变化的影响，无论采用手动跟踪还是自动跟踪，都会产生一定的抖动，这种抖动在相对较小的计算机屏幕上并不是很明显，但一旦投放到大屏，由于大屏的放大作用和人与大屏的距离效应，可能产生的视觉效果非常明显，并产生不适感。

这个问题，并不是简单地进行图像处理就可以彻底解决。因为无论采用什么方法处理，总会产生时间延迟，投影大屏的时间延迟容忍度也决定着处理的效果和方法。如果按两到三帧的延迟计算，则最长为50ms。

成像抖动的问题是持续性的，如同函数的极限值，可以无限逼近，不可能彻底解决。例如，抖动的时间越来越短，次数越来越少，幅度越来越小，在人眼的视觉限度内感觉不到变化等[9]。

（4）编写设备设计研制的总体任务书和技术方案。总体任务书包括设备研制的目的和要求、系统构成、指标体系、重点难点和关键技术分析等；技术方案是根据总体任务书的要求，详细论述技术实现的方案和途径，内容更加详细和全面。

光学系统需求、维护、保障和服务系统考虑—确定技术性能—细化权衡与可行性分析—光学系统设计—光学设计集成等核心系统工程过程，可以归纳到初步设计阶段。这一核心系统工程过程在每个设计阶段可能会有多次重复，直到最终达到满意。

掌握指标体系设计的四个原则：方向性原则、系统性原则、可测性原则、独立性原则[10]。

第一，方向性原则是指在设计过程中，始终围绕主要技术性能和技术指标进行设计，不能偏离；

第二，系统性原则是指指标体系之间的相互制约和相互影响，在指标分配过程中，不要忽略任何一个影响因素；

第三，可测性原则是指任何一个指标都是可以测量的，不能测量的指标没有意义；

第四，独立性原则是指每一项技术指标对应一项独立的功能表述，与其他指标的关联度控制在相互影响最小的程度，适用性需要控制在一定的范围。

对于一项指标，采用层次分析法进行分解，列出影响指标的关联性因素，并进行数学建模和计算，最终找到指标体系之间的关联性，分析权重因子，进行设计权衡。

下面举例进行说明，如对探测距离这个指标进行分析。

一个物体能否在探测器上成像，取决于三个条件，即目标到达像面的能量大于探测器的最低灵敏度、目标像的尺寸大于探测器的最小尺寸、目标像的能量大于背景的能量。满足这三个条件，一个目标才能在探测器上成像[11]。

因此，在分析探测距离时，第一，计算目标到达像面的能量。计算过程包含的因素有目标是否发光、目标反射太阳光及背景光的大小、目标反射面的大小、反射率、大气衰减、光学系统衰减等，探测距离与光学系统接收到目标的能量大小有关，能量越大，探测距离越远。第二，计算成像大小。要考虑光学系统焦距、目标到光学系统的距离、目标尺寸、目标与光轴的夹角等因素，到一定的距离后，成像是点目标还是面目标。第三，成像对比度。与工作环境有关，要考虑的因素包括是白天工作还是夜晚工作，白天分为早中晚，即太阳的高角，晚上是无月光的夜晚还是有月光的夜晚，月光对跟踪测量的影响，周围杂散光的影响，与太阳的夹角。第四，其他光源。发光目标有没有辅助光，是纯粹靠反射光还是有较强的火焰，单靠反射光能跟踪的距离，辅助光强。第五，光学系统。光学系统的口径大小、焦距长短、结构，对于目标光的谱段，损耗效率的大小等。第六，探测器。探测器的像元数、像元大小、敏感波段、灵敏度。

将分析结果进行系统整理后，作为完整的输入资料进行汇编计算[12]。

## 4.2.2　目标特性分析

靶场光学测量设备的观测对象包括火箭、导弹、飞机等多类目标，观测手段具有可见光、红外两种方式。可见光波段主要是反射太阳光、目标发光两种情况，红外波段的能量来源主要是自身辐射。红外波段的辐射能量大小和波段分布，与目标的表面温度有关，不同的目标温度具有不同的辐射峰值波长。例如，发动机尾喷口等高温部位，温度约为 1000K 以上，峰值辐射波长约为 3μm，短波红外、中波红外比长波红外谱段的信号强；导弹飞行中段出大气层后，气动加热效果不明显，蒙皮温度约为 350K，根据维恩位移定律，辐射峰值波长约为 10μm，此时，长波红外比中波红外谱段的信号强[13]。

为了获取关键事件的高分辨图像，需要系统具备可见光波段高清晰成像的能力。由于可见光、短波红外、中波红外和长波红外谱段成像，在不同的时间和不同的环境条件下各有特点，因此，一个综合的光学测量系统往往采用可见光（0.5～0.8μm）、短波红外（1.0～2.5μm）、中波红外（3～5μm）和长波红外（8～12μm）多谱段成像模式，可同时获取目标在多个谱段的信息，从而提高对目标的探测和识别能力。

对于高速运动的目标，除本身具有的辐射特性外，气动加热将会让目标表面温度发生变化，从而产生相应的红外辐射。工程计算中，通过求驻点温度的方法求得高速运动目标的辐射。驻点是指当空气流过物体时，在物体表面空气气流由于高温高压形成的完全静止的任意点。这个点的温度称为驻点温度，驻点温度的计算公式如下：

$$T_s = T_0 \left[ 1 + \gamma \left( \frac{\gamma - 1}{2} \right) Ma^2 \right] \tag{4-1}$$

式中，$T_0$ 为周围大气温度；$\gamma$ 为恢复系数，一般取 $\gamma = 1.4$；$Ma$ 为飞行马赫数。

由求得的驻点温度，应用普朗克定律即可计算出蒙皮辐射出射度，结合目标尺寸参数，进而求出辐射强度。更精确的计算则需要考虑目标表面复杂的几何外形及实际的表面散射状态，并考虑内部热环境的耦合作用。

目标反射辐射包括天空、地面和太阳的辐射，还与目标表面的光学特性有关。天空、地面辐射与大气条件、温度等多种因素有关，采用估算的方法，可用天空背景温度和地表温度套用普朗克定律进行计算。太阳辐射强度计算也是如此，但最终计算结果要按实际的太阳辐射强度进行归一化，实际的太阳辐射强度可按太阳常数的 80% 来计算[2]。

太阳光谱的主要能量分布在紫外、可见光和近红外区域，这些区域的能量对飞机蒙皮有加热作用，可以间接对飞机的红外辐射产生影响，探测器也可接收蒙皮反射的红外波段的太阳光谱。

太阳可近似为温度为 5900K 的黑体，它的辐射到达地球大气层后，有些波段的能量被大气中的水蒸气、二氧化碳、臭氧等吸收，从而产生衰减。因此，到达目标表面的直接入射太阳红外辐射的照度可表达为

$$H_{sun} = \frac{\omega_{sun} \cos\theta}{\pi} E_b (T_{sun}, \lambda) \cdot \tau_{air} (\lambda) \tag{4-2}$$

式中，$\omega_{sun}$ 为太阳对地球的立体角；$\theta$ 为太阳射线与壁面发线的夹角；

$T_{sun} = 5900K$ ；　$\tau_{air}$ 为沿程大气的吸收率。

### 4.2.3　典型天气探测能力分析

　　光学系统的使用条件较为苛刻，尤其是可见光系统，受各种天气条件的影响很大，红外系统虽然受天气条件影响小，但也不是在所有天气条件下都能发挥自身的能力水平。因此，设计之初，对于典型天气条件下的探测能力分析，就显得尤为重要。

　　由于光学系统参试任务的特殊性要求，因此不可避免地要面对多种典型的复杂天气状况。不同天气条件下，大气能见度、大气透过率及天空背景亮度差异较大。关于大气状况对光学设备测量影响的技术分析是一个复杂的过程，没有准确的公式，需要结合工程实践和经验进行计算和估算。结合某地区的地形、地貌及地理特征，进行分析举例。某地区海拔为 2～3km，年平均温度为-0.7℃，1 月份平均温度为-13.9℃，最低温度为-32.6℃，7 月份平均温度为 12.1℃，最高温度为 25.4℃，平均降水量约为 418mm，易出现的典型气象条件包括暴雨、沙尘等[14]。针对典型气象条件，对可见光电视测量系统、长波红外电视测量系统、中波红外电视测量系统和短波红外电视测量系统对目标的探测能力进行分析。

　　可见光电视测量系统在典型天气条件（包括雾、霾/沙尘、雨、卷云等）下对目标的探测能力如表 4-1 所示。

表 4-1　典型天气条件下可见光电视测量系统探测性能　　　（单位：km）

| 信噪比 SNR=3 | 雾 | | | 霾/沙尘 | 雨 | | 卷云 |
| --- | --- | --- | --- | --- | --- | --- | --- |
| | 0.2km 能见度（浓雾） | 0.5km 能见度（中雾） | 1km 能见度（轻雾） | | 小雨 | 中雨 | |
| 目标尺寸（$L$=1m，$\phi$=0.5m） | 0.15 | 0.4 | 1 | 7 | 30 | 10 | 70 |

　　由表 4-1 分析可知，对于可见光电视测量系统而言，其探测目标的能量来自天空背景对太阳光的散射，由于雾天天气的大气能见度小于 1km，目标的前向散射加剧，天空背景的散射严重，导致目标在靶面上的对比度很低，因此，雾天天气下不建议采用可见光进行测量。晴朗天空背景照度约为 $2 \times 10^4$lx，阴雨天空背景照度约为 $10^3$lx，晴朗天空和阴雨天空目标照度差约 20 倍，因此，可见光电视测量系统对目标的探测距离有所下降；霾/沙尘天气下，大气透过率相对较低；卷云天气下，大气透过率和天空背景辐射较晴朗天空下降相对较少。因此，和雾、霾/沙尘、雨等天气相比，卷云天气下，可见光电视测量系统对目标具有相对较高

的探测能力。

长波红外电视测量系统、中波红外电视测量系统以及短波红外电视测量系统在典型天气条件（包括雨、雾、卷云等）下，对目标的探测能力如表4-2～表4-4所示。

**表 4-2　长波红外电视测量系统典型天气条件下探测能力**　　　　　（单位：km）

| 典型目标 | 雾 | | | 雨 | | 霾/沙尘（5km能见度） | 卷云（云底高度2km，云厚0.3km） |
|---|---|---|---|---|---|---|---|
| | 1km能见度 | 0.5km能见度 | 0.2km能见度 | 小雨 | 中雨 | | |
| 尾焰（1500K） | 380 | 220 | 90 | 800 | 510 | 1000 | 1200 |
| 蒙皮气动加热（720K） | 220 | 150 | 70km | 550 | 210 | 620 | 850 |
| 无尾焰（500K） | 180 | 100 | 60km | 350 | 180 | 400 | 620 |

**表 4-3　中波红外电视测量系统典型天气条件下探测能力**　　　　　（单位：km）

| 典型目标 | 雾 | | | 雨 | | 霾/沙尘（5km能见度） | 卷云（云底高度2km，云厚0.3km） |
|---|---|---|---|---|---|---|---|
| | 1km能见度 | 0.5km能见度 | 0.2km能见度 | 小雨 | 中雨 | | |
| 尾焰（1500K） | 480 | 320 | 110 | 1000 | 600 | 1200 | 1400 |
| 蒙皮气动加热（720K） | 310 | 210 | 85 | 600 | 280 | 700 | 950 |
| 无尾焰（500K） | 185 | 105 | 60 | 360 | 180 | 420 | 640 |

**表 4-4　短波红外电视测量系统典型天气条件下探测能力**　　　　　（单位：km）

| 典型目标 | 雾 | | | 雨 | | 霾/沙尘（5km能见度） | 卷云（云底高度2km，云厚0.3km） |
|---|---|---|---|---|---|---|---|
| | 1km能见度 | 0.5km能见度 | 0.2km能见度 | 小雨 | 中雨 | | |
| 尾焰（1500K） | 400 | 210 | 90 | 500 | 300 | 550 | 600 |

表4-2～表4-4为几种典型气象条件下的分析结果，可为实际情况下的跟踪测量提供一定的参考。由以上分析可知，对于红外系统而言，其探测的目标能量主要是目标自身的红外辐射能量，与目标的温度和发射率有关。雾、雨天气条件下，红外谱段的大气透过率相对较低，天空背景辐射较大；霾/沙尘、卷云天气下，红外谱段的大气透过率相对较高，天空背景辐射相对较小。因此，霾/沙尘、卷云天

气下长波、中波红外电视测量系统对目标的探测距离优于雾、雨天气。

### 4.2.4　远距离弱目标高灵敏探测需求分析

对于较远距离的目标探测，当可见光波段与短波红外波段失去对目标的探测能力时，以中波和长波红外探测为主。

在光学系统口径一定的情况下，要实现系统对目标的高灵敏探测，从设备角度考虑，一方面需要配置合理的光学参数，提升目标与背景的对比度，另一方面光学系统需具备高透过率及高成像质量的特点，增大系统对目标的集光能力[15]。同时，需要匹配高灵敏探测器，最终实现系统整体探测能力的提升。

市场上主流的红外探测器、长波探测器相对单一，以 640×512（个像元）、相对孔径 $F/2$、像元尺寸 15μm 为主，中波探测器规格较多，相对孔径有 $F/2$、$F/4$ 两种，像元尺寸有 12μm、15μm、24μm 及 25μm 等不同规格，对于点目标探测，探测器靶面获取的背景及目标能量由式（4-3）和式（4-4）决定。

目标在靶面上的能量计算：

$$E_T = \frac{\tau_0 \cdot E_t \cdot A_s}{A_m} = \frac{\tau_0 \cdot \tau_a \cdot \varepsilon_1 \cdot M_t \cdot A_t \cdot D^2}{4A_m} \qquad (4-3)$$

式中，$\tau_0$ 为光学系统透过率；$E_t$ 为目标到达像面的照度；$\varepsilon_1$ 为目标的辐射系数；$M_t$ 为目标的辐射量；$A_t$ 为目标的有效辐射面积；$D$ 为光学系统入瞳直径；$A_s$ 为红外系统入瞳面积；$A_m$ 为目标像在靶面上弥散斑的面积，$A_m = \mathrm{spred}^2 \cdot A_d$，spred 为像元弥散所占像元数；$\tau_a$ 为大气透过率。

背景在靶面上的能量计算：

$$E_B = \frac{\tau_a \cdot \pi \cdot B}{4 \cdot F^2} \qquad (4-4)$$

式中，$\pi$ 为圆周率；$B$ 为天空背景辐射；$F$ 为红外系统 $F$ 数。

从式（4-4）可以看出，对于远距离点目标探测，目标到达靶面的能量与光学系统口径有关，口径越大，目标在靶面的照度越大。背景到达靶面的能量与光学系统的 $F$ 数有关，$F$ 数越大，背景在靶面的照度越小[16]。因此，对光学系统而言，要提升系统对目标的探测能力，光学系统口径一定的情况下，需要增大系统的 $F$ 数，降低背景辐射。

对长波红外波段，探测器 $F$ 数相对固定。对中波红外波段，通过选择 $F/4$ 的探测器，同时匹配 $F/4$ 的光学系统，进一步降低背景辐射的能量，且中波红外波段天空背景辐射较长波红外波段的天空背景辐射低一个数量级，可采用长曝光提高靶面目标的能量。

探测器像元尺寸对探测灵敏度有较大影响，具体关系须进行详细分析。

高性能、大靶面、高分辨率制冷型中波红外探测器（主要针对面阵像元数在640×512个以上的红外探测器）的像元尺寸主要有25μm、24μm、15μm、12μm等几种规格。针对红外系统超视距弱小目标的远距离探测应用，像元尺寸的大小与系统探测能量、探测效率、探测灵敏度密切相关，器件的选型直接影响到系统的诸多关键特性，如探测距离、信噪比等关键性能指标。以两种国产器件规格25μm、12μm为例，从能量、探测效率、探测信噪比、探测灵敏度、探测距离、目标跨像元等角度，分析大像元尺寸与小像元尺寸在弱小目标远距离探测应用中的探测效能，从而为探测器选型提供理论依据。两款制冷型中波红外热像仪详细指标如表4-5所示。

**表4-5　两款制冷型中波红外热像仪详细指标**

| 项目 | 集成式 | CB12M MWIR（高德） |
|---|---|---|
| 基底材料 | HgCdTe | HgCdTe |
| 光谱范围 | 3～5μm | 3～5μm |
| 像元数 | 640×512 | 1280×1024 |
| 像元尺寸 | 25μm×25μm | 12μm×12μm |
| 光敏面尺寸 | 16.0mm×12.8mm | 15.36mm×12.29mm |
| 制冷方式 | 斯特林制冷 | 斯特林制冷 |
| 冷屏 $F$ 数 | $F/2$ | $F/2$ |
| NETD | 15mK（典型值） | <20mK（典型值） |
| 工作温度 | −45～71℃ | −45～71℃ |
| 有效像元 | 0.995 | 0.995 |
| 电荷容量 | 26.69Me− | 6.75Me− |

从以上探测器的技术参数可以看出，小像元器件分辨率优于大像元器件，但受光学系统衍射斑的限制，小像元器件在空间频率较高时，调制传递函数也会较低，对比度变差，对于点目标探测系统来说，在满足测量精度的前提下，对比度高有利于目标的提取。另外，从表4-5可以看出，大像元器件在灵敏度方面优于小像元器件，针对远距离、弱目标探测情况，灵敏度越高，系统的探测性能越好。最后，从饱和电子数（电荷容量）可以看出，大像元器件的饱和电子数远大于小像元器件，饱和电子数越大，意味着器件的动态范围越大，而对目标进行细分时，要求目标不能饱和[17]，因此，大的动态范围更有利于后期图像处理。

综合以上因素及任务特点，一般从以下四个方面进行技术分析。

1）能量探测分析

对于弱小目标远距离探测应用,系统对目标能量探测的能力是最关键的要素。引入包围圆能量系数这一物理量来反映像元尺寸与能量探测效率的关系。不考虑光学系统,仅考虑探测单元的包围圆能量系数 EE 的计算公式如下:

$$\mathrm{EE} = \frac{0.84\sqrt{A_{\mathrm{d}}}}{\mathrm{AD}}, \quad \mathrm{AD} = 2.44\lambda f / D \tag{4-5}$$

式中,$A_{\mathrm{d}}$ 为像元面积;AD 为艾里斑直径;$\lambda$ 为波长,取中心波长 $\lambda$=4μm;$f / D$ 为相对孔径,取 $f / D$ =4。

由上述关系式可知,由于光的衍射效应,$F/2$ 的中波红外探测器中心波长艾里斑直径理论值为 40.9μm,包围圆能量系数与像元面积成正比,像元越大,能量系数越高,25μm 器件的能量系数是 12μm 器件的 1.44 倍。

包围圆能量系数与探测灵敏度相关,从而直接影响系统探测距离。对于弱小(点)目标远距离探测应用,系统探测灵敏度使用噪声等效通量密度(NEFD)来评价:

$$\mathrm{NEFD}_{xy} = \frac{4\sigma_{\mathrm{VH}}^{h}\mathrm{NER}_{xy}\varOmega}{\pi\mathrm{EE}} \tag{4-6}$$

式中,$\mathrm{NEFD}_{xy}$ 为噪声等效通量密度;$\sigma_{\mathrm{VH}}^{h}$ 为高温空域噪声。包围圆能量系数越大,系统 NEFD 越小,探测灵敏度越高,性能越优。

NEFD 作为系统能量探测性能指标,直接影响系统对弱小(点)目标远距探测的探测距离,二者关系如下:

$$\begin{cases} R = \left( \dfrac{\Delta J \cdot \tau_{\mathrm{a}}}{\mathrm{NEFD} \cdot \mathrm{SNR}} \right)^{\frac{1}{2}} \\ \tau_{\mathrm{a}} = f(R) \end{cases} \tag{4-7}$$

式中,$\Delta J$ 为目标辐射强度;$\tau_{\mathrm{a}}$ 为大气透过率;SNR 为处理系统的目标探测信噪比阈值。

由式(4-6)、式(4-7)可知探测灵敏度越高(NEFD 越小),系统的探测距离越远。

上述分析只是理论上说明像元大小与系统探测性能的直接边界关系,系统实际探测性能还与不同规格探测器所能采取的设计制造方法及工艺有关[18]。不管采用什么制造手段,对于器件本身的性能,探测器归一化探测率 $D^{*}$ 是有效的评价标准,也是各个厂家在器件制造过程中必须保证的性能指标。探测器归一化探测率 $D^{*}$ 的理论计算公式如下:

$$D_{xy}^{*} = \frac{\sqrt{A_{\mathrm{d}}t_{\mathrm{int}} / 2}}{G_{\mathrm{e}}\mathrm{NEP}_{xy}} \tag{4-8}$$

式中，$A_d$ 为像元面积；$t_{int}$ 为积分时间；$G_e$ 为电子增益因子；NEP 为等效噪声功率。$D^*$ 的单位为 $cm \cdot Hz^{\frac{1}{2}} \cdot W^{-1}$ 或 Jones。

由式（4-8）可知，$D^*$ 值与像元面积 $A_d$、积分时间 $t_{int}$、电子增益因子 $G_e$ 及等效噪声功率（NEP）有关。一般来说，中波器件的 $D^*$ 值达到 $a×10^{11}$ Jones 这一量级才能有效保证器件的最终灵敏度及探测性能。目前中波器件厂家公布的数据也基本在 $3×10^{11}$～$8×10^{11}$ Jones，其中 $12\mu m$、$15\mu m$ 器件一般在 $3×10^{11}$～$6×10^{11}$ Jones，$24\mu m$、$25\mu m$ 器件一般在 $5×10^{11}$～$8×10^{11}$ Jones。探测器在设计制造过程中，不同规格的器件必定结合本身工艺特点，通过控制器件光电转换过程、转换效率等工艺和参数来保证器件最终的探测性能。主要控制方法涉及势阱的设计、积分时间的长短、电子增益大小、动态范围的调整、读出噪声的控制等要素。大像元规格的器件相对可以采取以较小的积分时间和较大的电子增益来获得较优的探测性能。较小的积分时间意味着器件本身在设计时量子效率较高，当系统工作在较高帧频时，量子效率高的器件更容易保证探测灵敏度；较大的电子增益意味着器件本身在设计时只要控制读出噪声水平就能容易获得较高的探测信噪比。就这两个方面而言，大像元规格的探测器在弱小（点）目标远距探测应用中是具有优势的。小像元规格的探测器为了达到相同等级的探测率，势必在这两个方面有所牺牲[19]。目前器件厂家公布的性能参数之一电荷容量也集中体现了不同规格器件量子效率的差异。其中，$12\mu m$、$15\mu m$ 器件一般在 $3$～$8Me^-$ 范围，$24\mu m$、$25\mu m$ 器件一般在 $15$～$28Me^-$ 范围。

2）点目标的跨像元特性分析

由于点目标在像面的成像位置具有一定的随机性，可以成像于像面上的任何位置，如图 4-6（a）、（b）、（c）所示，当点目标成像在像元之间时，即出现跨像元现象，图 4-7 为点目标跨像元成像的结果，由图 4-7（a）、（b）、（c）可以看出跨像元会导致目标的能量被分散到多个像元中，降低点目标的信噪比。

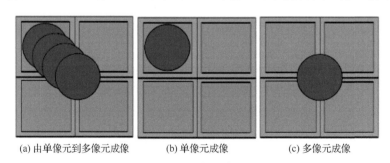

(a) 由单像元到多像元成像　　　　(b) 单像元成像　　　　(c) 多像元成像

图 4-6　点目标成像位置

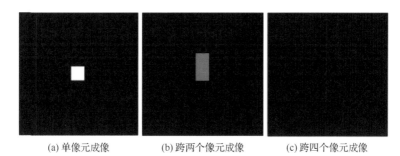

(a) 单像元成像　　　　(b) 跨两个像元成像　　　　(c) 跨四个像元成像

图 4-7　点目标跨像元成像

由于系统是衍射受限系统，其振幅传递函数与光瞳函数之间的关系如下：

$$H(f_X, f_Y) = P(\lambda z f_X, \lambda z f_Y) \tag{4-9}$$

式中，$f_X$、$f_Y$ 表示频率坐标；$P$ 表示系统光瞳函数，一般假设为圆域函数；$z$ 表示出射光瞳至像面的距离，一般假设为成像系统焦距。

非相干点扩散函数与振幅传递函数之间的关系为

$$h = \mathrm{IFFT}(H(f_X, f_Y))^2 \tag{4-10}$$

式中，IFFT 表示逆傅里叶变换。

红外系统需匹配探测器的 $F$ 数，取光学系统 $F$ 数为 4，中心波长 $\lambda = 4\mu m$，可得光学系统的点目标衍射图如图 4-8 所示。

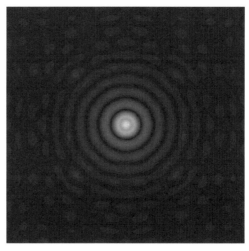

图 4-8　点目标衍射图

艾里斑直径为

$$AD = 2.44 \times \lambda \times F = 40.9(\mu m) \tag{4-11}$$

3）12μm 像元能量占比情况

对于 12μm 像元来说，其无法完整接收整个艾里斑中心斑，出现跨像元情况，最小能量占比情况为艾里斑跨 16 个像元，此时单个像元的能量占比约为 0.0625。

艾里斑在跨像元的过程中，单个像元接收到的能量占比会发生变化，目标在 12μm 像元尺寸跨像元过程中的能量变化如图 4-9 所示。

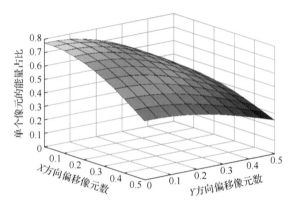

图 4-9　目标在 12μm 像元尺寸跨像元过程中的能量变化

4）25μm 像元能量占比情况

对于 25μm 像元来说，其最小能量占比情况为艾里斑跨四个像元，此时单个像元的能量占比约为 0.31。艾里斑在跨像元的过程中，目标在 25μm 像元尺寸跨像元过程中的能量变化如图 4-10 所示。

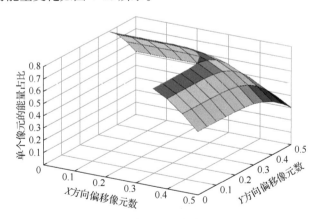

图 4-10　目标在 25μm 像元尺寸跨像元过程中的能量变化

从目标的跨像元特性可以看出，同等条件下，目标在跨像元过程中的能量产生变化，大像元探测器接收到的峰值能量优于小像元探测器，且在能量的随机变化中，大像元目标能量变化平缓，小像元目标能量变化较快。有文献分析，目标有 50%概率归一化能量大于 80%，归一化总能量概率密度分布如图 4-11 所示。

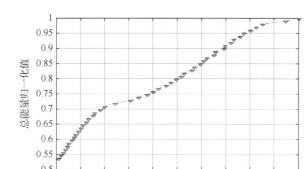

图 4-11　归一化总能量概率密度分布

　　根据应用的不同，探测器选择的侧重也不相同，如部分探测器具有合并像元（Binning）工作模式，当目标的能量比较弱时，可以通过将两个或多个像元进行电荷或电压的累加输出，提高信号能量，同时可以有效地提高成像帧频。Binning 工作模式是通过牺牲分辨率来换取系统灵敏度以及成像速度的工作模式。例如，Gaia 卫星上的光电耦合器件（CCD）在进行分时传输存储成像过程中，针对弱目标进行探测，为兼顾系统噪声和读出时间，对感兴趣的窗口采用 2×2 的 Binning 工作模式[20]。

　　综上所述，从能量探测角度分析，大像元规格的器件具有自身的优势，在弱小（点）目标远距离探测应用中尤其明显，其饱和电子数、动态范围、灵敏度等方面相比较小像元器件有明显的优势。因此，在器件选择过程中，要结合使用特点进行分析，做出恰当的选择。

## 4.2.5　可靠捕获及稳定跟踪能力

　　光学设备的一个重要能力是对目标的捕获跟踪，主要表现在初始时刻捕获目标时能跟得上，成功锁定目标后，在目标飞行过程中，系统能适应目标的运动特点，稳定跟踪并输出稳定跟踪图像。因此，除转台本身要满足基本需求外，核心是视频跟踪系统是否能够成功识别并捕获目标、是否能够稳定输出平稳的脱靶量和伺服控制系统是否能够平稳控制。

　　视频跟踪处理单元的目标捕获能力，主要体现在对快速目标或者暗弱小目标的提取上。对于暗弱小目标的提取，其单帧检测概率、虚警率与目标信噪比、检测阈值 $T$ 有关，单帧检测概率与信噪比、检测阈值 $T$ 的关系曲线如图 4-12 所示。单帧虚警率与检测阈值/噪声方差的关系曲线如图 4-13 所示。

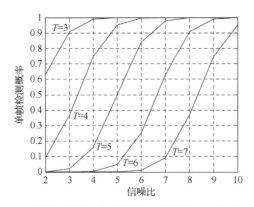

图 4-12　单帧检测概率与信噪比、检测阈值 $T$ 的关系曲线

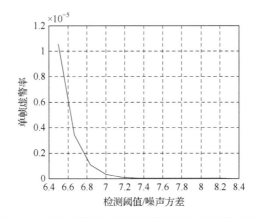

图 4-13　单帧虚警率与检测阈值/噪声方差的关系曲线

从图 4-12 和图 4-13 可以看出，虚警率为 $1×10^{-5}$ 时，检测阈值与噪声方差比值应达到 6.5 以上。对于同样的图像条件，信噪比为 3 时目标检测概率约为 37%，信噪比为 5 时目标检测概率大于 96%。

在实际测量中，对于目标提取通常采用多帧轨迹关联，实现目标的可靠识别和提取。目标多帧正确关联检测概率随着连续跟踪帧数的增加而提高，图 4-14 为连续 5 帧检测捕获目标的概率曲线。

当图像信噪比达到 5 以上，且单帧检测概率达到 96% 以上时，目标被正确提取和捕获的概率达到 99% 以上。

根据工程项目的实际应用情况，总结视频跟踪处理单元应该具有的目标跟踪能力如下：

（1）对远距离暗弱小目标具有实时捕获跟踪能力；

（2）对快速发射目标具有稳定捕获并跟踪能力；

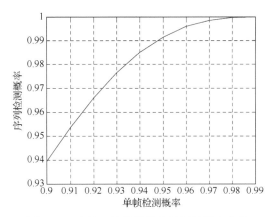

图 4-14　连续 5 帧检测捕获目标的概率曲线

（3）对特殊情况下溢出类大目标（近距离、长焦距情况下尾焰等）具有实时稳定捕获跟踪能力；

（4）对视场内的多目标具有实时识别、稳定跟踪和平稳切换的能力，具有多目标编目能力；

（5）对复杂背景（山谷背景、云层背景等）下的目标具有实时提取和稳定跟踪的能力；

（6）对于可见光图像中目标姿态变化、顺逆光引起的光照变化、空中云层遮挡等情况，具有稳定跟踪的能力；

（7）跟踪系统具有较强的实时性，给出单目标和多目标脱靶量时间延时不超过 2 帧图像帧频；

（8）跟踪系统具有较强的算法灵活性，能够针对不同的目标特性和不同的应用场景及背景专门设计跟踪算法。

# 4.3　指　标　分　配

光学设备由多个分系统组成，各个分系统的性能指标要求必须在总体指标的统一下组成一个有机的指标体系。各分系统之间的指标，既有独立性，又相互关联。研究指标之间的分配原理、方法，在详细论证过程中，使之达到最优化[21]。

## 4.3.1　设备指标体系

### 1. 指标体系的定义

指标体系是指由若干项反映设备性能特征的相对独立又相互联系的指标组成

的有机整体。这些指标体系既包括总体指标体系，又包括分系统指标体系，能够表征设备的总体性能、分系统的性能等各方面的技术特点。

**2. 指标体系的构成和特征**

指标体系由多个相互联系的指标和参数组成，每个指标反映了总体性能的一个侧面。这些指标不是孤立的，而是相互关联的，每个指标只能反映某一个方面的数量特征，多个相关指标则能更全面地说明总体的全貌。

**3. 指标体系的应用和意义**

指标体系在评价和管理中具有重要作用和意义，可以帮助人们更好地理解设备的性能技术水平，促进研制方和使用方的共同理解，并提出决策支持。评价指标体系则是用于表征评价对象各方面特征及其相互联系的多个指标的有机整体，有助于科学化和系统化。

**4. 指标体系常用的论证方法**

（1）归纳法：根据所研究的领域和目标，识别出相关变量和指标，然后进行整合和归纳，构建指标体系。

（2）层次分析法：将指标按照层次进行划分，然后通过专家评估或数据分析，确定各个指标的权重，最终构建指标体系。

（3）因子分析法：通过统计分析方法，将众多指标进行分析，提取出具有代表性的几个因子，然后构建指标体系。

（4）专家调查法（Delphi 法）：通过专家问卷方式，循环进行多轮调查和讨论，最终达成一致，确定指标体系。

（5）结合经验法：根据相关领域的专业知识和经验，结合实际情况，构建指标体系。

以上方法多数通过专家评估、统计分析等手段，根据领域特点和目标要求，确定合适的指标，并构建指标体系。在具体应用过程中，可以根据具体情况选择适当的方法进行构建[22]。

**5. 技术体系构建的原则**

（1）系统性原则。指标的系统性简单地理解就是指标+体系，一个指标不能称为体系，几个毫无关系的指标也不能称为体系，指标的系统性体现在对设备的性能从不能的角度进行分析论证，并把指标系统地组织起来的有机体系。

（2）层次性原则。指标体系的层次性是指设备的指标有主次之分，具有清晰的结构和层次，可以为决策者提供一个有价值的参考框架，以便有效地衡量和评估设备的性能和重要程度。同时，通过指标的层级划分结构也有助于确保不同级别的指标之间保持一致性和协调性，从而更有效地支持设备的整体设计原则。

（3）可追溯性原则。指标体系必须适用于国际比较，并从企业的现状追溯到其历史，从而为现有状况找到理由。可追溯性是构建一个可持续性发展的指标体系所必需的，只有这样，各类指标才能得到有效建立，防止不可避免的事件发生。

（4）有效性原则。指标体系的有效性体现在必须能够有效支撑设备完成各类任务，包括有效收集数据，评估设备发展状况，并能有效地识别客观发展方向，以实现设备具有可持续发展的潜能。

（5）可应用性原则。指标体系必须实用、灵活、通用，方便地使用在不同的企业实践活动之中，以满足企业在发展过程中遇到的多样化问题。

（6）完整性原则。指标体系必须在体积和深度上全面考虑所有调查事项，并能够与实际情况对接，考虑经济市场异质性、复合性等，有效完成评估工作。

（7）可解释性原则。指标体系构建的本质是使种类指标更完善、更清晰、更可测试。这一原则要求构建一个可描述性的指标体系，所有构成指标体系的指标标准都应该有一定的准确性，并可供基本识别和理解，以实现可持续发展的目的。

（8）动态性原则。指标体系不是一成不变的，是随着技术的发展和需求的变化动态变化的，一个设备设计完成后，必须保持一定时期的稳定性，但一些性能和指标具有可扩展性，体现在发展和动态的一面。

### 6. 构建指标体系的注意事项和技巧

（1）从目标开始逐层分解。将主要的目标、战略和要求转化为可度量和可量化的指标，逐层分解到具体的设计和实现层面，从而建立全面的指标体系。

（2）选择关键绩效指标，即能够真正影响能力和目标达成的指标，进行构建，从而建立高效、精准的指标体系。

（3）根据流程逻辑进行指标设计，以操作流程逻辑为基础，按照流程节点的关键输入和输出，设计相应的关键指标。

（4）基于能力需求拓展指标，根据设备能力发展和变化的需要，不断补充和拓展指标体系，保持指标体系的前瞻性和适应性。

（5）指标联动。在指标体系设计过程中，需要考虑指标之间的联动关系，以确保各个指标的平衡性和协调性。

（6）检验和优化。在指标体系的实施和应用过程中，需要定期检验指标的质量、有效性和可操作性，并根据检验结果进行优化和调整。

7. 光学设备的技术指标体系构建

1）测角精度

测角精度的指标体系包括垂直轴误差、水平轴误差、视准轴误差、轴角编码器测角误差、零位差和定向差、判读误差、动态测角增量误差、事后测角总误差、实时测角总误差等多项内容。

2）测距精度

光学设备的测距精度主要是指激光测距精度。

3）探测距离

探测距离计算过程所需要的因素：①目标亮度的计算；②天空背景亮度的确定；③大气透过率和大气见度；④大气扰动和大气微粒散射造成的 MTF。

4）跟踪性能

跟踪性能的指标要素：①经纬仪工作范围；②工作角速度和角加速度；③最小角速度和最小角加速度；④最大角速度和最大角加速度；⑤保精度跟踪角速度和角加速度。

5）跟踪精度

光学设备的视场一般很小，需要靠高跟踪精度确保目标稳定在视场内。为了确保稳定跟踪，要求目标在光学系统视场的中心成像，但由于跟踪误差的存在，目标像一般在光学系统的视场中心附近成像，误差越小越好。为了达到稳定跟踪的目的，要求电视、红外自动跟踪工作在线性区，一般要求在工作角速度和角加速度范围内光学设备的最大误差小于 3′。

6）光学系统焦距和通光口径

焦距和通光口径是光学设备的重要性能参数，不但确定设备结构尺寸和造价，而且直接影响其测角精度和拍摄能力。一般来说，焦距越长，测角精度越高，但观测视场角越小，跟踪越困难；通光口径越大，拍摄能力越高，但结构越庞大。因此，要综合权衡，选取合适的焦距和通光口径。

## 4.3.2　主要功能要求

对于一台常用的光学设备，进行功能和性能指标要求、分系统组成分析。

在光学设备实时工作过程中，需要完成各种事件的图像高分辨率精确获取与实时呈现，对运动目标的各种特殊事件进行跟踪测量，完成相关参数的分析计算，并可对复杂目标进行实时识别[23]。通常的能力要求如下所述。

（1）具备实时跟踪、数据采集、传输和弹道交会计算能力。

（2）具备对运动目标进行光学跟踪，并实时获取目标可见光，红外短波、中波、长波图像的能力。

（3）具备目标红外（长波、中波、短波）辐射特性标定及测量功能，包括目标特征点温度，目标最大最小温度点，特征区域平均温度等。有距离信息的面目标可计算目标辐射亮度、辐射强度，点目标可计算目标辐射强度；无距离信息面目标可计算目标等效黑体辐射亮度，具有目标温度特性及几何外形特征提取能力。

（4）具备大气参数测量功能，实时测量任务中大气参数信息，可对红外测量结果进行修正，包括标定修正、大气透过修正、环境参数变化修正和大气辐射修正。

（5）具备自动跟踪、实时引导、理论弹道引导、单杆四种跟踪方式，具备快速切换跟踪目标的能力（多目标具备实时弹道引导）。

（6）可记录、存储、回放飞行过程红外及可见光跟踪图像。

（7）具备与测控中心间实时进行高速数据、视频图像、语音等信号的双向传输能力。

（8）具有目标红外辐射特性数据库管理功能。

（9）具备辐射特性测量标校功能，在不具备检测环境和仪器的情况下，能通过测星对测量系统进行精度标校和误差修正。

（10）具有模拟训练功能。

### 4.3.3　主要战术技术指标要求

根据功能要求，通过技术分析，主要战术技术指标要求与组成如下。

（1）光学主系统口径：指入瞳直径，通常单位是 mm。

（2）光学主系统工作频段：可见光、短波红外、中波红外、长波红外。

（3）可见光实况分系统：口径、焦距、定焦或变焦，单位为 mm。

（4）红外捕获分系统：口径、焦距、波段。

（5）目标数量：具有多目标跟踪处理能力，在跟踪 1 个目标的同时能给出视场内 3 个目标的脱靶量。

（6）探测距离。

光学系统的探测距离通常包括各个分系统的探测距离要求，是在满足一定大气水平能见度、观测仰角、观测方向与太阳的夹角、大气抖动均方根、目标的表面反射度等条件下的探测距离值。

（7）目标红外辐射特性参数。

①点目标在观测方向上的红外辐射强度;②面目标在观测方向上的辐射亮度;③各向同性目标对指定空间位置的红外辐射照度。

（8）测量精度。

①红外辐射特性测量精度：各波段测量误差≤30%。②测角精度：主光学系统在工作角速度、角加速度范围内,可见光测角总均方根误差（指向值）是 $\sigma A \leqslant 4.5''$,

$\sigma E \leqslant 4.5''$，红外测角总均方根误差（指向值）是 $\sigma A \leqslant 10''$，$\sigma E \leqslant 10''$。③定位精度：通常情况下，根据双站基线长度和斜距，给出定位精度的要求。例如，双站基线长度为 200km，斜距 600km 时，定位精度不低于 300m。

（9）跟踪精度及平稳性。

①在工作角速度、角加速度范围内，系统在对目标平稳跟踪过程中，对最大跟踪误差和随机误差都有相应的要求，通常情况下，最大跟踪误差<3′，随机误差30″；②工作范围：光电经纬仪的方位角和俯仰角等指标的工作范围必须满足一定的要求。

光电经纬仪的工作范围见表 4-6。

表 4-6　光电经纬仪的工作范围

| 项目 | 最大范围 | 保精度范围 |
|---|---|---|
| 方位角/（°） | 0～360 | 0～360 |
| 俯仰角/（°） | −5～185 | 30～65 |
| 速度/[（°）/s] | 35 | 0.01～30 |
| 加速度/[（°）/s²] | 45 | 0～20 |

（10）测量频率：满画幅帧频有 50 帧/s、100 帧/s 两档可选（红外）。

（11）标定精度：优于 10%（辐射功率）。

（12）目标特性测量与识别。

①处理或识别各种目标；②定量处理误差<30%；③定量处理帧频≥50Hz；④目标正确识别概率优于 70%。

（13）记录容量：根据必须记录的任务要求、记录帧频和存储器容量进行计算，通常要求为记录可见光 10min，红外数字图像无损记录时间≥60min。

（14）时统精度：具有北斗授时功能，精度≤10μs。

（15）运载方式：车载机动式或固定站式。

## 4.3.4　指标优化主导性技术分析

根据光学设备的基本结构形式，任何一个具有相似功能需求的设备，都可以按照标准结构配置进行结构设计，只要在不需要的功能处减掉多余的分系统，然后根据指标要求进行各分系统的指标功能分配，就能得到"功能-指标网格图"[24]。各分系统再根据自己的指标完成详细设计部分的指标分配，一直到可以采购或生产的单元。

指标优化的概念是对某一特定的技术指标的内部参数，根据任务特点和使用需求，进行专门设置以获得更好的技术指标准确率和技术指标敏感度。

优化的过程也是将不合理的指标剔除的过程，达到用户、设计者、设备本身三个方面的对立统一。

优化的过程，可以从用户角度、设计者角度、设备角度分别进行分析，最后折中衡量，选出最佳的指标体系。

从用户角度考虑，把可靠性、先进性、易操作性、性价比依次排序；从设计者角度考虑，把易生产性、可靠性、先进性、性价比依次进行排序；从设备角度考虑，把先进性、耐用性、性价比依次进行排序[25]。

一个分系统要成为一项工程的核心技术，必须具备以下几个特征。

（1）分系统成功与否，决定着工程的成败。

（2）所起的作用，始终处于工程的核心地位；或者随着技术的发展，所起的作用越来越大。

（3）工作过程处于主导地位，协调其他系统共同完成任务。

作为一名工程总体人员，必须熟练掌握核心系统，能够把握整个工程的技术总体，协调各个系统的有序进展，合理安排进度节点，掌握关键技术的攻关情况，保证工程顺利进行。

20 世纪 50 年代到 80 年代，光学设备研制的总体人员一般由光机系统技术人员担任，光机系统在当时的情况下，整个工程研制过程中占比最大，难度大，需要把握的节点、技术环节多，特别是后期的装调、测试和使用，设备的进度节点以光机系统的时间周期为节点展开，光机系统的良好状态和运行代表着设备的状态和特点。80 年代后期，光机技术走完了其探索阶段，各个环节渐趋成熟稳定，从设计、制造、装调、工艺、检测、使用等各个工序都制订了完善、标准的程序，进场后性能稳定，在工作中也不再需要投入过多的精力。随着计算机技术的发展，自动化、实时化需求越来越迫切，计算机系统的地位逐渐得到提升，计算机系统人员开始担任总体技术负责人，特别是后期的测试过程几乎离不开计算机系统，从测试过程、测试方法、数据采集、计算整理，自动化程度越来越高，软件编制人员的重要程度愈发凸显。特别是调试完成后，在用户的任务使用磨合期，大部分的临时修改、功能改进、性能提升，几乎都与软件的优化和使用相联系[26]。因此，由计算机技术人员担任总体，可以提前规划和预测可能会遇到的问题，减小后期的难度和工作量。

由以上分析可知，一个系统随着技术的发展，不再居于核心地位，不是它的重要性下降，而是由技术发展和使用要求决定的，一项技术在工程中不再处于"卡脖子"位置，属于成熟阶段，也没有更多的技术创新挑战，只要按照常规设计与制造即可。对于一项技术的评价，往往不能只凭单一的因素，而要综合一组技术因素进行加权，并最终选择最优的结果。

计算机技术与图像处理技术属于动态性很强的技术，根据不同的场景和用户的需要，随时可以进行调整和更改、更新。这种技术成为后期牵涉精力的主要原因。

从光学设备的技术发展和需求发展来看，光学系统的口径大，观察目标越来越复杂，对于图像的清晰度和高速记录要求越来越高，光学系统技术和计算机系统技术会交替成为光学系统的核心技术，围绕两个核心技术，人员和技术攻关也会成为交相辉映的两束光芒。

# 4.4 靶场光学设备类别及应用期技术分析

## 4.4.1 靶场光学设备类别

靶场光学设备主要用于航天试验的弹道、飞行实况和物理特性参数测量等任务。由于光学设备的测量精度高、实时性好、直观等特点，一直在靶场测控系统中担任不可或缺的角色。但是，由于光学设备探测距离受限，且受天气影响比较大，因此一直以来只在初始段和再入段担任多种测量任务。在测量条件允许的情况下，对中段测量也能成像，但一般以点像居多。

光电经纬仪是一类重要的光学设备，主要用于航天飞行试验的主动段、飞行中段和再入段的弹道测量及实况记录。光电经纬仪的主要技术指标是指影响性能的关键技术指标，包括测角精度、测距精度、探测距离、跟踪性能等指标。

高速电视测量系统是另一类重要的光学设备，系统通过高帧频的电视记录系统，对起飞段的重要景象进行记录，并通过事后处理，得到火箭的起飞漂移量，以完成飞行评估。这类设备以高帧频电视记录系统为特点，在探测距离上没有光电经纬仪要求远，因此是一类小口径的光学设备，但仍然具备良好的跟踪性能和要求[27]。

光学景象测量系统主要突出图像的清晰度要求高，测量精度上没有光电经纬仪要求高。早期的光电经纬仪为了达到高精度的测量要求，一般采取固定式布站。光学景象测量设备为了达到好的景象测量效果，一般采取车载布站，选取最有利于景象测量的位置布站，因此测量精度相对宽松。但随着车辆性能的提高，不落地测量技术已经取得突破，能够满足车载设备落地和不落地测量的精度要求，因此这两类设备基本没有再进行区分。

物理特性测量系统主要利用红外系统对目标的红外辐射特性进行测量。这类设备没有独立成为一种设备，而是与光电经纬仪集成在一起，作为光学设备的一个分支，共同完成测量任务。

根据光学设备的搭载平台不同，光学设备又包含星载设备、机载设备，用于完成不同的测量任务。星载设备作为空间目标监视设备，在各种对地、对空活动中担负着重要的任务，尤其是在近年来的空间攻防对抗中越来越重要。

实际上，光学设备新技术的应用、新需求的推动，一直让光学设备的研制和应用越来越广泛。

随着技术的发展，光学设备的几种主要应用方向已经没有明显的类别界限，只是从规模上有大小之分，搭载平台的不同，性能要求和关键技术有所区别[28]。

### 4.4.2　应用期技术分析

一台光学设备完成出所验收、外场验收并交付用户进行正常使用后，在相当长的一段时间内，设备都处于稳定的健康应用状态。即使偶尔出现一些小的故障或问题，使用人员也能通过调整系统参数或电话咨询的方式进行解决，只有不能解决的问题，才需要设计人员到现场进行解决。如果一个设备交付使用后频繁出现问题，则用户会频繁要求研制人员到场解决，这样的情况不但影响设备的正常使用，而且会增加研制方的费用，还会让信誉下降，是最得不偿失的事。因此，作为研制方，肯定最不希望出现这样的状况。

但有时候往往事与愿违，具体的原因可能是多方面的，除系统设计过程和制造过程的把控外，对于出现故障的情况和各系统的分布情况研究，从相反的方向推理原因，也是问题溯源的一个方法。

1）故障率与故障处理原则

一般情况下，对于在使用中出现故障比较多的系统或机构件，需要从机理上进行研究和改进，作为重点进行课题攻克。在没有完成机理研究、没有解决办法而又无可取代的情况下，通过合理调整操作规程，加强维护，定期更换等手段，达到减少故障的目的。例如，早期摄影系统的抓片机构就很容易发生故障，摄影频率越高，故障率越高，主要原因是机械误差、摩擦、热效应、胶片的损毁、残留碎屑等[29]。通过及时清理片道、防止低温条件下胶片变脆、减少摩擦等办法，保证任务期间正常工作。

在高速电视发展的早期，高速图像存储、传输等故障现象频发，包括丢帧、重帧、时间码错乱、图像模糊等，经过多年的努力，这些问题基本完全解决，不再成为光学设备的焦点问题。

目前的软件故障率，包括死机、卡顿、信息交换异常等，也渐渐不再困扰技术人员。

图像处理模块是分系统的重点，也是工作量最大、设计最复杂的地方。它实时接收成像系统传输过来的目标像，给出目标在视场中的角位置，形成误差信号供跟踪系统使用，同时对图像信息进行传输和存储。

一般对图像处理系统的设计要求有如下几个方面。

（1）对复杂信息处理问题的实时计算能力要求。一般系统要求达到在成像系统帧频内完成图像信息处理，对于 50Hz 的成像系统，图像处理周期应不大于20ms。

（2）高速数字信号处理器（DSP）之间、成像系统与图像处理机之间的高速数据交换能力。光学成像系统数据流量大，DSP 之间数据通信能力已构成系统性能的主要瓶颈，只有提供 DSP 之间的高速数据交换能力才能保证 DSP 计算能力的充分发挥。

（3）系统可扩展与结构可重构。复杂的目标/背景条件下目标的自动识别难以用单 DSP 来实现，且随着算法的更加复杂，系统必须在结构上提供易于增加计算资源的能力，因而要求硬件系统是可扩展的；同时，算法千差万别，不同的算法可能需要不同的计算机结构，为了达到最大程度的并行计算，要求系统结构能够根据算法结构进行适当调整，因此要求处理机构可根据编程进行重构[30]。

（4）要具备良好的容错能力。靶场光学设备往往工作环境比较恶劣，图像处理系统必须具备抑制外部恶劣环境干扰的能力，在遇到干扰时应具备自动恢复能力。

（5）要具有体积小、功耗低、质量小的特点。由于空间限制，希望所设计的图像处理系统体积小、质量小、功耗低。

（6）视频判读与快速图像处理的工作过程原理基本相同，因此回放出来的视频信号首先必须进行预处理，主要包括直方图均衡、数字滤波、暗目标增强、最佳阈值选择等算法，使图像去除噪声，从而使目标更清晰。

（7）采用灰度拉伸技术，将有用的灰度段拉伸显示，提高在大雾等恶劣天气条件下对目标的识别能力。

（8）判读软件可采用形心法、相关法、目标运动轨迹外推法等目标提取算法进行自动目标判读。根据目标运动轨迹进行外推，不仅预测准确，跟踪窗口也减小。弹道曲线外推计算在解决目标轨迹交叉及判假目标等问题中很有作用。

为了适应目标特性的多样性和灵活选择判读点，除自动判读外还可进行半自动判读，采用高斯曲面拟合高精度目标定位算法提高脱靶量的输出精度。可根据用户数据处理的需要，实现指定帧频的判读结果输出。

2）判读软件具有多种判读方式可供选择

（1）半自动判读：用鼠标控制用户界面上的十字丝，十字丝对准所要判读的目标点位，点击鼠标即可得到判读结果，实现人工半自动判读。一般情况下，半自动判读时的速度主要取决于操作人员的熟练程度。在正常操作情况下，判读速度可以优于 1 帧/s。

（2）自动判读：首先进行人工引导，自动完成目标判读，主要采用形心法、相关法、目标运动轨迹外推法等跟踪算法进行自动跟踪判读。特别针对弹环与弹尖的自动判读处理，提供了高效的测量方法。由于采用了相对复杂的算法，计算机消耗时间略有增加，对一幅全画幅图像的处理时间不大于 0.2s，判读速度可达到 5 帧/s。

采用自动判读或半自动判读均可保证 1/2 像元的判读精度。

# 4.5　基础检测体系建设

光学系统设计的正确性、制造工艺品质的好坏、性能的优劣、是否满足使用要求等都需要试验来检验，要开展试验工作就要有试验条件，基础测试条件建设是一系列的，不但要有硬件条件作为保障，而且要有相应技术人员作为支撑。下面就介绍一些基础检测体系的硬件设施。

## 4.5.1　经纬仪铸件探伤试验

X 射线探伤是指利用 X 射线能够穿透金属材料的特点，将待检测的材料放于检测处，由于材料吸收和散射作用的不同，从而形成黑度不同的影像，据此来判断材料内部缺陷情况的方法和技术，常用的工具是 X 光机。利用 X 光机探测经纬仪机架等铸件内部的完好性，是保证质量的关键检测方法。

试验目的：确定经纬仪铸件内部是否存在裂痕或较大空隙，确保铸件承受能力。

试验工具：X 光机。

试验方法：使用 X 光机对铸件进行探测，探测铸件内部裂痕、空隙大小。

试验结果：依据探测结果，仿真分析铸件承受负载能力，从而确定铸件是否可用。

## 4.5.2　主镜系统冲击振动试验

经纬仪主镜系统的牢固度是保证主镜系统成像质量的关键，主镜系统冲击振动试验台是主镜系统牢固度检测设施，通过冲击振动试验检测，满足要求后方可进行装配。

试验目的：确定主镜系统不会在运输过程中产生位移，从而影响成像质量。

试验工具：冲击振动台、激光干涉仪、自准直经纬仪。

试验方法：通过冲击振动台模拟主镜系统在运输过程中的冲击振动环境，测试主镜系统的耐冲击振动能力。

试验结果：冲击振动完成后，使用自准直经纬仪、激光干涉仪对主镜面型、主镜与镜座之间位移变化情况进行测量，从而确定主镜系统是否可以承受运输过程中的冲击振动。

### 4.5.3　镜筒受力仿真试验

镜筒在工作过程中，会受到各种工况的影响，引起镜筒产生不同的形变，影响成像质量。对镜筒受力情况进行仿真试验，确保各种工作环境情况下的形变在可接受的范围内，从而保证光学系统成像质量。

试验目的：镜筒为光学系统的关键结构件，通过有限元分析仿真镜筒在各种工况下的变形情况，确保各工况下镜筒的变形在光学系统可承受允差范围内。

试验工具：高性能工作站、有限元分析软件。

试验方法：将镜筒设计模型导入有限元分析软件中，进行数字化处理，通过事先规划的多种工况进行边界条件设定，工况包括多方向重力加速度、转动离心加速度、正倒镜、运输冲击加速度等。对仿真分析后的结果进行评估，对薄弱局部进行加强和优化，确保镜筒在各种可能工况下满足光学系统的形变要求。

试验结果：镜筒刚度可获得大幅提升，降低光学系统因结构不稳定而无法满足指标要求的风险。

### 4.5.4　光学系统调制传递函数测试试验

光学系统调制传递函数反映光学系统对物体不同频率成分的传递能力，一般来说，高频部分反映物体的细节，中频部分反映物体的层次，低频部分反映物体的亮度和轮廓。光学系统调制传递函数测试系统是光学镜头设计制造过程中必备的测试系统。光学系统调制传递函数既与光学系统的像差有关，又与光学系统的衍射效果有关，因此，用它来评价光学系统的成像质量，具有客观和有效的优点。

试验目的：确保光学系统具有良好的成像、探测能力。

试验工具：大口径平行光管、条纹板（匹配探测器）、探测器。

试验方法：将光学系统架设在大口径平行光管前，调整光学系统使之与光管平行，从而使条纹板成像于系统靶面，通过调整焦面位置和积分时间，使条纹板边界成像清晰、锐利，拍摄几组图像，进行灰度判读，计算黑白条纹的对比度，反演光学系统调制传递函数。

试验结果：根据测试计算结果，判断光学系统调制传递函数是否达到设计要求。

### 4.5.5　光学系统杂散光测试试验

杂散光是光学系统中所有非正常传输光的总称，对于成像光学系统，杂散光会增加像面上的噪声，特别是在像面附近出现的杂散光会对成像产生严重影响，因此，在现代光学系统设计中杂散光分析成为一个重要的环节。检测杂散光对光学系统成像质量的影响，目的在于确保在设计过程中采取的杂散光抑制措施的有效性，并在后期使用中进行有效规避，减小对主目标成像质量的影响。

试验目的：检测杂散光对光学系统成像的影响，确保采取的杂散光抑制措施可靠有效，为后期设备外场使用布站提供依据。

试验工具：扩展面光源、积分球、照明灯等。

试验方法：将光学系统置于积分球前，通过测试光学系统像面上黑斑目标像和白色子目标像的照度，计算被测光学系统的杂散光系数。

试验结果：根据计算的杂散光系数，判断杂散光抑制措施是否达到杂光规避的要求。

### 4.5.6　电子学系统高低温试验

随着光学设备工作环境的变化，尤其是野外环境下的恶劣气候变化，对于光学系统各部件的温度性能要求越来越苛刻，因此对于系统的高低温试验越来越严格。高低温试验分为组件高低温试验、分系统高低温试验和整机高低温试验。高低温试验装置是光学设备研制过程中必备的试验设施之一。试验的标准和要求随任务书要求而变化。

试验目的：验证机上电子学系统、红外探测器、光学镜头等部件在高低温条件下的工作能力，暴露产品中存在潜在缺陷的工艺，保证产品的质量。标定其对环境温度的适应能力。

试验工具：高低温箱。

试验条件如下所述。

（1）环境压力：常压；

（2）工作环境温度：高温 55℃，低温-40℃；

（3）储存温度：高温 70℃，低温-50℃；

（4）升降温速率：≥1℃/min；

（5）工作温度稳定时间：1h；

（6）保持时间：高低温工作各 1h，高温储存 1h。

试验方法：依据外场环境温度变化情况，设计从高温到低温的温度循环变化过程，将要测试的电子学系统放入高低温箱，开始温度循环，分别在高温点、低温点以及温度变化过程中对被测电子学系统加电，检测其输入输出的正确性。

试验结果：依据高低温测试结果，判定机上电子学系统对环境温度的适应能力。

### 4.5.7　黑体检定试验

黑体辐射源提供了红外成像系统所探测到的辐射通量，红外辐射特性测量系统中，必须通过黑体对测量系统进行标定。典型的黑体是用不透明材料做成的中空球体,球上有一个可观察辐射的小孔,通过小孔的辐射接近于理想黑体的辐射。对于黑体辐射源,主要关心的是其表面的辐射特性,因此,黑体检定试验就是要保证黑体的参数满足标定指标要求。

对于黑体的检定,研制方通常需要通过国家规定的具有资质的第三方进行,黑体环境试验通过后,需要在国家规定的有资质的计量中心开展检定试验,对黑体的发射率、温度均匀性、温控精度等指标进行第三方检定,以确保面源黑体的红外辐射精确可控。

黑体的标准检定有效期一般为两年。

### 4.5.8 公路运输试验

公路运输试验是一种检验和评估在规定公路等级条件下设备性能和稳定性的方法,目的是确保设备在包装和运输过程中能够承受各种应力、温度和湿度等环境条件,确保质量和完整性不受损害。根据光学设备研制任务书要求,在事先选定的等级公路条件下,进行跑车运输试验。跑车运输试验结束后,检查系统、螺丝及零件是否有松动和断裂等状况发生,并在不进行调整的情况下,对相应指标参数进行检测,看是否能够达到要求。

公路运输试验一般在系统联调完成后开展,以确保长途运输后系统功能性能正常,并作为必检项目提交用户。

### 4.5.9 可靠性考核试验

可靠性考核试验主要包括以下类型。

可靠性鉴定试验:用于验证产品在特定条件下的可靠性,通过比对试验表现与预期目标来评估产品的可靠性。

可靠性验收试验:在产品交付前进行,确保产品符合规定的可靠性要求。

可靠性研制试验:通过施加环境应力和工作载荷,寻找产品中的潜在缺陷,以改进设计并提高产品的固有可靠性。

可靠性增长试验:在产品研发过程中,通过不断改进设计来提高产品的可靠性。

环境试验:包括温度、湿度、振动、盐雾、复杂电磁、真空等环境因素的测试,评估产品在各种环境条件下的性能。这些试验通过使用各种环境试验设备模拟气候环境中的高温、低温、高温高湿、温度变化、振动、盐雾、电磁、真空等情况来进行。

用于环境试验的各种设施设备和环境实验室,构成了验证系统的可靠性水平的完整体系,随研制及验收试验同步进行,最后通过收集系统各组成产品在靶场试验期间的无故障工作时间进行可靠性评定。

### 4.5.10 软件测评试验

软件测试试验指设备系统软件编制完成后，根据产品的功能要求，编写相应的测试规范和测试用例，由专门人员对软件进行测试，检查软件有没有缺陷（BUG），测试软件是否具有稳定性、安全性、容错性、易操作性等应用性能，及时发现软件问题并及时进行更正，确保产品的正常工作。

软件的可靠性测试应从应用的代码、配置项、组件、数据、加密、通信等多维度进行全方位、深层次进行。

系统总调完成后，由研究单位具备资质的检测中心对系统软件进行测评，或视用户要求由具备资质的软件评测方对系统软件进行第三方测评，验证被测软件是否满足研制合同书的要求以及满足程度，发现被测软件的问题并及时解决。

### 4.5.11 交付验收前检测

所有需要交付前测试的项目，研制单位都应该具有配套的测试设备和条件，否则无法完成测试。因此，测试条件的配套建设是一项基础的技术体系，并且随着项目的深入和发展，测试技术体系也会不断调整和完善。计算机系统和自动化技术的发展，也引入测试和装配领域，如光学系统的装调、测试，越来越向自动化和无人化发展，对测试体系的建设，无论在理念上还是实践上，必然带来一场革命。

设备交付验收前，需对设备的各项功能性能技术指标进行检验，除双站定位精度、环境适应能力、运输能力及探测距离等需结合外场进一步考核外，其他主要技术指标和各分系统技术指标均在研制单位内完成检测。功能性要求由检测人员实际操作使用完成检测，指标性要求包括指向精度、伺服性能、自动捕获跟踪性能以及光学系统的各项指标，需要使用专用检测设备完成检测。

## 小　　结

本章通过分析光学设备的组成结构、指标体系的关联性分析，介绍了光学设备指标受到的影响因素及设计方法；通过指标分配的原理分析，论述了指标体系的构成和分配原则，以及指标优化主导因素。通过应用期技术分析、基础检测体系建设、新技术的推动与引领等多方面的论述，指出了光学设备的研制规律。

**参 考 文 献**

[1] 王大珩. 现代光学与光子学的进展[M]. 天津: 天津科学技术出版社, 2002.

[2] 郝伟, 谢梅林, 冯旭斌. 光电装备图像处理技术[M]. 沈阳: 沈阳出版社, 2023.

[3] 张晶, 郝伟, 杨晓许, 等. 光电经纬仪机电一体化耦合特性[J]. 电子学报, 2017, 46(1): 188-194.

[4] WOLFGANG D. 激光光谱学[M]. 4 版. 姬扬, 译. 北京: 科学出版社, 2021.

[5] ROGALSKI A. 红外与太赫兹探测器[M]. 3 版. 丁雷, 葛军, 译. 北京: 科学出版社, 2023.

[6] 褚君浩, 沈宏. 红外光电子[M]. 北京: 科学出版社, 2020.

[7] 周世椿. 高级红外光电工程导论[M]. 北京: 科学出版社, 2022.

[8] 王建宇, 舒嵘, 刘银年, 等. 成像光谱技术导论[M]. 北京: 科学出版社, 2022.

[9] 周炳琨, 高以智. 激光原理[M]. 7 版. 北京: 国防工业出版社, 2022.

[10] 徐家骅. 工程光学基础[M]. 北京: 机械工业出版社, 2022.

[11] 何照才. 光学测量系统[M]. 北京: 国防工业出版社, 2002.

[12] 郁道银, 谈恒英. 工程光学[M]. 3 版. 北京: 机械工业出版社, 2002.

[13] 邓庆绪, 张金. 物联网中间件技术与应用[M]. 3 版. 北京: 机械工业出版社, 2021.

[14] 唐晋发, 顾培夫. 现代光学薄膜技术[M]. 杭州: 浙江大学出版社, 2006.

[15] 潘家轺. 现代生产管理学[M]. 4 版. 北京: 清华大学出版社, 2018.

[16] 石顺祥, 王学恩. 物理光学与应用光学[M]. 3 版. 西安: 西安电子科技大学出版社, 2018.

[17] 《红外与激光工程》编辑部. 红外成像系统测试与评价[R]. 天津: 《红外与激光工程》编辑部, 2006.

[18] 黄建平. 物理气候学[M]. 北京: 气象出版社, 2018.

[19] 褚君浩, 杨平雄. 光电转换导论[M]. 北京: 科学出版社, 2020.

[20] 郝伟, 苏秀琴, 杨小君, 等. 基于队列式缓存结构的视频图像存储算法[J]. 光子学报, 2006(9): 1431-1434.

[21] 郝伟, 苏秀琴, 李哲. 基于灰度变换的红外图像实时分割算法[J]. 光子学报, 2008(5): 1077-1080.

[22] 郝伟, 谢梅林, 冯旭斌. 光学精密测量技术[M]. 沈阳: 沈阳出版社, 2021.

[23] 曹晨, 李江勇. 机载远程红外预警雷达系统[M]. 北京: 国防工业出版社, 2017.

[24] 杨宜禾, 岳敏. 红外技术 [M]. 2 版. 北京: 国防工业出版社, 2017.

[25] 姬晓鹏. 基于卷积神经网络的无透镜成像技术研究[R]. 西安: 中国科学院西安光学精密机械研究所, 2023.

[26] WILLIAM W. 光电与红外系统的系统工程与分析[M]. 范晋祥, 张坤, 译. 北京: 国防工业出版社, 2019.

[27] PIETER A J. 地面目标和背景的热红外特性[M]. 吴文健, 胡碧茹, 译. 北京: 国防工业出版社, 2004.

[28] 乐嘉陵. 再入物理[M]. 北京: 国防工业出版社, 2005.

[29] 张义光, 杨军, 朱学平, 等. 非制冷红外成像导引头[M]. 西安: 西北工业大学出版社, 2009.

[30] 师恒, 高昕, 李希宇, 等. 基于激光雷达的火箭垂直起飞段测量技术[J]. 光子学报, 2022, 51(4): 239-247.

# 第5章 光学设备设计系统工程

将系统工程的理念应用于光学设备的设计与制造，是保证设备适用，满足用户需求的关键。本章以某一种使用需求的光学设备为例，阐释系统工程理念在光学设备设计过程中的应用。

从系统工程的角度看，从方案论证到完成工程设计虽然只是整个设备寿命周期的一段重要过程，但是这个过程奠定了整个设备的基础。

中大口径光学设备的使用要求均用于测量记录高速运动的空间目标，实时测量记录目标的飞行轨迹、飞行景象和红外辐射特性。关于布站形式，根据测量要求，可以采用固定站、车载站、有人机载、无人机载和舰载模式[1]。不管采用哪一种布站形式，都要适配合适的环境要求。

## 5.1 设 计 原 则

大型光学设备的测量目标，大多具有飞行速度快、距离远、成像尺寸小、实时性要求高、测量环境复杂的特点，结合用户的使用要求和需求的特殊性，系统设计应紧紧围绕以下重点展开[2]。

### 5.1.1 高品质成像

成像质量是评价光学设备性能功能的重要指标，影响成像质量的因素主要包括光学系统设计、探测器选型以及自动调光调焦变焦的成像控制系统。在光学系统设计中，采用模块化设计、杂光与鬼像抑制、冷反射抑制以及温度变化调焦补偿等技术，降低设计和装调的复杂性，抑制杂散光及背景光干扰，提高成像质量；通过选择高灵敏度、高清晰度的探测器，提高探测距离及成像质量；应用可自动调光调焦变焦的成像控制系统，进一步提高成像的对比度和清晰度。

### 5.1.2 稳定可靠的捕获跟踪能力

通过优化控制决策算法和捕获跟踪算法，有效利用理论弹道、外引导信息、实时目标辐射特性以及目标运动轨迹等多源数据信息，提高对目标的识别能力，确保能够捕获并稳定跟踪目标。

### 5.1.3 目标红外特性高精度定量测量能力

针对目标飞行高度高、观测距离远、红外成像目标暗弱小的特点，通常的数据处理方法难以获得红外弱小目标的高精度目标红外辐射特性数据，需要针对光学系统外场进行精细标校、提高大气传输修正以及定量处理精度等方面的技术应用，实现目标红外特性高精度定量测量。

### 5.1.4 真假目标识别能力

光学设备在对目标进行远距离观测时，目标像将呈现出暗弱小的特点，仅依靠像素特征往往无法进行目标识别，必须附加多维度的信息才能实现目标识别。具有红外辐射特性测量的系统，需要在景象观测的基础上进行定量目标辐射特征的提取，系统通过设计目标特性定量处理、目标特征提取、真假目标识别等不同模块来实现对目标的实时判断，提高目标识别率。

### 5.1.5 目标及背景红外辐射特性数据库

目标及背景红外辐射特性数据库存放真假目标及环境的光学特性数据，数据类型分为三大部分：目标红外特性数据、靶场跟踪测量数据、背景红外特性数据。目标红外特性数据应该具有理论计算和试验两种类型，具有可比对性。数据库应该具有开放性，以及随时进行补充和整理的功能。

### 5.1.6 智能化

智能化设计应该体现在使用和维护两个层面，降低艰苦环境下人员劳动强度，提高可靠性。通过一键拍星（拍标）、试验任务辅助、自主测量、健康管理等功能，简化操作，提高设备的易操作性和易维护性，体现设备的智能化水平；通过远程监控和远程操作，实现日常维护的方便性和实用性，提高效率，节省人力、时间成本等。

### 5.1.7 布站

光学设备能否发挥出应有的性能，与测量点的气候条件密切相关，大气能见度高、宁静度好、没有云层遮挡，能够提高成像质量和延长探测距离，否则成像质量就会大打折扣。因此，光学设备从诞生之日起，就一直伴随着布站技术及选址要求。布站模式包括地面固定站、车载机动站、有人机载站、无人机载站、舰载和星载等。为了适应测量任务的需要，作为设计人员，必须结合布站模式和当地气候的缺点，让设备发挥最好的性能，顺利完成任务。无论采用哪一种布站模式，设计思想必须坚决贯彻"光机结构设计轻量化、模块化，在满足技术战术指标要求的前提下尽可能减小设备体积和质量, 方便运输和安装使用" 的设计理念, 针对不同的测量平台和要求, 结合工作环境和气候特点, 进行独特的技术设计, 达到不同的使用要求和维护要求。

### 5.1.8　可扩展性

可扩展性的设计理念是根据需求和技术的发展而提出的。有的需求可能具有一定的超前考虑, 在当前的条件下或不具备技术条件, 或不具备应用条件, 或受暂时的经费限制, 但在技术、应用和改进方面具有一定的潜力和规划, 当条件具备时, 可以及时进行更新改造, 达到技术升级和完善的目的。通过采用标准化、模块化、组合化设计, 遵循软件工程化规范要求进行软件设计, 提高系统的可扩展性。

可扩展性的设计理念为技术进步留出了空间, 当条件允许时, 可以及时更新换代升级, 缩短研发时间, 节约资源。

## 5.2　规　模　设　计

光学设备的规模与口径直接相关, 口径越大, 规模越大。为了设计的方便性, 系统规划时可依据功能划分为光学与机械结构、电子学、目标红外辐射特性测量等部分, 如果采用机动式测量方式, 还包括载车部分; 为了搜索捕获目标和高清晰图像记录, 光学设备还需要配备一个大视场的中波红外搜索捕获分系统和可见光实况景象测量系统。需求决定了设备规模的复杂性, 设计人员要把握好规模的可控性。

### 5.2.1　光学与机械结构

#### 1. 光机部分

光机部分包括光学系统和精密跟踪架两个部分。光学系统又可分为主光学系统、中波红外搜索捕获分系统和可见光实况景象测量系统。主光学系统包括不同谱段的光学测量系统。精密跟踪架用于跟踪目标并获取不同谱段目标飞行景象。为了简化结构, 并充分利用大口径的主光学系统, 在设计过程中, 可以采用可见光、红外等多光合一的光学设计方法[3], 但需要进行充分的技术可行性和经济可行性分析。

光机部分组成结构如图 5-1 所示。

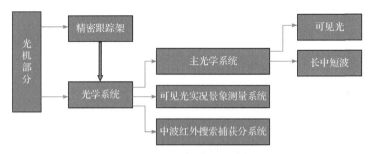

图 5-1　光机部分组成结构

主光学系统采用分光式结构，结合已有的工程经验及膜系设计结果，采用透射长波段反射短波段的"透长反短"模式进行分光，这样的设计具有膜层厚度小、分光效率高及膜层牢固度佳的优点，分光面具有优良的可见光反射及红外透射性能。由于红外系统受外界温度影响较大，一般采取次镜后分光的模式。

主光学系统由主反射镜、次反射镜和校正镜组成。无穷远光束经主反射镜、次反射镜反射，进入光谱分光镜。光谱分光镜将光束分为两路：一路反射可见光，一路透射红外光。

镜箱是系统中最主要的载体，除满足力学性能外，还需考虑加工工艺性、成本、质量等诸多因素。

主光学系统的关键技术在于主镜的安装。主镜安装需要保证反射面的面型指标要求，开展大口径长焦距平行光管、干涉仪、气浮台、高精度立式对心车床等一系列高精度设备保障装调工作。良好的装配和校正工艺是保证光学系统性能的重要条件，一种成熟的工艺方案需要包含以下相关措施。

（1）模块化装配：各组件可检可测，合格后方可进入总装程序；

（2）定心技术：保证镜组的位置公差在要求的范围内；

（3）微应力装夹技术：保证反射镜面型指标要求；

（4）穿心技术：利用高精度经纬仪保证各组件光轴的一致性；

（5）装配各阶段检测数据均有详细记录，便于性能评价和问题追溯。

2. 光学系统

光学系统是光学设备的核心组成部分，具有对目标光能量进行收集、会聚、成像的功能。光学系统的构型及口径、焦距、像差、传递函数等指标决定了系统的探测性能。

光学系统的性能直接影响系统接收目标信号的大小、背景干扰的大小和杂散光造成的噪声大小。描述光学系统性能的指标主要包括光学口径、$F$ 数、透过率、瞬时视场、波段范围、光学调制传递函数、像差和畸变等。为了兼顾探测距离和数据率的要求，光学系统需满足大孔径、小 $F$ 数、高透过率和宽光谱波段的要求。

　　光学系统的性能与光学系统的构型密切相关，不同构型的光学系统具有自身特点，同时存在局限性。对设计者而言，需要根据系统总体性能指标要求，在充分把握各种构型特点的基础上，对光学系统结构进行合理的设计造型，在满足技战术指标、成像质量的同时，尽量简化系统，实现结构紧凑、质量小的目的。

　　传统的系统构型包括反射式、折射式及折反式等。随着技术的发展，出现了很多新型的光学系统结构形式，如离轴三反射式、折衍混合式、多波段分光模式、合成孔径光学系统等。

　　在中大口径光学系统的设计中，为了充分利用大口径光学系统的高分辨率和成像能力强的优点，多采用分光镜光谱分光的方法，构成可见光、红外共用一个主光学系统（R-C 系统）的多波段一体化光学系统的结构形式。这种结构形式具有结构紧凑、无视差等优点[4]。

　　光学系统总体设计主要考虑以下几方面因素。

　　（1）针对辐射特性测量的需求，各分系统设计中需重点考虑提高中长波红外光学系统透过率，在分光膜系设计中，在分光效率满足要求的同时尽量提高中长波分光效率，另外设计上尽量缩短中长波光学系统的光程。

　　（2）成像质量是决定光学设备性能功能的重要指标，影响成像质量的因素主要包括光学系统设计、探测器选型以及成像控制（自动调光调焦）。

　　（3）在光学系统设计中，采用模块化设计、杂光与鬼像抑制、冷反射抑制以及温度变化调焦补偿等技术，提高成像质量；通过选择高灵敏度、高清晰度的探测器，提高探测距离及成像质量；应用可自动调光调焦技术进一步提高成像的对比度和清晰度。

　　（4）针对大口径、多光合一的镜头设计，没有合适的保护窗口可用，对暴露在外的主次镜及分光镜，膜系设计上重点考虑其环境适应性，确保使用寿命。

　　（5）光学设计需兼顾系统整体布局，在满足技术指标的前提下，尽量缩短主次镜间隔，确保系统外观紧凑，降低系统整体高度。

　　3. 机械结构

　　机械结构设计主要考虑空间利用效率高、质量分布对称均匀、重心稳固、安装调试方便、美观大方等方面的结构特点，同时要考虑材料的轻便性、高刚度和高韧性等。

　　根据系统负载结构特征，结构设计多采用 U 形布局，多光合一主光学系统整体质量相对较大，安装在 U 形架中间，两边由精密轴承支撑，相机及部分光路经折转后安装在主光学系统的上下方。中波红外搜索捕获分系统和可见光实况景象测量系统安装在主光学镜头的上、下侧。这样配置负载可有效利用空间、使质量分布对称、减小配重、负载装卸方便[5]。

主载物平台采用两轴及主光学镜头组合形式，便于承受较重的负载并保持较高的刚性。光学负载空间布局为上下分布。

跟踪架留有嵌入式控制模块的安装位置，用于安装镜头控制模块、伺服控制模块、网络交换机、光端机等部分。

垂直轴方位旋转角度无限，使用导电环及导光环进行电源及信号传输。垂直轴设计精密调平装置，调整经纬仪主机竖直铅垂。

保证平稳是最基本的要求，针对不同的振动模式，设计过程采取不同的减振模式，保证平台在工作过程中能够稳定跟踪目标并输出需要的信息。

## 5.2.2 电子学部分

电子学部分包括的内容非常多，电气总体设计是光学设备总体设计的一个十分重要的部分，其设计优劣直接影响到光学设备的性能高低。电气总体设计的任务是在考虑自然环境条件（温度、湿度、风沙等）、力学环境条件（振动、冲击等）和电磁干扰环境条件下设计出满足光学设备技术要求的电气系统。光学设备电气总体设计的任务主要包括电气功能单元划分、电气接口设计、功能单元之间数据交换方法设计、接地与电源设计、电气与信息架构设计等。

### 1. 电气功能单元划分

电气功能单元划分应围绕光学设备需要完成的任务，按照相对独立的原则来进行。一个功能单元如果太复杂，就必须划分成相对简单的模块。一般根据选用的分系统的技术成熟度以及专业模块来划分电气功能单元。习惯上把成像探测器、伺服处理系统、电机、图像信号处理机、中心处理机、电源等看成相对独立的模块，设计实现时也由不同的专业人员完成，并且生产测试需要不同的特殊测试设备，可以构成相对独立的功能单元，因而在进行功能单元划分时把其划分成相对独立的模块。这种划分方法是继承多年来专业划分的结果，电气系统设计就是在这种基础上进行集成的。

当然，光学设备电气功能单元划分也可以按照性能指标的特殊要求来进行。划分的原则应该是便于设计、制造、组装和测试，以可靠性、方便性、实用性为落脚点，不做冗繁设计，且利于扩展和升级。

### 2. 电气接口设计

电气接口设计主要是确定各电气功能单元之间的电气连接方式，即确定电气功能单元之间的物理连接方式。通常的物理连接方式有导线连接、总线插槽连接、电缆连接等。

光学设备一般分为机上部分和机下部分。机上部分主要装载有光学镜头和探测器系统、伺服控制系统和测角系统，机下部分主要有计算机系统和各种操控系统，机上机下通过电缆连接进行信号传输。机上电缆要能保证机架方位 360°转动和高低–5°～185°转动不受影响，以保证对目标的稳定跟踪，这种布线方式要考虑电缆的布线和长短，以提高可靠性和灵活性。

电子方舱内的各印刷电路板之间的电气连接一般采用总线连接方式。总线连接遵循一定的规范，对各种信号的连接规定了一定的标准，为电气连接的设计提供了方便，并且连接可靠，同时为信号的电气连接确定了可靠的协议，让所有使用总线的人能够互相沟通、理解。总线连接的扩展性和互换性也较好，特别是计算机板卡类产品的物理连接采用总线连接方式，如 ISA 总线、PCI 总线、VME 总线、PC104 总线、CAN 总线、1553B 总线等，便于增加功能和维修。总线使电气系统设计简单、规范，根据不同的结构安装空间的限制选择使用不同的总线接口，有时为了设计简单，可以采用总线的物理连接形式而不完全照搬其总线协议。

除确定物理连接方式外，电气接口设计还必须考虑冗余设计、电磁干扰影响、防错设计等，以提高电气系统的可靠性。对于重要的传输信号，采用双点双线冗余设计，电源正负端可能还需要设计更多点来确保供电正常。另外，传输线上的信号特征不一致，大信号与小信号混叠在一起时，一部分信号可能造成对另一部分信号的干扰，不同类型的信号应单独设计电缆，必要时还需要进行屏蔽设计，确保电气连接方案满足电磁兼容要求，电源线还需要进行双绞屏蔽设计。

### 3. 功能单元之间数据交换方法设计

按照典型的电气功能划分，光学设备设计时要处理好成像探测器、图像处理系统、主控计算机以及控制系统之间的数据交换问题。

数据交换方法选择原则是速度快，尽量不占用 CPU 机时。成像探测器与图像处理系统间交换的是数字视频图像，数据交换量大，且物理上通过电缆与电子方舱相连，数据线太多将增加引线力矩。

### 4. 接地与电源设计

光学设备的接地分类有模拟地、数字地、电源地和机壳地等。良好的地线设计才能保证设备的性能良好。地线设计应保证在工作过程中不受外部干扰环境的影响，同时不输出干扰影响工作。

一般地，数字地与模拟地须采取隔离措施，以减小模拟信号对数字电路的干扰，在需要共地的地方采用一点接地或多点接地方式。一点接地方式可以保证接地的电平相同，多点接地方式可以减小接地阻抗，但各自所受到的干扰机理和干扰模式有差异，须认真分析，根据需要确定接地方式。

接地设计的两个原则：

（1）电源地与数字地、模拟地之间一般是相互独立的，避免电源对地线的干扰；

（2）强电地与弱电地也要做好隔离。

### 5. 电气与信息架构设计

系统采用网络化、嵌入式、分布式控制的电子学模块。嵌入式电子学系统按照功能分为视频跟踪模块、伺服控制模块、镜头控制模块、存储模块等。完成同步时钟接收和同步信号产生、视频处理与跟踪、跟踪架控制与驱动、镜头调光调焦控制、面板按键采集、图像存储等功能。

数据采集合成单元采集时间、角度、焦距、焦面位置并与对应帧图像进行合成，将合成后的数据转换为光信号下传给机下设备，完成下行数据的采集与传输。系统下行数据包括合成的图像数据和机上各分系统的状态数据。

安装空间要承载运输经纬仪主机、安装电子控制设备并提供设备操作人员良好的工作空间，具备良好的电磁屏蔽能力，具有防雨、防风、防尘、防鼠、防霉、防静电、抗雷击功能，具有良好的通风和温控设备，满足光学设备的工作环境需要。

## 5.2.3　目标红外辐射特性测量

### 1. 目标红外辐射特性测量系统总体设计

目标红外辐射特性测量系统由三部分组成，即测量分系统、气象测量分系统、标定与数据处理分系统。

测量分系统由光学系统和探测器组成，主要探测记录目标的辐射特征信息，并进行图像灰度判读和处理，根据灰度数据进行辐射量的计算。

气象测量分系统用于在外场测量地面及大气环境参数，为红外辐射特性处理结果修正和补偿提供依据，起到提高定量测量精度的重要作用。气象测量分系统由激光雷达、能见度仪、粒谱分析仪、气象仪和大气传输计算软件组成，将气象仪测量的气象参数、激光雷达测算的大气消光系数、能见度仪测量的气象能见度、粒谱分析仪测量的气溶胶颗粒物粒径分布等参数进行采集、预处理，结合大气气象廓线数据库，通过大气辐射传输模型计算出不同波长处大气透过率和背景辐射[6]。

标定与数据处理分系统包括辐射定标单元、图像定量分析处理单元、目标及背景红外辐射特性数据库、目标识别处理单元。

辐射定标单元是在光学系统入瞳辐射量和探测器输出之间建立对应关系，作为目标特性定量处理结果修正的依据，保证定量测量精度，由标定设备和标定软件组成。其中，标定设备分为实验室标定设备和外场标定设备两类，实验室标定设备由大面源低温黑体、高温小面源黑体和平行光管组成；外场标定设备要有与光学系统口径相适应的大面源黑体。

图像定量分析处理单元用于对获取的红外测量数据进行定量分析、处理、存储和管理，主要由图像定量处理软件和数据库管理模块组成。

目标及背景红外辐射特性数据库主要用于存放真假目标及环境的光学特性数据，以作为模拟训练的基础数据源。

数据类型如下：

（1）目标本体红外特性数据；

（2）靶场跟踪测量数据；

（3）背景红外特性数据。

### 2. 软件开发

软件开发遵照软件工程化规范要求，立足国产化设计，坚持自主可控的原则进行。系统软件应遵循相关文件开展相关工作。

目前软件开发要求采用国产基础软件环境，开发过程应建立开发库、受控库和产品库，并建立任务基线、分配基线和产品基线等，对其实施管理；软件编码应遵循相关规范，软件评审主要根据任务书要求对软件功能、性能、接口和运行环境等的软件系统设计和需求规格说明进行评审，并按照软件工程规范要求提供相关文档。

按照软件工程规范要求进行软件工程化管理，确保软件工程化文档齐套，各阶段需提交评审的文档如下所述。

（1）软件设计阶段：软件设计说明、软件研制任务书、软件系统测试计划、软件需求规格说明、软件开发计划、软件质量保证计划、软件配置管理计划、软件接口需求规格说明、软件配置项测试计划。

（2）软件测试阶段：软件系统测试说明、软件系统测试记录、软件系统测试报告等。

（3）软件更改控制阶段：按软件问题报告单、软件更改单、软件验证单进行"三单"管理。

### 3. 系统工作模式

光学设备在跟踪测量目标过程中，根据工作特点，一般设计以下 5 种工作模式。

1）自动模式

在自动模式下，系统跟踪转台按照事先提供的空域数据转动至等待位置，在目标进入相机视场后，各波段探测器获得目标图像，视频跟踪处理系统提取目标脱靶量，控制系统依据目标脱靶量控制转台跟踪目标，测量数据和图像实时输出到指控中心。在此过程中多波段相机同时进行目标跟踪、监视拍摄，直至本次任务结束，系统复位回零。实时跟踪结束后进行事后数据处理。

2）外引导模式

在外引导模式下，系统通过通信网络实时接收外引导数据，根据外引导数据进行滤波、插值和外推，处理后的数据直接提供给控制系统控制转台运动，按照外引导数据曲线跟踪目标，各红外和可见光相机正常工作拍摄图像、进行目标跟踪处理。测量数据和图像实时输出到指控中心。实时跟踪结束后进行事后数据处理。

3）程序引导模式

在程序引导模式下，系统接收引导序列数据（按需求插值加密），伺服控制系统控制转台按照设定时间指向指定空域。当接收到 T0 或模拟 T0 后，系统按照保存的引导数据控制转台运动，各红外和可见光相机正常工作拍摄图像、进行目标跟踪处理。测量数据和图像可实时输出到指控中心。实时跟踪结束后进行事后数据处理。

4）单杆半自动模式

在单杆半自动模式下，操作人员依据实时图像通过单杆控制转台运动，人工跟踪目标，各红外和可见光相机正常工作拍摄图像，进行目标跟踪处理。测量数据和图像可实时输出到指控中心。实时跟踪结束后进行事后数据处理。

5）多模跟踪融合模式

在多模跟踪融合模式下，系统应具备外引导跟踪、自动跟踪、程序引导跟踪和单杆半自动跟踪中的多种能力。系统根据接收的外引导数据质量、自动捕获跟踪稳定性、理论弹道准确度和背景目标的复杂程度自动切换或人工干预进行目标跟踪。跟踪过程中，系统将自动跟踪数据、外引导数据进行融合，反馈给伺服控制系统控制转台运动。当外引导数据质量差、自动跟踪提取目标有困难时可以自动切换理论弹道跟踪；系统可依据实时交会结果修正理论弹道，在引导数据（外引导数据、自动跟踪数据）丢失或出现突变时依据修正过的理论弹道引导转台继续运动，直至引导数据恢复正常；当出现复杂背景和目标特性，导致目标提取和跟踪困难时，可以人工干预采用单杆半自动跟踪执行任务[7]。各红外和可见光相机正常工作拍摄图像，自动进行目标脱靶量提取。测量数据和图像可实时输出到指控中心，实时跟踪结束后进行事后数据处理[8]。

# 5.3　分系统工程设计

## 5.3.1　主光学、探测器及跟踪架分系统设计

### 1. 主光学分系统设计

主光学分系统主要由主光学单元、短波红外测量单元、中波红外测量单元、长波红外测量单元、成像控制单元、视频跟踪处理单元和视频图像记录单元等组成。

主光学分系统的结构和性能直接影响光学设备的成像质量和性能，因此，光学系统的设计至关重要，尤其在大口径光学系统的设计过程中，必须充分考虑各种因素，精心设计，精心装调[9]。主光学分系统设计主要包括以下方面。

（1）保证大瞬时视场和高空间分辨率。大瞬时视场是为了可靠跟踪目标，高空间分辨率是为了提高对目标的分辨能力，从而增加有效探测距离。

（2）高温度分辨率。对于红外系统来说，要求光学成像系统噪声等效温差（NETD）小，可以探测到红外辐射小的目标。

（3）宽温度工作范围。一般要求光学系统在-40~45℃工作，与电子器件的工作温度范围相当。

（4）大动态范围。要求光学成像系统成像灰度动态范围大，一般在80dB，这主要是为了保证红外辐射低的目标不会被高亮度目标淹没。

（5）强环境适应性。光学成像系统要具有在恶劣环境条件下成清晰像的能力，包括振动、复杂电磁环境、高低温等较恶劣的条件。

（6）性能优越的材料。碳化硅作为一种新材料，作为主镜材料具有明显优势，其主要问题在于成本偏高，加工周期长。为实现高品质成像和降低装调难度的设计目标，选择碳化硅作为主镜材料。同时，为避免碳化硅加工周期长影响整系统的研制周期，光机设计采用组合化设计，在主镜加工完成前各波段光学系统可分组进行装配，主镜加工完成后只需对主镜、次镜和各波段光学系统进行整体装配，从而有效缩短主镜加工完成后的装配时间，确保整系统的研制周期[10]。

### 2. 探测器分系统设计

探测器在光测设备中属于关键器件，在成像系统中具有十分重要的作用。探测器选择时除要满足任务书的基本指标要求以外，还要考虑系统的实际使用要求，主要在探测器的体制、像元数、像元尺寸、帧频及控制接口、探测器的灵敏度和动态范围等方面进行综合考虑。

　　探测器用来接收光学系统输入的光信号，通过光敏元件将光信号转化为电信号并输出形成图像，供人观看和后续处理。常用的探测器按照波长可划分为可见光探测器、红外探测器、紫外探测器等类型。目前研制的光学设备主要有可见光探测器和红外探测器。红外探测器又包括短波红外探测器、中波红外探测器和长波红外探测器。

　　探测器的选择主要遵循以下原则[11]。

　　（1）适用性原则。探测器一般根据完成任务所需要的目标光学特性，选择合适的探测器。要适用白天工作的目标，选择可见光探测器；要适应晚上工作的目标，则必须选择红外探测器；为了适应全天候工作的需要，选择可见光和红外探测器并用的办法；根据目标的温度特性，可以选择短、中、长波红外探测器。红外探测器分为制冷型红外探测器和非制冷型红外探测器，二者的区别主要在芯片材料上。制冷型红外探测器具有专门的制冷机，也有的采用液氮制冷，因此，灵敏度高、性能好，但体积大、价格高，而且要考虑冷屏匹配，设计复杂；非制冷型红外探测器体积小、价格低，但相对制冷型红外探测器灵敏度低、噪声大，不适用于远距离探测。

　　（2）经济性原则。性能优良的探测器的价格一般比较高，选择探测器一般要考虑敏感波段、像元数、像元尺寸、动态范围、帧频、灵敏度等关键指标，像元数越多，每帧的信息量越大，信息传输、处理、存储等信息量会相应增大，设计和造价会相应提高。因此，从经济性角度考虑，要选择价格合适的器件。

　　（3）可靠性原则。探测器属于光敏感器件，具有一定的寿命周期，特别是制冷型红外探测器，工作寿命受环境制约比较严重，在同等条件下，要选择可靠性高的器件。

　　（4）先进性原则。探测器性能受材料和工艺影响很大，随着新材料的出现，制备工艺的改进，新型探测器的发展日新月异，在选择探测器的时候也有更多的灵活性和选择裕度。一般在工程型应用的环境下，选择可靠性高的探测器是首要考虑的因素；在科研型设备中，以选择先进性高的探测器为宜。

　　3. 跟踪架分系统设计

　　现代大型光学设备均采用地平式跟踪架结构模式。跟踪架为地平式双轴跟踪架，由垂直轴系、水平轴系、导电环、力矩电机、调平支撑机构、锁紧机构、限位机构等部分组成，是整个测量系统的传感器承载主体，为目标捕获设备、跟踪测量设备等提供安装平台。

　　地平式跟踪架具有较好的承载能力，结构体积相对较小，造价低，应用较为广泛。地平式跟踪架由绕竖直轴旋转的方位轴（垂直轴）和绕水平轴旋转的俯仰轴（水平轴）构成，此结构模式又称为俯仰-方位（E-A）模式。地平式跟踪架有诸多优点：①镜筒只在俯仰平面内运动，受力状态好；②对称式机械结构为设计和制造带来很大方便，能够承受更大的载荷，可安装光谱、偏振等很多体积大、质量大的仪器；③跟踪架体积相对较小，造价低，回转半径小，相应的圆顶小而轻，随动系统简单；④安装地点与当地的地理纬度无关。

正是由于上述优点，随着控制技术的发展成熟，地平式跟踪架已成为大口径望远镜发展的必然趋势，已经成为规划和建造中的新一代大型望远镜的重要特点之一。

地平式跟踪架最大的缺点是存在天顶盲区，当目标飞过天顶附近时，由于望远镜视轴与方位轴接近重合，受跟踪架方位角速度和方位角加速度的限制，不能平滑跟踪目标，这样造成了目标丢失，因此这一区域称为天顶盲区。当望远镜对天体实施跟踪时，方位轴和俯仰轴需同时转动，像场中星体的位置将随之改变，为了获得静止、稳定的星像，必须配备专门的像场消旋装置。

### 5.3.2　光学系统设计

如果两种或两种以上波段的光需要共用一个光学系统，则需要用到分光式光学系统，除此之外，都属于常规式光学系统。常规式光学系统的优点是简单可靠，但当一个光学设备具有多个外探测波段的要求时，如果采用常规式光学系统，则会出现多个镜头组合的结构，这种情况下，光学系统结构就会变得复杂，出现质量大、体积大等缺点；多个探测波段同时工作的光学设备，往往采用分光式光学系统，其优点是结构紧凑、质量小、无视差，可以克服常规式光学系统的不足。但是，分光式光学系统的设计会受到口径大小的制约，口径小的光学系统不宜采用分光式光学系统结构[12]，原则上只有 350mm 以上的口径才可考虑采用分光式光学系统结构的设计方法。

光学系统设计基本参数包括通光口径、焦距、透过率、视场、相对孔径等。

1. 通光口径

光学系统通光口径 $D_0$ 由式（5-1）确定：

$$D_0 \geqslant 2.44 \frac{\lambda_{\max}}{\theta_T} N_g \qquad (5\text{-}1)$$

式中，$\lambda_{\max}$ 为光学系统要求透过的最大波长；$\theta_T$ 为系统要求的目标空间分辨率；$N_g$ 为衍射限弥散斑延拓系数，一般不大于 1.5，实际设计时可取为 1.5。

2. 焦距

光学系统的焦距与视场有关，可由式（5-2）确定：

$$f \leqslant \frac{D_0}{2 \tan \dfrac{\alpha}{2}} \tag{5-2}$$

式中，$f$ 为光学系统焦距；$\alpha$ 为光学系统视场。

光学系统透过率影响进入探测器的光能量，为了减少光能量的衰减，希望光学系统的透过率越大越好，实际上任何一个光学系统都不可能做到不衰减，一般地，光学系统透过率要求不小于 85%。

光学系统的景深基本上表征了光学系统可成像的距离范围，其探测距离一般要求从几千米到几十千米再到几百千米，在实验室测试时也要求光学系统具有良好的性能，一般对几米以外的目标都能成清晰的像，因此，光学系统的景深要求从几米到无穷远。

3. 视场

根据使用要求，光学系统通光口径确定后，焦距一般会确定，假设探测器的像元数为 1920×1080，像元尺寸为 10μm，靶面尺寸为 19.2mm×10.8mm。当探测器靶面尺寸确定后，可求出长、短焦对应的视场角：

$$\omega = \arctan\left(\frac{L}{2f}\right) \tag{5-3}$$

式中，$L$ 为探测器靶面尺寸，单位：mm；$f$ 为光学系统焦距，单位：mm。

4. 相对孔径

光学系统的极限分辨率受衍射限制，衍射所形成的弥散斑直径可利用式（5-4）计算：

$$d = 2.44\lambda F \tag{5-4}$$

式中，$d$ 为弥散斑直径；$\lambda$ 为光波波长；$F$ 为光学系统相对孔径。

相机像元尺寸为 10μm×10μm，当艾里斑直径包含两个像元时，光学分辨率刚好比相机的奈奎斯特频率高一倍。因此，为使弥散斑直径 $d \leqslant 20\mu m$，则

$$F \leqslant \frac{d}{2.44\lambda} = \frac{0.02}{2.44 \times 0.00055} = 14.9 \tag{5-5}$$

如果确定了光学系统的通光口径和焦距，则相对孔径也就确定了。如果不符合上述参数要求，则需对焦距进行调整，直到达到要求的范围。

5. 像质评价

对于光学系统的成像质量，通常使用调制传递函数（MTF）、点列图、包围

圆能量曲线等方法评价。

1）MTF

调制传递函数能全面描述系统的成像质量，是衡量系统成像质量最重要的指标。根据选用的探测器像元尺寸，可知相机的空间分辨率，设计时按相机空间频率进行评价。

利用光学传递函数来评价光学系统的成像质量，则是把物体看作由各种频率的谱组成，也就是把物体的光场分布函数展开成傅里叶级数的形式，光学系统可以看作线性不变的空间频率滤波器，物体经光学系统成像，可视为物图像经光学系统传递后，其传递效果是频率不变，但其对比度下降，相位要发生推移，并在某一频率处截止，即对比度为零。这种对比度的降低和相位推移是随频率不同而不同的，其函数关系称为光学传递函数。

光学传递函数反映光学系统对物体不同频率部分的传递能力，一般来说，高频部分反映物体的细节，中频部分反映物体的层次，低频部分反映物体的亮度和轮廓，光学系统通常情况下为低通滤波器，忽略相位变化，仅考虑各频率经光学系统传递后其对比度的降低情况，则为调制传递函数[13]。

2）点列图和包围圆能量曲线

点列图利用点的密集程度来衡量光学系统的成像质量，包围圆能量曲线能反映各个视场能量的会聚程度。能量集中度越好，说明光学系统的成像质量越好。

6. 环境温度对可见光光学系统的影响

当光学系统工作环境的温度变化时，在室温下装配调整的系统会产生像面偏移。当偏移量超过光学系统的焦深后，在不进行像面调整的情况下会造成光学系统的 MTF 下降及弥散斑扩大，从而影响系统光学性能。像面偏移的分析计算主要考虑三个方面的因素：第一，光学材料的折射率依赖于温度和波长；第二，光学材料随温度变化而热胀冷缩，这将改变光学元件的曲率半径和厚度；第三，镜头元件之间的间隔会随镜筒材料的热胀冷缩而改变。

以上因素中，光学材料折射率的影响最大，其次是光学元件的曲率半径，光学元件的厚度和元件之间的间隔影响最小。为了消除或减小温度效应对成像质量的影响，在设计过程中需要采用一定的补偿技术，使光学系统在一个比较大的温度范围内保持焦距不变或变化很小，从而保持良好的成像质量。这种消除或降低温度变化对光学系统成像质量影响的技术称为无热化技术。

光学系统设计时必须考虑消除温度效应的影响，即采用无热化设计。典型的无热化设计主要有主动式无热化设计和被动式无热化设计两种。

主动式无热化设计可细分为机械主动式和机电主动式。机械主动式无热化设计是在光学系统热敏感度大的光学元件附近添加测温传感器，根据测量的温度采用查表法查出调焦数据，利用机械结构实现无热化。机电主动式无热化设计是在光学系统中引入测温反馈系统和机械调焦机构，使用时实时测量光学系统工作温度，根据温度变化情况由计算机计算出像面偏移量，并反馈给调焦系统实现像面偏移的补偿，从而保证像面质量。

被动式无热化设计可分为机械被动式补偿和光学被动式补偿两种方法。机械被动式补偿法的原理是利用对温度敏感的机械材料或记忆合金使像面在温度变化前后保持在最佳位置，从而保证成像质量保持在允许的范围内变化。光学被动式补偿法是在设计时就考虑温度变化对系统参数的影响，利用光学材料热特性的差异，通过不同特性材料的合理组合来消除温度变化的影响，在比较宽的温度范围内保持焦距、像面和像质稳定[14]。

无热化设计方式的优缺点比较如表 5-1 所示。

**表 5-1　无热化设计方式的优缺点比较**

| 无热化设计 | | 优点 | 缺点 |
| --- | --- | --- | --- |
| 主动式 | 机电主动式 | 能处理系统温度的梯度变化，准确求解温度与像面位移的关系 | 体积大，系统复杂，可靠性低，需要供电 |
| | 机械主动式 | 技术成熟，结构相对简单 | 体积大，可靠性低 |
| 被动式 | 机械被动式补偿 | 能可靠补偿 | 体积大，笨重 |
| | 光学被动式补偿 | 没有运动部件，可靠性高，结构简单，质量小，无需供电，补偿效率高 | 基础工艺尚欠成熟 |

目前机械主动式技术比较成熟，在红外光学系统的无热化设计中应用较多。光学被动式补偿法由于没有运动部件，补偿效率高，因此越来越受到重视。但是，目前基础工艺还不够成熟，如果工艺成熟，设计时选择光学被动式补偿法较为合适。

无热化设计的流程大致可以分成以下三个步骤：

（1）在常温条件下设计出一个像质较好的系统；

（2）让温度发生变化，一般是在要求的温度范围内取几个温度控制点，建立多重结构，分析像质变化情况；

（3）采用一种无热化技术，优化光学系统，使其成像质量在各个控制温度条件下都能满足要求，即可认为该系统在要求的温度范围内能保持良好的成像质量。

这种设计方法周期较长，需要设计人员反复多次的修改，不容易控制像差。好的方法就是要通过计算机仿真技术，进行计算机无热化仿真设计，通过多次迭代和仿真修改，减少制造修正环节，提高设计效果和效率。

7. 鬼像分析

鬼像是指成像光束在光路的镜片各个表面偶次反射后经过后面的光学系统所成的像。鬼像在光学设备测量过程中会对成像效果产生不利影响，因此好的光学系统设计需要考虑在一定范围内消除鬼像，尽量将影响程度降到最低。

1）主要鬼像路径分析

一定能量光束入射到光学系统镜片上将发生三种作用，即透射、吸收和反射，三种作用所占能量系数之和为 1。因为高次鬼像的能量仅为其上一级鬼像能量的万分之几，因此为了降低设计难度，一般情况下，只考虑二次反射鬼像。

2）鬼像对像质的影响

控制鬼像采用可见光波段透射面镀多层高效减反射膜的方法，平均反射率取1%。只要控制主要鬼像和主像、照度的关系在一定的数量级，就可以控制鬼像对像质不产生影响。

8. 调焦调光

1）调焦

当系统跟踪飞行目标时，目标到跟踪设备的距离不断发生变化，为保证跟踪测量过程中目标始终清晰成像，需要光学系统进行调焦。可见光测量单元需要通过调焦对系统像质进行补偿，考虑到像质变化的程度以及调焦的精度，可以采用调整探测器的调焦方式来保证焦面变化对像质的影响，也可以采取调整镜组的方式进行调焦。不管采用哪种调焦方式，一定要掌握两个原则：一是光学系统在工作环境温度的变化范围内，在物体的距离变化过程中，调焦量保持最小；二是简化设计，采取最可靠的调焦措施完成调焦过程。

2）调光

可见光测量单元调光具有光阑、电子快门两种方式。半自动控制时，通过操作台面上的按键来控制调光；自动控制时，通过提取相机视频信号的灰度做反馈，由镜头控制系统完成自动调光。

（1）光阑调光。

光阑调光系统由可变光阑、驱动电机等部分组成。相机靶面器件作为光强检测器件，与伺服电机组成闭合回路，实现自动调光功能。

（2）电子快门调光。

改变电子快门时间，即可改变靶面上光照的积分时间，可以实现有效调光。相机最小曝光时间 $1\mu s$, $100fps$（$1fps=3.048×10^{-1}m/s$）帧频时曝光时间不大于 $10ms$，整个调光能力可接近 10000 倍。

综合上述两种调光方式，光阑配合电子快门调光，系统总调光能力完全满足试验过程中外界亮度和照度的变化范围，同时有利于保证系统辐射特性测量的动态范围。

### 9. 保证探测能力与成像质量的技术措施

光学系统从光机优化、光学架构、性能评价、装调工艺等方面进行系统设计，尤其是对影响成像质量的杂散光、鬼像等因素进行详细设计分析，采取相应的措施，确保系统的探测能力及高质量成像。

1）杂散光

杂散光会严重降低目标与背景的反衬，使目标信号提取困难，从而影响探测距离，因此消除杂散光是一个十分重要的问题，采用折轴折反射光学结构有利于消除杂散光。此外，对于本系统还采取如下措施：

（1）采用光阑组合。通过设置合适的孔径光阑，可以有效减少杂散光。

（2）采用挡光环结构。挡光环可以阻挡和散射视场外入射的杂散辐射，改变镜筒表面的散射特性。

（3）采用遮光罩。镜头前加外遮光筒，外遮光筒内壁有消杂散光折光扣，具有足够的长度，使一次反射光不能进入光学系统；光学系统中的主、次反射镜均加内遮光罩，内遮光罩内、外壁均加消杂散光折光扣。

（4）光学零件外缘及非通光面上涂黑色无光漆。

根据光机系统的设计结果，在杂散光分析软件 TracePro 中建立光机三维模型，对其表面及材料进行相应处理，并进行光线追迹。

通过分析，采取杂散光抑制措施后，靶面上杂散光能量得到很好的抑制，特别是在小离轴角下，靶面照度最少降低一半。

2）抑鬼像措施

为使大小视场内无鬼像，通常采取如下措施：

（1）所有透射光学元件通光面镀高增透膜，反射面镀高反膜；

（2）光学设计中对各个面进行消除鬼像计算。

### 10. 冷反射分析

冷反射现象是红外成像的一种成像缺陷，会引起图像的不均匀性，使得成像效果不好，较强的冷反射信号将淹没目标信号，严重影响系统的探测、识别、分辨率及跟踪性能。

红外热像仪内部探测器的制冷表面如果被前置的某一光学元件反射，且反射像的成像面在探测器附近，此时探测器会敏感到相对环境温度低很多的自身冷表面的信号，这种情况下，往往会在视场中心形成黑斑。这种探测器接收到自身及周围低温腔冷环境的反射而引起成像缺陷，称为冷反射，也称为温差再生效应。

引起冷反射的两个潜在因素：①冷反射与任一光学面上的近轴入射角相关，且入射角为零时，冷反射效应最强；②冷反射与近轴边缘光线在任一光学面上的入射高度相关，当入射高度为零时，无论其入射角为何值，都将造成强冷像。

为达到描述系统中某面引起的冷像强弱的目的，引入特征量 YNI：

$$YNI = hni \qquad (5\text{-}6)$$

式中，$h$ 为近轴边缘光线在该面上的投射高度；$i$ 为入射角；$n$ 为折射率。

只要投射高度 $h$ 或入射角 $i$ 等于零，YNI 就等于零，表明该折射面产生的冷像影响最大。

冷反射还与整个视场范围内的温度变化有关。为了描述这些特征，引入另一特征量 $I/I_{BAR}$：

$$I/I_{BAR} = I/i_z \qquad (5\text{-}7)$$

式中，$I$ 为近轴边缘光线在该面上的入射角；$i_z$ 为近轴主光线在该面上的入射角；$I_{BAR}$ 为近轴主光线的入射角。

$I/I_{BAR}$ 反映的是该面产生的冷像噪声在系统视场范围内的变化情况。

当 $I/I_{BAR}$ 的绝对值>1 时，表明该面产生的冷像噪声基本不随视场扫描而变化，即使该面上的轴上点温度下降值很大（YNI 很小），也会产生较强的冷像噪声，但由于大部分为可滤掉的直流噪声信号，故所产生的冷像影响也很小；若 $I/I_{BAR}$ 的绝对值≤1，其值越小，就表明该面产生的冷像噪声随着视场扫描的变化而变化，冷像噪声大都是不可滤掉的交流信号，在这种情形下，为了消除冷反射现象，就必须要求该面上的冷像引起的轴上点温度下降值很小（YNI 很大），以此削弱此面的冷像强度，使其随视场变化的缺点反映不出来。

因此，在分析红外光学系统的冷反射现象对成像的影响时，要结合 YNI、$I/I_{BAR}$、冷像与主像强度比等 3 个数值进行综合评价。

### 5.3.3　伺服控制分系统设计

1. 伺服控制模块

伺服控制模块是整个伺服控制系统的核心，需要完成相应的信息采集、信号处理、控制算法运行、数据通信等功能。其主要功能包括三个部分：速度环控制、位置环控制、位置合成及融合跟踪预测。

伺服控制模块以 1000Hz 频率采集编码器信息，经差分及数字滤波处理后，形成速度反馈，并完成速度闭环控制。速度环设计除保证系统的角速度、角加速度满足指标要求以外，还必须保证有足够宽的频带保证位置环的驱动特性，使其具有较好的机械特性和调速特性。工程实践可采用超前滞后补偿的控制算法，利用超前校正网络提高系统快速响应能力,利用滞后校正网络提高系统的稳态精度,保证速度环的相位裕度、响应速度和稳态精度。

位置合成及融合跟踪预测单元通过对输入的多路脱靶量数据、外部引导数据、理论弹道数据进行位置合成及融合跟踪预测,得到连续、平滑、稳定的位置给定数据,并以100Hz频率完成位置闭环控制,并由速度环输出控制量给功率驱动模块,驱动电机跟踪目标[15]。

为了保证操作人员和设备安全,伺服控制模块提供飞车保护、限位、锁紧保护等措施。当检测到锁紧信号时,伺服控制量输出为零,电机停转;转台俯仰轴转动过程中,当接近限位角度(−8°、+188°)时,伺服控制系统自动减速,避免高速撞击限位;当检测到电限位信号时,伺服控制系统将停止向前运动。

针对操作单杆的使用,首先对单杆输出量进行A/D转换,并对转换后的数字量进行非线性化处理,从而使操作手能在低速段对单杆的输出不敏感,在高速段操作手能控制单杆输出,使转台速度快速提升,方便操作手快速适应目标的运动,可靠地跟踪目标。同时,在单杆输出零位附近加入限制区,实现单杆归零后无爬行。

当伺服控制系统工作在单杆模式时,位置环断开,伺服控制系统变成了速度控制系统,速度环控制器输出控制电压,由功率驱动模块驱动电机运动,实现对目标的平稳跟踪。

当伺服控制系统工作在外引导或自动跟踪模式时,可利用单杆进行人工修正,人工修正量与单杆输出的电压量成正比,修正量为角度量,直接叠加到位置环的输入,修正系数可在界面进行配置,从而使目标保持在视场中心范围。

伺服控制模块采用全数字设计,可以通过编程实现多种控制算法,通过优化控制策略,采用先进控制算法,减小超调量,实现对目标的平稳跟踪,保证跟踪精度。

2. 编码器采集单元

编码器采集单元由方位码盘、俯仰码盘、限位/锁紧机构、编码器采集板、电源板组成,实现方位/俯仰的角度值、限位/锁紧信息通过串口进行远距离传输,分别发送至成像控制分系统和伺服控制分系统。

3. 操作控制分系统

1)设计输入

操作控制分系统主要包括操作控制台、主控计算机、视频传输单元、视频监视器、图像显示增强单元、成像控制单元、故障自诊断模块、UPS等硬件及相应操作控制软件等。其主要功能要求如下。

（1）能够接收中心送来的引导跟踪信息，对设备实施引导，并具备正弦引导、等速引导和定点引导等理论引导方式。

（2）能按规定时序采集设备角位置测量数据、绝对时间和设备工作状态等信息，并进行记录、显示。

（3）设备应具有将本机测量数据及经本机预处理后的数据按规定格式实时输出的功能。

（4）设备应具有系统标校及误差修正软件。要求包含星库，具有半自动选星功能、恒星自动跟踪测量功能，能自动求解测量误差，能解算经纬仪各单项差，并自动对各单项差进行修正，并记录误差，形成文本文件。

（5）能完成几种跟踪方式（可见光电视自动跟踪、中波红外测量自动跟踪、长波红外测量自动跟踪、中波捕获自动跟踪、人工半自动跟踪、实时引导跟踪、理论弹道引导跟踪、融合跟踪）之间的平滑切换。

（6）操作手能通过显示器观察目标，操作单杆完成对目标的跟踪。

（7）具有红外探测器工作时间累计、探测器温度实时显示功能。

（8）可通过机下按钮调节变倍系统的焦距和各测量分系统的调光调焦小系统，使之能对不同距离、不同亮度的目标清晰成像，且调光、调焦机构具有相应的反馈值。

（9）设备能对各分系统和主要功能模块的工作状态进行自动化检测，对故障进行显示，必要时发出音响警告。

2）主控计算机

操作控制分系统以主控计算机为核心，控制全系统各个模块协调工作。管理软件通过软件设置或者硬件按键采集，将用户指令通过以太网下发给各分系统，同时将采集到的实时数据按照规定的格式在显示终端上显示[16]。

主控计算机作为整个系统信息处理系统的信息中转和处理中心，主要完成对各分系统的参数配置、监控与保护，实时采集、接收、显示、保存各类数据信息，并发送各种控制命令等功能。系统管理软件采用面向对象的编程技术，优化设计主控计算机程序，体现其高度集成化、模块化、智能化的特点，极大地提高自动化程度，使操作更加智能化、人性化。

3）主控计算机软件

主控计算机软件采用模块化设计，软件结构清晰，逻辑控制流程完整，大量使用标准的、普遍使用的库函数和子程序，具有详细的代码注释，能对错误的操作给出明确的信息提示，可维护性能好，保证主控计算机软件的可靠性[17]。

4）成像控制单元

成像控制单元包括镜头控制单元、数据采集合成单元、成像分析单元，其中镜头控制单元用于完成对可见光镜头的调光、调焦、变倍控制和对红外镜头的调焦控制，并向各探测器提供同步脉冲信号；数据采集合成单元用于完成图像、时间、角度等数据的采集和合成，并将数据转换为光信号，通过光纤传输至跟踪器、存储器以及实时辐射特性测量分系统；成像分析单元通过对目标像以及背景像的分析计算，获取目标像的对比度、清晰度以及成像大小等参数，作为自动调光、自动调焦以及自动变倍的依据，镜头控制单元依据目标像的对比度、清晰度以及成像大小控制执行机构完成调光、调焦、变倍等操作[18]。

镜头控制单元采集镜头焦距、焦面位置的反馈，并通过网络发送给数据采集合成单元和视频跟踪处理器，成像分析由视频跟踪处理器完成，结果通过网络发送给镜头控制单元。镜头控制单元依据目标像的对比度、清晰度以及成像大小，驱动电机完成自动调光、调焦、变焦。

成像控制单元完成时间、角度、焦距、焦面位置与图像的合成，为视频跟踪处理系统提供完整图像数据输入，最大程度降低了视频跟踪处理系统与其他分系统之间的耦合，充分体现了系统模块化、组合化的设计思想。

成像控制单元通过实时采集时间角度信息完成数据信息与图像的严格对应，避免传输延迟对时序可能产生的影响，为电子学分系统调试提供准确的检查依据，有效缩短调试时间，提高系统的可测试性。

成像控制单元有效提升了下行数据来源的单一性，降低系统内部通信的复杂程度，可有效提升系统的可靠性。

5）故障诊断

故障诊断功能可实时监测系统中的各路电压电流，各种 I/O、A/D、D/A 信号及板卡工作状态，通过故障分析技术，将设备出现故障的原因定位到具体的板卡，指导使用人员排除故障，从而提高排除故障的效率，节约了人力成本。

故障诊断模块基于系统嵌入式电子学分系统设计，在设计电子学分系统时，同步考虑故障自诊断需求，同步设计、同步实现、同步验证。故障信息采集由电源监控模块和各分系统的综合处理模块实现，并通过网络实时发送到管理计算机中，由管理计算机软件进行综合故障分析处理后，将故障可能原因显示到软件界面中[19]。

故障诊断模块采用多模块设计来完成对故障的实时检测功能，各个模块相对独立，但存在一定的逻辑关系。

电源监控模块实时采集各分系统电压电流状态，各电子学分系统实时独立采集本分系统内的 I/O、A/D 信号及板卡状态、工作状态等信息，从中分析得出本分系统当前的故障状态，并将自己的故障状态码实时上报给管理计算机，管理计算机分析各分系统的故障状态码，如果此故障状态码已存在于建立好的专家知识库中，则直接进行查询和判决，得出故障诊断结论以及相关的故障处理措施。如果此故障状态码未知，则管理计算机将故障状态报出，方便技术人员分析查找可能存在的故障部位和故障现象。等故障解决后，用户可将本次故障的现象、诊断结论以及相关的故障处理措施充实到专家知识库中，当下次出现同类故障时，管理计算机即可直接得出处理结论。

### 5.3.4　气象测量分系统设计

气象测量分系统用于在外场测量地面及大气环境参数，为红外辐射特性数据处理分析、结果修正和补偿提供必需的气象测量参数和大气传输修正依据，是提高定量测量精度的重要因素。

地面大气光学参数及气象测量单元可以提供测站所在位置的温度、湿度、压力、风向、风速等基本气象参数，以及辐射传输斜程上的大气参数[20]。

#### 1. 激光雷达

在使用模式计算软件 MODTRAN 计算大气透过率时，需要有气溶胶的数据，MODTRAN 本身提供了几种大气气溶胶模式，如乡村/城市 5km 能见度、乡村/城市 23km 能见度情况，但是可以选择的余地较小，这样的计算结果误差必然很大，通过输入实际测量的水平能见度数据可以进行精确的计算。

能见度数据一般应用在计算水平观测条件下，如果存在空对地观测或地对空观测的情况，则激光雷达的气溶胶消光系数廓线正好可以提供这方面的支持，MODTRAN 对不同高度的气溶胶消光是根据几种标准气溶胶模式来处理的，这种处理方式也会带来一定的误差，但是 MODTRAN 提供用户定义层的功能，允许用户自己定义每一层大气的气溶胶消光数据，通过输入激光雷达的消光廓线，同样可以提高斜层观测的计算精度。

激光雷达向大气垂直发射 1064nm 和 532nm 波长探测激光，探测光被传输路径上的大气气溶胶、颗粒物或云所散射，其后向散射光被接收望远镜接收，其中 532nm 波长的垂直和水平偏振信号采用回波强度和粒子消偏振特性分析方法，可解析出大气中粒子的非球形解偏属性，以确定气溶胶和云的光学特性。激光雷达主要用于监测大气气溶胶光学参数垂直廓线分布，包括大气气溶胶消光系数、退偏比及边界层高度等参数。

#### 2. 能见度仪

能见度仪测量的前提是假定测量范围内大气成分在水平方向上是均匀一致的。几十年来，大气能见度一直是由气象部门的观测人员目视估计得到的，这种方法因为目标物的选择困难，夜间灯光目标物的设置和维护困难，加上人为因素影响，所以能见度资料的获取不仅缺乏实时性，而且精度差，用标准的光学能见度测量设备解决此问题。

能见度基本测量原理是通过测量大气分子和大气中颗粒对仪器发射的红外光前向散射系数来得到大气的气象能见度，仪器主要由光发射器、光接收器和信号处理器组成。光发射器的光源是 GaAs 发光二极管；光接收器的探测器是光电二极管，能接收大气分子和粒子散射光，光信号经采集并转换成电信号后，由处理电路计算后得到大气能见度[21]。

通过测量经过同一路径的小粒子（大雾、薄雾、烟瘴）和大粒子（雨、雪、冰雹、细雨）中的离散光总数计算大气消光系数，再通过大气消光系数计算能见度。

### 3. 粒谱分析仪

气溶胶类型基本按大气模型计算软件来选择给出的标准大气模型，由于地理位置和气候特征大气模型不同，不可避免地会带来误差。为了具体计算各种光电传感器受到的大气辐射影响，必须了解使用区域的气溶胶粒子分布密度和气溶胶粒子半径分布情况。因为在考虑气溶胶散射影响时，最主要的是由粒子半径分布决定的其散射不对称性和由此引起的折射率指数变化，由此可以进一步得到地区模型程序在内部计算中使用的不对称因子、散射系数和相函数，这样就可以根据传感器响应的波段，计算出辐射在此特定波段上的大气影响。

粒谱分析仪用于监测大气中气溶胶粒子成分和特性，重点测量悬浮粒子的直径分布函数，以分析大气中的悬浮粒子是否有异常现象。

粒谱分析仪的工作原理是，当空气被抽入仪器后，气溶胶粒子通过仪器内部的喷嘴加速，进入测量区。粒子一离开喷嘴，就进入两束有部分重叠的红色激光束中。这两束激光与粒子作用，会产生一个与每个粒子飞行时间相关的双峰信号。通过计算两个峰之间的信号时间，可得到每个气溶胶粒子的空气动力学直径，峰的高度值可用来计算散射光强度。散射光用雪崩光电探测器检测。

### 4. 气象仪

气象仪是常用的气象观测仪器，是用于测量和记录大气状态、天气现象和环境参数的设备，广泛用于气象观测、环境监测、航空、农业等领域。气象仪在光学设备工作过程中，用于对试验区域内的环境温度、相对湿度、大气压力、风速等气象参数进行测量和记录。配合试验区域气象测量的气象数据，为大气传输计算软件提供初始条件，作为辐射传输计算的输入参数。

### 5. 大气气象数据库

大气气象数据库是利用过去积累的全国多个城市、地区气象数据建立起来的大气气象廓线数据库,以便用于本地的实际统计模式取代国外标准大气气象模式计算。

由于各地的海陆位置、距海远近、洋流性质、地势高低和局部环流状况等不同,气候存在差异性。据此,可将有的气候带分出若干气候型,相同的气候带具有某些相似性。根据以上的划分原则,我国可以被划分成 5 个气候区域:高原山地气候、温带大陆性气候、温带季风气候、亚热带季风气候、热带季风气候。每一个气候区域内的气候条件基本相同。同一气候区域在不同季节内的气象条件是不同的,通过分析这种不同,找出规律。通过气象部门可以获得全国数十个城市在最近几年内每天的气象廓线数据,对其进行分析,进而发现区域统计规律。

气象廓线数据库不但可以进行各种人工数据的录入和数据保存,而且可以通过系统接口与辐射传输软件相连接,提供气象廓线数据输出。大气气象数据管理与处理软件主要完成气象探空数据的分类管理、探空数据的录入、输出预处理、数据输出、数据检索等功能,为建立全国气象统计模型,以及将来的仿真计算提供基础数据。

根据辐射传输程序的特点,数据库软件分成两大部分,除了存储显示探空数据,另一部分可通过统计分析输出气象廓线数据。

大气传输计算软件工作流程如图 5-2 所示。

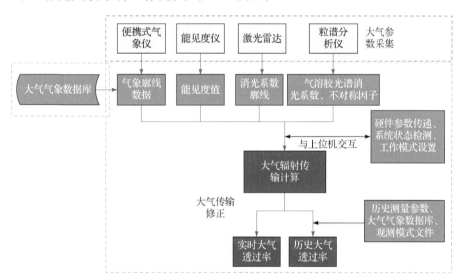

图 5-2　大气传输计算软件工作流程

激光雷达、粒谱分析仪、能见度仪以及气象仪测量数据的录入及预处理过程如下所述。

(1)数据采集录入:软件实时采集便携式气象仪、能见度仪、粒谱分析仪数据,对于激光雷达和地物光谱分析仪数据,不能直接读取采集原始数据,需要根据激光雷达方程和地物光谱分析仪或读取产生文件的功能,按照文件形式输入计算模块,为了考虑程序的扩展性,添加气象廓线数据文件的录入接口,规定气象廓线数据文件的输入格式,大气采集系统将来配备气象廓线采集仪后,将气象廓线数据按照约定格式存储后,大气传输计算软件就可以依照实时测量廓线数据,对大气进行分层,进行精确的辐射传输计算。

（2）数据预处理:按照辐射传输计算的要求对录入的气象廓线参数进行预处理,气象廓线可以由用户输入,也可以通过大气气象数据库中选取获得;对气溶胶粒谱分析仪数据的预处理,按照米氏（Mie）散射理论计算不同气溶胶模型下颗粒物光谱光学特性参数,预处理太阳辐射计数据,获得整层大气透过率。整层大气透过率的获得要求测量时大气环境稳定。

接下来介绍激光雷达、能见度仪和粒谱分析仪的气溶胶数据预处理过程。大气辐射传输模型需要的输入数据:气溶胶光谱特性数据,即消光系数、吸收系数和不对称因子、散射系数及大气能见度。测量得到的参数是激光波长上的消光系数;能见度仪获得的是大气能见度,可以换算成550nm处的消光系数;粒谱分析仪完成气溶胶颗粒粒径分布及浓度的实时测量,并计算不对称因子。需要说明的是,这需要粒子的复折射率指数,可以从HITRAN数据库中根据气溶胶类型得到。

在处理气溶胶数据时需要考虑其类型,因为它决定了气溶胶的基本组成成分及相互配比,由此决定气溶胶的消光系数。消光系数要根据外场的具体地理位置和气候带相关参数测量给定,即气溶胶的吸收问题是相对确定的。

### 5.3.5 标定与数据处理分系统设计

#### 1. 指标体系组成

标定与数据处理分系统包括辐射定标系统、数据综合分析处理模块等。辐射定标系统是在光学系统入瞳辐射量和探测器输出之间建立对应关系,作为目标特性定量处理结果修正的依据,保证定量测量精度,由标定设备和标定软件组成。其中,标定设备分为实验室标定设备和外场标定设备两类,实验室标定设备由大面源低温黑体、高温小面源黑体和平行光管组成;外场标定设备为车载大面源黑体。数据综合分析处理模块用于对获取的红外测量数据进行定量分析、处理、存储和管理,主要由目标特性分析处理模块和数据库管理模块等组成。

常用黑体的类型、规格与技术指标如下所述。

1）低温腔式黑体

有效口径:⩾$\Phi$50mm;

温度范围:−40～70℃;

发射率:⩾0.98;

温度精度：±0.1℃。

2）高温腔式黑体

有效口径：$\geqslant\Phi40$mm；

温度范围：50～1000℃；

发射率：≥0.98；

温度精度：优于3‰。

3）面源黑体

有效口径：800mm×800mm（大于主镜的口径10%左右）；

温度范围：5～150℃；

发射率：≥0.96；

温度精度：±0.5℃；

系统定量分析结果不确定度：≤30%；

温度处理范围：-50～1000℃；

温度量化单位：0.1℃。

**2. 总体设计**

标定与数据处理分系统按照功能可分为辐射定标单元、图像定量分析处理单元、目标及背景红外辐射特性数据库和目标识别处理单元等四个部分。

辐射定标单元是在光学系统入瞳辐射量和探测器输出之间建立对应关系。图像定量分析处理单元用于对获取的红外测量数据进行定量分析、处理、存储和管理，主要由图像定量处理软件和数据库管理模块组成。目标及背景红外辐射特性数据库主要用于存放真假目标及环境的光学特性数据，以作为模拟训练的基础数据源。数据类型包括三种：①目标本体红外特性数据；②靶场跟踪测量数据；③背景红外特性数据。目标识别处理单元可在探测跟踪过程中对获取的目标及其干扰红外信号进行定量处理，提取目标及其干扰的目标红外特性（辐射强度、亮度、灰度、亮温）等；基于目标红外特性和运动特性，提取目标脱靶量和红外特征；对视场内目标及其干扰进行真假目标识别。目标识别处理单元按功能模块划分，包括三部分：目标特性定量处理模块、目标特征提取模块、真假目标识别模块。

辐射定标单元包括实验室标定、外场标定和标定数据处理三个部分。外场采用面源作为红外探测系统复核标校标准辐射源，实验室采用黑体辐射源配合平行光管标定的方式，所有的标定数据都要通过标定数据处理单元进行处理。

辐射定标单元组成如图5-3所示。

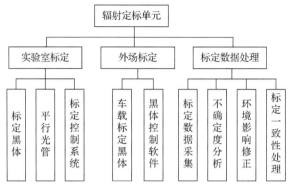

图 5-3　辐射定标单元组成框图

辐射定标单元的功能是为红外成像系统提供辐射标定，包括四方面：①红外成像系统测温一致性测试；②获取红外成像系统的实验室标定曲线；③获取红外成像系统外场复核标校结果以及环境温度影响引起的外场标校结果与实验室标定结果的偏差；④检定红外成像系统的探测性能，确定红外成像系统在其探测温度范围内输出信号与入瞳辐射量之间的函数关系，以供系统在外场探测后根据标定曲线确定目标的等效黑体辐射温度。

辐射定标单元中黑体辐射源在平行光管焦平面上提供可定量控制的红外辐射，由平行光管进行准直辐射出射孔径大于被测红外成像系统通光孔径的平行光辐射。控制与数据采集设备用于控制黑体辐射源温度调节、位置控制、信号采集，同时完成红外测量系统的信号采集。

基于腔式黑体辐射源的红外成像系统实验室辐射标定设备如图 5-4 所示。

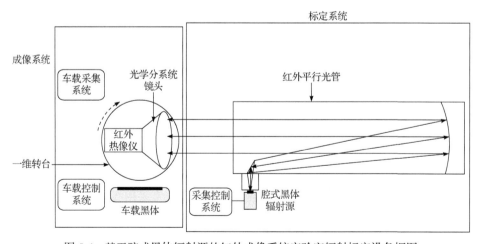

图 5-4　基于腔式黑体辐射源的红外成像系统实验室辐射标定设备框图

1）系统标定流程

（1）实验室标定安装要求。

使用腔式黑体辐射源标定要求将黑体辐射源置于平行光管焦点位置,将红外成像系统载车停放到指定位置，调整载车位置、高度以及转台的方位角、俯仰角，使光学镜头光轴和平行光管光轴重合。

（2）外场复核标校安装要求。

将车载黑体辐射源固定于红外成像系统光学镜头前，调整黑体高度使光学镜头光轴与黑体辐射源中心轴重合；将红外成像系统探测设备对准车载黑体，调整转台使得探测设备镜头与车载黑体辐射面垂直。

2）温度控制

在标准红外辐射源工作范围内，按辐射标定的温度要求设定运行参数，即对标准红外辐射源的温度进行控制。

在红外成像系统要求的标准红外辐射源温度范围内，一般在 270K 以上温度以 5～10K 为间隔进行温度控制（简称"温控"），在 270K 以下温度以 10～15K 为间隔进行温控。

测试设备外场复核，按实验要求设置车载黑体辐射源温度，对车载黑体辐射源温度进行控制。

3）数据采集

当标准红外辐射源的温度达到设定值并处于温度平衡状态时，数据采集系统快速同步采集以下温度数据和红外成像系统对应的输出信号：腔式黑体辐射源温度及红外成像系统对应的输出信号；面源黑体辐射源温度及红外成像系统对应的输出信号。

4）标定项目和标定程序

红外成像系统标定根据采用的黑体辐射源类型，分为基于面源黑体辐射源的标定和基于腔式黑体辐射源的标定两种方法，分别使用扩展源标定法和平行光管成像法。

根据标定环境分为实验室内标定和试验现场复核，实验室内标定使用扩展源标定法和平行光管成像法，试验现场复核使用扩展源标定法。实验室内标定是为了建立红外成像系统测量值与入瞳辐射亮度之间的对应关系及标定曲线，在系统标定前应根据试验要求确定标定温度点，要求选择至少五个温度点。试验现场复核主要目的是验证在试验现场环境条件下测量系统与实验室内标定的系统偏差，复核在测量试验结束后进行，采用车载面源黑体辐射源对红外成像系统开展外场标定，复核至少选择五个温度点[11]。

根据红外成像系统外场测量温度范围要求，在该温度范围内按一定等温间隔在各个温控点对红外成像系统进行温度控制。

红外成像系统在某一温度恒温控制，标准红外辐射源按预定的温度间隔在探测温度范围内由温控系统对其进行变温控制和测量。

数据采集系统采集红外成像系统的输出信号，并同步采集标准红外辐射源的温度数据。

5）数据预处理与标定结果表达

（1）数据预处理。

① 标定原始数据应能实时显示，便于操作人员监控红外成像系统标定时的运行状态；

② 在标定期间，对采集的数据及时进行预处理，为确定标定是否可以继续进行提供判断依据；

③ 标定所采集的原始数据及预处理数据应存储，妥善保存，以备查询和进一步处理。

（2）标定公式。

红外标定试验根据已知的辐射源发射率 $\varepsilon$，根据式（5-8）进行数值积分求出黑体的辐射亮度 $L(\Delta\lambda)$：

$$L(\Delta\lambda) = \int_{\Delta\lambda} \frac{M(\lambda,T)}{\pi}\mathrm{d}\lambda \tag{5-8}$$

式中，$L(\Delta\lambda)$ 为标准辐射源的辐射亮度，单位是 $W/(m^2 \cdot sr)$；$\Delta\lambda$ 为被标定波段的波长范围，单位是 $\mu m$；$M(\lambda,T)$ 为

$$M(\lambda,T) = \varepsilon \cdot \frac{c_1}{\lambda^5} \cdot \left(\mathrm{e}^{\frac{c_2}{\lambda \cdot T}} - 1\right)^{-1} \tag{5-9}$$

式中，$M(\lambda,T)$ 为黑体辐射源光谱辐射出射度，单位是 $W/(m^2 \cdot \mu m)$；$\lambda$ 为波长，单位是 $\mu m$；$\varepsilon$ 为黑体辐射源发射率；$T$ 为黑体辐射源的温度，单位是 K；$c_1$ 为第一辐射常数，$c_1 = 3.7418 \times 10^{-12} W \cdot cm^2$；$c_2$ 为第二辐射常数，$c_2 = 1.4388 \times 10^4 \mu m \cdot K$。

根据式（5-10）：

$$L(\Delta\lambda) = G \cdot X + I \tag{5-10}$$

式中，$G$ 为标定增益系数，单位是 $W/(m^2 \cdot sr)$；$I$ 为标定截距系数，单位是 $W/(m^2 \cdot sr)$；$X$ 为红外成像系统对应的红外信号输出值。

再依据线性回归，结合式（5-8）～式（5-10），求出红外成像系统的标定增益系数 $G$ 和标定截距系数 $I$。

红外成像系统完成辐射标定与数据处理后获取的标定结果应包括红外成像系

统的测温一致性结果，红外成像系统输出量与入瞳辐射亮度的对应关系，外场复核标校结果等。

6）标定结果检验

在红外成像系统外场测试过程中，采用车载辐射源对红外成像系统进行复核，通过外场标定现场复核红外成像系统的辐射度测量结果。

辐射源高温腔式黑体主要技术指标如下。

（1）温度范围：50~1000℃；

（2）辐射口径：≥$\Phi$50mm；

（3）发射率：0.99；

（4）温度精度：±0.2℃；

（5）显示分辨率：1℃。

7）标定数据处理软件

基于标定实验室和外场标定数据，结合靶场红外特性测量系统的特点，研制通用的标定软件系统，系统解决靶场红外测量系统温度漂移，测温精度不高等技术问题。

红外相机的辐射定标是实现红外相机定量测量的基础，普遍的实验室辐射定标流程如图 5-5 所示。

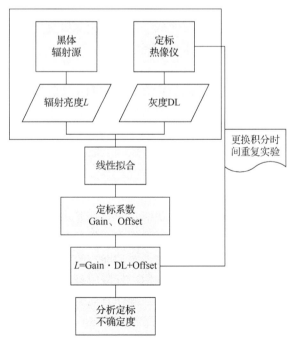

图 5-5　实验室辐射定标流程

设定热像仪某一积分时间，以黑体辐射源作为标准，通过黑体温度与黑体发射率计算黑体的辐射亮度 $L$，再通过热像仪对黑体成像，记录黑体在热像仪上成像的灰度 DL。改变黑体温度，记录多组辐射亮度值 $L$ 与灰度值 DL 之间的一一对应关系，并通过二者的线性拟合，获取定标系数 Gain 和 Offset，最终获得 $L$ 与 DL 的函数关系[22]：

$$L = \text{Gain} \cdot \text{DL} + \text{Offset} \qquad （5-11）$$

不同的积分时间对应的定标系数不相同，因此，需要获取几个积分时间的标定结果，就需要对几个积分时间开展辐射标定。通过高精度辐射定标实验，完成红外相机测量灰度值与目标辐射亮度值的转换，并需要外场环境变化对热像仪响应的影响修正。

在实验室模拟外场测量环境对测量系统进行标定，目的是尽量消除环境变化对标定精度的影响。需要标定的新型可定量热像仪为凝视型多像元阵列式，往往需要做像元一致性校正，即非均匀性校正，一般使用标定温度附近的均匀面充满热像仪视场完成一致性校正，因此一致性校正需要性能优良的面源黑体。

标定分析计算机采用主流配置的通用型工业控制计算机，利用串行接口与标定黑体的电控装置相连。通过标定分析软件进行辐射体温度控制，并读取标定黑体温度、处理标定数据、生成标定曲线、建立测量灰度与标准黑体辐射亮度之间的关系，为数据分析处理提供支撑[23]。

8）图像定量处理软件

图像定量处理软件用于对获取的短波、中波和长波红外图像数据进行定量处理，其主要技术指标如下。

（1）系统定量分析结果不确定度：≤30%；

（2）温度处理范围：−40～1000℃；

（3）温度量化单位：0.1℃。

9）目标特性数据库的设计

目标特性数据库管理软件的主要功能：对目标基本信息、图形图像数据、视频、文本生成、数据查询、数据维护、数据表示等的信息存储与管理功能；将数据按照约定的格式导出导入功能；数据表示功能；数据报表生成及打印功能，以及实验报告生成功能；用户管理功能和用户权限管理功能，提供用户操作访问安全策略；数据库备份恢复管理功能；用户操作日志管理功能等。

目标特性数据库管理软件主要功能结构如图 5-6 所示。

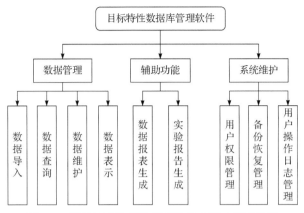

图 5-6　目标特性数据库管理软件主要功能结构图

# 5.4　主要指标分析

## 5.4.1　探测距离分析

探测距离计算约束要求：可见光、长波红外、中波红外、短波红外等波段分别给出距离要求。

### 1. 环境约束条件

环境约束条件一般包括大气水平能见度、观测仰角、太阳高角、观测方向与太阳方向的夹角、大气抖动均方根等参数。计算探测距离的标准大气条件如下：大气水平能见度≥20km，观测仰角≥15°，太阳高角≥15°，观测方向与太阳方向的夹角≥30°，大气抖动均方根≤2″[24]。

### 2. 目标约束条件

目标约束条件一般包括目标尺寸、对可见光的反射率等。

### 3. 光学系统及探测器约束条件

计算探测距离时光学系统和探测器主要参数选取与系统设计有关。光学系统和探测器参数如表 5-2 所示。

表 5-2　光学系统和探测器参数

| 光学系统参数 | 取值 | 探测器参数 | 取值 |
| --- | --- | --- | --- |
| 口径 $D$ | 200mm | 积分时间 | 3ms |
| 焦距 $f$ | 4000mm | 探测器规格 | 1920×1080（个像元） |

续表

| 光学系统参数 | 取值 | 探测器参数 | 取值 |
|---|---|---|---|
| 透过率 | 0.51 | 像元尺寸 | 10μm×10μm |
| — | — | 波段范围 | 0.5～0.8μm |
| — | — | 量子效率 | 60% |

### 4. 可见光探测距离计算过程

首先对探测距离的分析条件进行简化，在指定的要求下，通过计算目标和背景达到探测器靶面的能量，进而计算出目标和背景在探测器靶面的图像信噪比，结合图像处理所需的最小信噪比，最终确定目标的极限探测距离。

1）目标像元数计算

（1）在直径方向上，有

$$y'_\Phi = \frac{\Phi \cdot f}{R} \tag{5-12}$$

式中，$y'_\Phi$ 为在直径方向上目标像的大小，单位为 mm；$\Phi$ 为目标直径，单位为 m；$f$ 为光学系统焦距，单位为 mm；$R$ 为探测距离，单位为 m。

假设光学系统焦距 $f$=4000mm，目标直径 $\Phi$=1000mm，当探测距离 $R$=100km 时，计算得 $y'_\Phi = 0.04$mm。

（2）在长度方向上（观测方向与目标轴线成 45°），有

$$y'_L = \frac{L \cdot f}{R} \sin 45° \tag{5-13}$$

式中，$y'_L$ 为在长度方向上目标像的大小，单位为 mm；$L$ 为目标长度，单位为 m。

假设光学系统焦距 $f = 4000$mm，目标直径 $\Phi$=1000mm，当探测距离 $R$=100km 时，计算得 $y'_L = 0.14$mm。

计算结果表明，探测器的像元尺寸为 10μm 时，目标在径向方向的像占 4 个像元，在长度方向上的像占 14 个像元。

通常当目标在靶面上成像大于 3×3 个像元时，目标被看作面目标。该可见光测量分系统对目标在 100km 处的成像像元数为 4×14，因此该目标可作为面目标进行处理。

2）系统信噪比计算

一般认为太阳是绝对温度 $T$ 为 5800K 的黑体，它在目标光谱范围内的辐射出射度可根据普朗克方程计算得到：

$$M_c(\lambda, T) = \int_{\lambda_1}^{\lambda_2} \frac{2\pi hc^2}{\lambda^5} \left( \frac{1}{e^{hc/\lambda kT} - 1} \right) d\lambda \tag{5-14}$$

式中，$h$ 为普朗克常数，数值为 $6.62606896 \times 10^{-34}$ J·s；$c$ 为真空中的光速，数值为 $3.0 \times 10^8$ m/s；$k$ 为玻尔兹曼常数，数值为 $1.380622 \times 10^{-23}$ J/K；$\lambda_1$ 和 $\lambda_2$ 分别为光谱的上限和下限波长。

太阳光目标光谱段对目标的辐射亮度可表示为

$$L_{\mathrm{c}}(\lambda, T) = \frac{M_{\mathrm{c}}(\lambda, T) \times A_{\mathrm{sun}} \times \sin\theta}{4\pi \times R_{\mathrm{sc}}^2} \qquad (5\text{-}15)$$

式中，$A_{\mathrm{sun}}$ 为太阳表面积，太阳直径 $d=1.39 \times 10^9$ m，$A_{\mathrm{sun}} = 4\pi(d/2)^2$；$R_{\mathrm{sc}}$ 为日地间的平均距离，数值为 $1.496 \times 10^{11}$ m；$\theta$ 为太阳高角。

到达探测器靶面上一个像元内的光电子数为

$$n_{\mathrm{e}} = \rho \cdot L_{\mathrm{c}} \cdot \tau' \cdot \pi \cdot \left(\frac{D}{2 \cdot f}\right)^2 \cdot \left(1 - \alpha^2\right) \cdot \tau \cdot S' \cdot \eta \cdot t \cdot \lambda_0 \cdot \cos\phi / h \cdot c \qquad (5\text{-}16)$$

式中，$\rho$ 为目标表面的反射率（0.7）；$D$ 为光学系统入瞳直径；$\alpha$ 为系统线遮拦比；$L_{\mathrm{c}}$ 为单位面积目标反射太阳光亮度；$t$ 为探测器积分时间；$\tau$ 为光学系统透过率；$\eta$ 为探测器量子效率；$\lambda_0$ 为中心波长；$\tau'$ 为大气透过率；$S'$ 为像元面积；$\phi$ 为观测仰角。

噪声主要包括背景光子噪声、读出噪声、暗电流噪声。背景光子噪声主要为反射太阳辐射，对相机而言背景为面目标，与光学系统 $F$ 数成反比，可计算出背景在一个像元上产生的电子数为

$$n_{\mathrm{b}} = B \cdot \tau' \cdot \pi \cdot \left(\frac{D}{2 \times f}\right)^2 \cdot \left(1 - \alpha^2\right) \cdot \tau \cdot S' \cdot \eta \cdot t \cdot \lambda_0 / h \cdot c \qquad (5\text{-}17)$$

式中，$B$ 为背景亮度，天空背景亮度取值为 0.3sb（1sb=1cd/cm²）。

系统信噪比可表示为

$$\mathrm{SNR} = \frac{n_{\mathrm{e}}}{\sqrt{n_{\mathrm{e}} + n_{\mathrm{b}} + n_{\mathrm{r}}^2 + n_{\mathrm{d}} * t}} \qquad (5\text{-}18)$$

式中，$n_{\mathrm{e}}$ 为目标在一个像元内的光电子数；$n_{\mathrm{b}}$ 为背景在一个像元上产生的电子数；$n_{\mathrm{r}}$ 为读出噪声；$n_{\mathrm{d}}$ 为暗电流噪声；$t$ 为探测器积分时间。

3）探测距离估算

在大气水平能见度为 20km 的晴朗天气条件下，对于路径长度为 100km 的距离，利用 Lowtran7 对不同观测仰角的大气透过率进行计算。不同观测仰角对应的大气透过率计算结果如表 5-3 所示。

表 5-3　不同观测仰角对应的大气透过率

| 观测仰角/(°) | 大气透过率 |
| --- | --- |
| 15 | 0.30 |
| 20 | 0.33 |
| 25 | 0.36 |
| 30 | 0.38 |

　　根据工程经验及实时数据的处理水平, 只有当信噪比大于 10 时, 系统能探测到目标, 并实现稳定跟踪。

　　通过式 (5-18), 计算得出当观测仰角为 15°时系统信噪比为 17.4, 满足系统探测要求。

　　观测仰角与探测距离的关系计算结果如表 5-4 所示。

表 5-4　观测仰角与探测距离的关系计算结果

| 观测仰角/(°) | 探测距离/km |
| --- | --- |
| 15 | 150 |
| 20 | 170 |
| 25 | 190 |
| 30 | 200 |

　　可见光系统不同观测仰角下极限探测距离如图 5-7 所示。

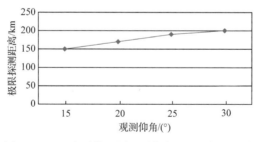

图 5-7　可见光系统不同观测仰角下极限探测距离

　　从图 5-7 中可以看出, 当观测仰角≥15°时, 可以满足对目标 100km 的探测距离要求。

　　需要注意的是, 探测距离计算是建立在一定前提条件下的理论计算, 设备在实际使用过程中, 由于受到天气条件 (云层、温度、湿度、大气能见度、阴天、晴天、风沙等)、目标姿态、目标在靶面上的成像位置及背景杂散光等的影响, 实际探测距离会有所变化[25]。

4）对比度判别标准

面目标对比度 $C_目$ 的判别准则为

$$|C_目| = \left| \frac{E_目 - E_背}{E_背} \right| \geqslant 0.03$$

式中，$E_目$ 为目标照度；$E_背$ 为背景照度。

当 $C_目 \geqslant 0$ 时为正对比，即亮目标暗背景；当 $C_目 < 0$ 时为负对比，即暗目标亮背景。

经计算得出，在观测仰角≥15°，太阳高角≥15°，观测方向与太阳方向的夹角≥30°的测量条件下，目标与背景在靶面上的对比度 $|C_目|$ =0.034>0.03，满足目标与背景的对比度探测要求。

### 5.4.2　短波红外测量探测距离分析

#### 1. 环境约束条件

短波红外成像测量探测距离的环境约束条件与可见光的要求条件一致，探测距离的标准大气条件要求如下：大气水平能见度≥20km，观测仰角≥15°，太阳高角≥15°，观测方向与太阳方向的夹角≥30°，大气抖动均方根≤2″。

#### 2. 目标约束条件

短波红外的目标约束条件包括目标尺寸、表面温度和表面反射率，假设目标表面温度为 500K，表面反射率 $\rho$=0.7。

#### 3. 光学系统及探测器约束条件

短波红外光学系统与探测器主要参数如表 5-5 所示。

表 5-5　短波红外光学系统及探测器主要参数

| 光学系统参数 | 取值 | 探测器参数 | 取值 |
| --- | --- | --- | --- |
| 口径 | 650mm | 积分时间 | 1ms |
| 焦距 | 1300mm | 探测器规格 | 640×512（个像元） |
| 透过率 | 0.50 | 像元尺寸 | 15μm×15μm |
| — | — | 波段范围 | 0.9～1.7μm |
| — | — | 量子效率 | 50% |

4. 探测距离计算过程

首先对探测距离的计算条件进行简化，在指定的要求下，通过计算目标和背景达到探测器靶面的能量，进而计算出目标和背景在探测器靶面的图像信噪比，结合图像处理所需的最小信噪比，最终确定目标的极限探测距离。

1）目标成像大小计算

（1）在直径方向上，有

$$y'_\Phi = \frac{\Phi \cdot f}{R} \qquad (5\text{-}19)$$

式中，$y'_\Phi$ 为在直径方向上目标像的大小，单位为 mm；$\Phi$ 为目标直径，单位为 mm；$f$ 为光学系统的焦距，单位为 mm；$R$ 为目标距离，单位为 km。

假设当光学系统焦距 $f$=1300mm，目标直径 $\Phi$=1000mm，要求探测距离为 $R$=200km 时，计算得 $y'_\Phi$ = 0.0065mm。

（2）在长度方向上（观测方向与目标轴线成 45°），有

$$y'_L = \frac{L \cdot f}{R} \sin 45° \qquad (5\text{-}20)$$

式中，$y'_L$ 为在长度方向上目标像的大小，单位为 mm；$L$ 为目标长度，单位为 mm。

假设当光学系统焦距 $f$=1300mm，目标长度 $L$=5000mm，要求探测距离为 $R$=200km 时，计算得 $y'_L$ = 0.023mm。

计算结果表明，当目标距离 200km，光学系统焦距 $f$=1300mm，探测器的像元尺寸为 15μm 时，目标在径向方向的像占 1 个像元，在长度方向上的像（观测方向与目标轴线成 45°夹角时）占 2 个像元。

按照点目标与面目标的判别标准，通常把成在靶面上的像小于 3×3 个像元的目标看作点目标，在 200km 处短波红外成像为 1×2 个像元，因而，短波红外测量分系统可把在 200km 处的目标作为点目标进行探测处理。

2）系统信噪比计算

目标在短波红外的辐射强度包含两部分：目标反射太阳辐射强度和目标自身辐射强度。

（1）目标反射太阳辐射强度。

点目标的发光强度可以通过式（5-21）和式（5-22）表示：

$$I_{t1} = \frac{\rho_1 \cdot M_t \cdot A_t \cdot \sin\theta \cdot \cos\theta_1}{\pi} \qquad (5\text{-}21)$$

$$M_t = \int_{\lambda_1}^{\lambda_2} \frac{c_1}{\lambda^5} \frac{1}{e^{c_2/\lambda/T_1 - 1}} \mathrm{d}\lambda \qquad (5\text{-}22)$$

式中，$I_{t1}$ 为目标发光强度；$\rho_1$ 为目标反射率；$M_t$ 为一定波段范围内太阳的辐射出射度；$A_t$ 为目标面积；$\theta_1$ 为观测方向与目标表面法线的夹角；$\theta$ 为太阳高角；$c_1$ 为第一辐射常数；$c_2$ 为第二辐射常数，$c_2 = 1.4388 \times 10^4 \, \mu m \cdot K$；$T_1$ 为太阳色温。

（2）目标自身辐射强度。

点目标的自身辐射强度可以通过式（5-23）和式（5-24）表示：

$$I_{t2} = \frac{\varepsilon_1 \cdot M_{t1} \cdot A_t}{\pi} \qquad (5\text{-}23)$$

$$M_{t1} = \int_{\lambda_1}^{\lambda_2} \frac{c_1}{\lambda^5} \frac{1}{e^{c_2/\lambda/T_1 - 1}} \mathrm{d}\lambda \qquad (5\text{-}24)$$

式中，$I_{t2}$ 为目标辐射强度；$\varepsilon_1$ 为目标发射率；$M_{t1}$ 为一定波段范围内黑体的辐射出射度；$T$ 为目标温度，单位为 K。

目标光到达相机入瞳处的辐照度可根据距离平方反比定律得到：

$$E_E = \frac{\tau_a \cdot (I_{t1} + I_{t2})}{R^2} \qquad (5\text{-}25)$$

式中，$E_E$ 为目标光到达相机入瞳处的辐照度；$\tau_a$ 为大气透过率；$R$ 为探测距离，单位为 km。

目标在靶面上的辐照度为

$$E_I = \frac{\tau_0 \cdot E_E \cdot A_E}{A_m} \qquad (5\text{-}26)$$

式中，$\tau_0$ 为光学系统透过率；$A_E$ 为入瞳面积，$A_E = \dfrac{\pi \cdot (1 - \alpha^2) D^2}{4}$，$D$ 为光学系统入瞳直径，$\alpha$ 为光学系统线遮拦比；$A_m$ 为靶面上弥散斑的面积，$A_m = \mathrm{spred}^2 \cdot A_d$，spred 为像元弥散数，$A_d$ 为一个像元面积。

一个像元上产生的光子数为

$$N_s = \frac{E_I \cdot A_d \cdot \eta \cdot t}{h \cdot v} \qquad (5\text{-}27)$$

式中，$\eta$ 为量子效率，取 $\eta = 0.7$；$h$ 为普朗克常数；$v$ 为光子频率，$v = c/\lambda$；$t$ 为积分时间。

3）噪声计算

系统噪声主要包括光子噪声、背景噪声、读出噪声及暗电流噪声等。

（1）光子噪声。

光子噪声又称散粒噪声，是入射信号光子到达速率的随机波动引起的，遵循泊松分布，属于白噪声。因此，光子噪声为

$$n_\mathrm{s} = \sqrt{N_\mathrm{s}} \tag{5-28}$$

（2）背景噪声。

背景辐射的随机起伏，产生背景噪声，分析时背景对镜头来说是个面目标。对于短波红外，由于背景温度较低，在小于 4μm 波段内的辐射很小，因此，背景辐射主要来源于太阳光的散射，在短波波段，天空背景亮度约 3W/（m²·sr），则背景光到达靶面一个像元上的光子数为

$$N_\mathrm{b} = \frac{\tau_0 \cdot \tau_\mathrm{a} \cdot B \cdot \pi \cdot A_\mathrm{d} \cdot t \cdot \eta}{4 \cdot F^2 \cdot h \cdot v} \tag{5-29}$$

式中，$B$ 为天空背景亮度；$F$ 为光学系统 $F$ 数。

背景噪声为

$$n_\mathrm{b} = \sqrt{N_\mathrm{b}} \tag{5-30}$$

（3）读出噪声。

读出噪声是图像传感器在信号读取过程中引入的随机噪声，描述了从焦面电子到放大电流再到 A/D 转换整个过程中所有的电子学噪声，通常用均方根电子数来表示。其计算公式取决于测量方法，采用均值-方差法计算读出噪声，则是通过测量多幅均匀光照（或暗场）图像的信号均值 $(\mu)$ 和方差 $(\sigma^2)$，拟合斜率后计算读出噪声：

$$n_\mathrm{read} = \frac{\sigma^2 - \mu}{G^2} \tag{5-31}$$

式中，$\sigma^2$ 为像素值的方差；$\mu$ 为像素值的均值；$G$ 为传感器的增益系数。

（4）暗电流噪声。

暗电流噪声是与探测器温度密切相关的量。在没有信号输入时，一定温度探测器由于电子的无规则热运动产生了暗电流偏移，形成了暗电流噪声 $n_\mathrm{d}$：

$$n_\mathrm{d} = \sqrt{D \cdot t} \tag{5-32}$$

式中，$D$ 为暗电流；$t$ 为曝光时间，单位为 s。

（5）系统的总噪声为

$$n = \sqrt{n_\mathrm{s}^2 + n_\mathrm{b}^2 + n_\mathrm{read}^2 + n_\mathrm{d}^2} \tag{5-33}$$

（6）系统信噪比模型为

$$\mathrm{SNR} = \frac{N_\mathrm{s}}{n} = \frac{N_\mathrm{s}}{\sqrt{n_\mathrm{s}^2 + n_\mathrm{b}^2 + n_\mathrm{read}^2 + n_\mathrm{d}^2}} \tag{5-34}$$

4）探测距离估算

利用 Lowtran7 对大气水平能见度≥20km 时，200km 探测距离处，不同观测仰

角对应的大气透过率进行计算。探测距离 200km 条件下不同观测仰角对应的大气透过率计算结果如表 5-6 所示。从表 5-6 中可以看出，观测仰角最小时，大气透过率最小，且同样观测仰角下，夏季大气透过率低于冬季，因此，在进行极限计算时，取夏季大气透过率进行计算。

表 5-6　探测距离 200km 条件下不同观测仰角对应的大气透过率

| 观测仰角/（°） | 夏季大气透过率 | 冬季大气透过率 |
|---|---|---|
| 5 | 0.19 | 0.25 |
| 10 | 0.33 | 0.41 |
| 15 | 0.42 | 0.51 |
| 20 | 0.47 | 0.57 |
| 30 | 0.54 | 0.64 |
| 50 | 0.61 | 0.71 |
| 70 | 0.64 | 0.73 |
| 85 | 0.65 | 0.74 |

不同观测仰角对应的大气透过率如图 5-8 所示。

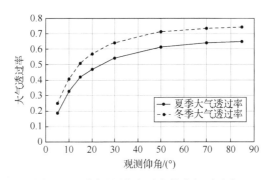

图 5-8　不同观测仰角对应的大气透过率

对于点目标探测，认为信噪比大于 10 时，可以对目标进行稳定跟踪，根据点目标短波红外探测距离计算方法，代入数据计算。信噪比为 10 时，不同观测仰角下系统对目标的极限探测距离如表 5-7 所示。

表 5-7　信噪比为 10 时不同观测仰角下系统对目标的极限探测距离

| 观测仰角/（°） | 极限探测距离/km |
|---|---|
| 5 | 205 |
| 15 | 230 |
| 20 | 240 |
| 30 | 248 |
| 50 | 254 |

短波红外系统不同观测仰角下的极限探测距离如图 5-9 所示。

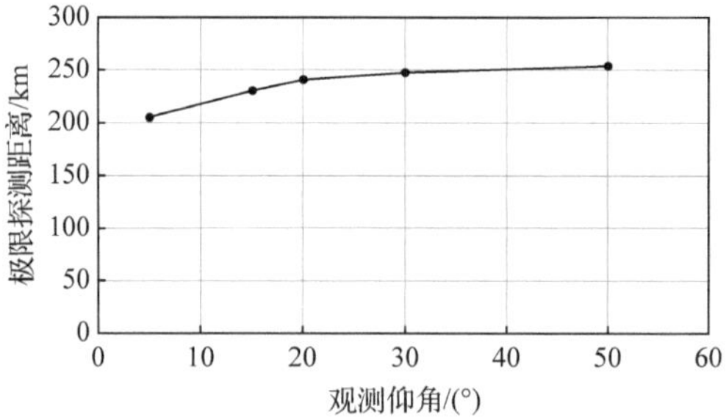

图 5-9　短波红外系统不同观测仰角下的极限探测距离

因此，在大气水平能见度≥20km，观测方向与太阳方向的夹角≥30°，观测仰角≥15°，大气抖动均方根≤2″，背景为天空，短波红外系统能够实现 200km 对直径 $\Phi$=1000mm，长度 $L$=5000mm、温度 500K、反射率 0.7 的目标进行稳定跟踪与测量。

从以上分析可知，从能量角度考虑，理论上系统可以实现对目标的探测，但在实际使用过程中，由于受目标姿态、目标在靶面上成像位置及背景杂散光等的影响，实际探测距离会有所下降。

### 5.4.3　中波红外测量探测距离分析

1. 环境约束条件

中波红外测量系统的环境约束条件要求如下：大气水平能见度≥20km，观测仰角≥15°，太阳高角≥15°，观测方向与太阳方向夹角≥30°，大气抖动均方根≤2″。

2. 目标约束条件

假设目标表面温度为 500K，表面反射率 $\rho$=0.3。

3. 光学系统及探测器约束条件

中波红外测量系统的光学系统及探测器主要参数如表 5-8 所示。

表 5-8　中波红外测量系统的光学系统及探测器主要参数

| 光学系统参数 | 取值 | 探测器参数 | 取值 |
| --- | --- | --- | --- |
| 口径 | 650mm | 积分时间 | 8ms |
| 焦距 | 1300mm | 探测器规格 | 640×512（个像元） |
| 透过率 | 0.63 | 像元尺寸 | 25μm×25μm |
| — | — | 波段范围 | 3.7～4.8μm |
| — | — | 量子效率 | 50% |

4. 探测距离计算过程

1）目标能量计算

中波红外测量系统成像大小与短波红外测量系统计算结果一致，成像均小于 2 个像元，因此，目标大小对红外测量系统最远探测距离时均为点目标探测。点目标的辐射强度通过式（5-33）和式（5-34）表示如下：

$$I_t = \frac{\varepsilon_1 \cdot M_t \cdot A_t}{\pi} \tag{5-35}$$

$$M_t = \int_{\lambda_1}^{\lambda_2} \frac{c_1}{\lambda^5} \frac{1}{e^{c_2/\lambda/T_1-1}} \, d\lambda \tag{5-36}$$

式中，$I_t$ 为目标辐射强度；$\varepsilon_1$ 为目标发射率；$M_t$ 为一定波段范围内黑体的辐射出射度；$A_t$ 为目标面积；$c_1$ 为第一辐射常数，$c_1 = 3.7418 \times 10^{-12} \, \mathrm{W \cdot cm^2}$；$c_2$ 为第二辐射常数，$c_2 = 1.4388 \times 10^4 \, \mu\mathrm{m \cdot K}$；$T_1$ 为目标温度。

目标到达相机入瞳处的照度可根据距离平方反比定律得到：

$$E_{\mathrm{E}} = \frac{\tau_a \cdot I_t}{R^2} \tag{5-37}$$

式中，$E_{\mathrm{E}}$ 为目标到达热像仪入瞳处的照度；$\tau_a$ 为大气透过率；$R$ 为探测距离。

目标在焦平面上的照度为

$$E_{\mathrm{I}} = \frac{\tau_0 \cdot E_{\mathrm{E}} \cdot A_{\mathrm{E}}}{A_{\mathrm{m}}} = \frac{\tau_0 \cdot \tau_a \cdot \varepsilon_1 \cdot M_t \cdot A_t \cdot \left(1 - \alpha^2\right) \cdot D^2}{4 A_{\mathrm{m}}} \tag{5-38}$$

式中，$\tau_0$ 为光学系统透过率；$\alpha$ 为光学系统线遮拦比；$D$ 为光学系统入瞳直径；$A_{\mathrm{m}}$ 为靶面上弥散斑的面积，$A_{\mathrm{m}} = \mathrm{spred}^2 \cdot A_{\mathrm{d}}$，$\mathrm{spred}$ 为像元弥散数，$A_{\mathrm{d}}$ 为一个像元面积。

一个像元上产生的光子数为

$$N_{\mathrm{s}} = \frac{E_{\mathrm{I}} \cdot A_{\mathrm{d}} \cdot \eta \cdot \xi \cdot t}{h \cdot v} \tag{5-39}$$

式中，$\eta$ 为量子效率；$\xi$ 为平均光谱响应；$h$ 为普朗克常数；$v$ 为光子频率，$v = c/\lambda$；$t$ 为积分时间。

2）系统信噪比计算

系统信噪比等于目标在一个像元上产生的光子数与系统噪声之比。系统噪声主要包括光子噪声、背景噪声、探测器本身的噪声、读出噪声及暗电流噪声等。

（1）光子噪声。

光子噪声为

$$n_s = \sqrt{N_s} \tag{5-40}$$

（2）背景噪声。

背景辐射的随机起伏，产生背景噪声，分析时将背景看作一个灰体。在面积为 $A_d$ 的探测器上入射功率 $P_b$ 为

$$P_b = \tau_0 \cdot \tau_a \cdot \varepsilon_2 \cdot \int_0^\pi \int_0^{\frac{\pi}{2}} \frac{A_d \cdot M_b}{\pi} \sin\theta \cos\theta \mathrm{d}\theta \mathrm{d}\varphi = \tau_0 \cdot \tau_a \cdot \varepsilon_2 \cdot A_d \cdot M_b \tag{5-41}$$

$$M_b = \int_{\lambda_1}^{\lambda_2} \frac{c_1}{\lambda^5} \frac{1}{\mathrm{e}^{c_2/\lambda/T_2} - 1} \mathrm{d}\lambda \tag{5-42}$$

式中，$\varepsilon_2$ 为背景发射率；$T_2$ 为背景温度。

背景光到达靶面一个像元上的光子数为

$$N_b = \frac{\tau_0 \cdot \tau_a \cdot \varepsilon_2 \cdot A_d \cdot M_b \cdot t \cdot \eta \cdot \xi \cdot \sin^2\theta}{h \cdot v} \tag{5-43}$$

背景噪声表示为

$$n_b = \sqrt{N_b} \tag{5-44}$$

（3）探测器本身的噪声。

探测器本身的噪声可以表示为

$$n_z = \sqrt{\frac{\mathrm{NETD} \cdot \tau_0 \cdot \eta \cdot D^2 \cdot \Omega_d \cdot X}{4hv}} \tag{5-45}$$

式中，NETD 为探测器本身的噪声等效温差，表示为

$$\mathrm{NETD} = \frac{4\sqrt{A_d \Delta f}}{\tau_0 D^2 D^* \Omega_d \int_{\lambda_1}^{\lambda_2} \frac{\partial M_\lambda(T_B)}{\partial T_B} \mathrm{d}\lambda} \tag{5-46}$$

式中，$D^*$ 为探测器的比探测率；$D$ 为系统入瞳直径；$\Delta f$ 为系统带宽；$T_B$ 为测量时的背景温度；$\Omega_d$ 为探测器的立体角[26]。

$X$ 为波长 $\lambda_1 \sim \lambda_2$ 之间的辐射功率：

$$X = \int_{\lambda_1}^{\lambda_2} \frac{\partial M_\lambda(T_B)}{\partial T_B} \mathrm{d}\lambda = \int_{\lambda_1}^{\lambda_2} \frac{c_2}{\lambda T_B^2} \cdot M_\lambda(T_B) \mathrm{d}\lambda \tag{5-47}$$

（4）读出噪声与暗电流噪声。

读出噪声与暗电流噪声计算同式（5-31）和式（5-32），这里不再赘述。

（5）系统总噪声和信噪比计算同式（5-33）和式（5-34），这里不再赘述。

3）探测距离估算

根据以往的工程经验及数据处理水平，当信噪比大于 10 时，红外跟踪测量系统可以保证对目标的稳定跟踪。利用 Lowtran7 在 900km 距离处、20km 大气水平能见度条件下对不同观测仰角对应的大气透过率和背景辐射进行计算。900km 探测距离时不同观测仰角对应的大气透过率和背景辐射计算结果如表 5-9 所示。

表 5-9  900km 探测距离时不同观测仰角对应的大气透过率和背景辐射计算结果

| 观测仰角/（°） | 夏季大气透过率 | 冬季大气透过率 | 夏季背景辐射/[W/（m² · sr）] | 冬季背景辐射/[W/（m² · sr）] |
|---|---|---|---|---|
| 5 | 0.11 | 0.16 | 0.79 | 0.30 |
| 10 | 0.21 | 0.26 | 0.71 | 0.27 |
| 15 | 0.28 | 0.33 | 0.65 | 0.24 |
| 20 | 0.33 | 0.38 | 0.61 | 0.23 |
| 30 | 0.39 | 0.44 | 0.56 | 0.20 |
| 50 | 0.46 | 0.50 | 0.50 | 0.19 |
| 70 | 0.49 | 0.53 | 0.47 | 0.18 |
| 85 | 0.50 | 0.54 | 0.46 | 0.17 |

观测仰角与大气透过率和背景辐射的关系曲线如图 5-10 所示。

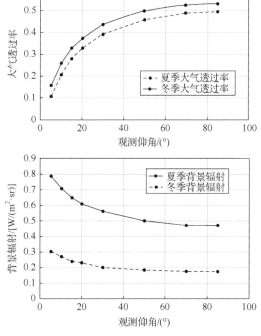

图 5-10  观测仰角与大气透过率和背景辐射的关系曲线

从表 5-9 可以看出，随着观测仰角的增大，大气透过率也增大，背景辐射减小，而且夏季大气透过率低于冬季，背景辐射高于冬季，因此，夏季的探测能力不如冬季，本系统计算时，按夏季进行分析[27]。

对于中波红外测量，当信噪比为 10 时，在积分时间 $t$=8ms，大气水平能见度≥20km，观测仰角≥15°，观测方向与太阳方向夹角≥30°，大气抖动均方根≤2″的条件下，中波红外测量系统对直径 $\Phi$=1000mm，长度 $L$=5000mm，温度为 500K 的圆柱体目标的探测距离为 1050km。因此，系统可以满足在上述条件下对目标 900km 的探测距离要求。

不同观测仰角下中波红外测量系统对目标的极限探测距离如表 5-10 所示。

表 5-10　不同观测仰角下中波红外测量系统对目标的极限探测距离

| 观测仰角/(°) | 极限探测距离/km |
| --- | --- |
| 5 | 900 |
| 15 | 1050 |
| 20 | 1100 |
| 30 | 1140 |
| 50 | 1200 |

中波红外测量系统不同观测仰角与目标的极限探测距离关系曲线如图 5-11 所示。

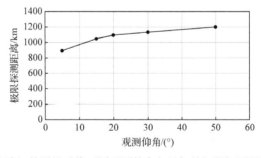

图 5-11　中波红外测量系统不同观测仰角与目标的极限探测距离关系曲线

由以上分析可知，中波红外测量系统对目标的探测距离是建立在一定前提条件下的理论计算结果，实际使用过程中，受天气条件、目标姿态、目标在靶面上成像位置及背景杂散光等的影响，探测距离会有所下降[28]。

### 5.4.4　长波红外测量探测距离分析

1. 环境约束条件

探测距离的标准大气条件如下：大气水平能见度≥20km，观测仰角≥15°，太阳高角≥15°，观测方向与太阳方向夹角≥30°，大气抖动均方根≤2″。

2. 目标约束条件

假设目标长度 $L$=5000mm，直径 $\Phi$=1000mm；目标表面温度为 500K，表面反射率 $\rho$=0.3，探测距离 700km。

3. 光学系统及探测器约束条件

长波红外测量系统的光学系统及探测器参数如表 5-11 所示。

**表 5-11　长波红外测量系统的光学系统及探测器参数**

| 光学系统参数 | 取值 | 探测器参数 | 取值 |
|---|---|---|---|
| 口径 | 650mm | 积分时间 | 0.5ms |
| 焦距 | 1300mm | 探测器规格 | 640×512（个像元） |
| 透过率 | 0.64 | 像元尺寸 | 15μm×15μm |
| — | — | 波段范围 | 7.7~9.3μm |
| — | — | 量子效率 | 60% |

4. 探测距离计算过程

1）目标能量计算

系统中，目标在红外测量系统的最远探测距离时成像均为点像，因此看作点目标探测。点目标的辐射强度可以通过式（5-48）和式（5-49）表示：

$$I_t = \frac{\varepsilon_1 \cdot M_t \cdot A_t}{\pi} \tag{5-48}$$

$$M_t = \int_{\lambda_1}^{\lambda_2} \frac{c_1}{\lambda^5} \frac{1}{e^{c_2/\lambda/T_1}-1} \mathrm{d}\lambda \tag{5-49}$$

式中，$I_t$ 为目标辐射强度；$\varepsilon_1$ 为目标发射率；$M_t$ 为一定波段范围内黑体的辐射出射度；$A_t$ 为目标面积；$c_1$ 为第一辐射常数，$c_1 = 3.7418 \times 10^{-12} \, \mathrm{W \cdot cm^2}$；$c_2$ 为第二辐射常数，$c_2 = 1.4388 \times 10^4 \, \mathrm{\mu m \cdot K}$；$T_1$ 为目标温度。

目标到达相机入瞳处的辐照度可根据距离平方反比定律得到：

$$E_E = \frac{\tau_a \cdot I_t}{R^2} \tag{5-50}$$

式中，$E_E$ 为目标到达热像仪入瞳处的辐照度；$\tau_a$ 为大气透过率；$R$ 为探测距离。

目标在焦平面上的照度值为

$$E_{\mathrm{I}} = \frac{\tau_0 \cdot E_{\mathrm{E}} \cdot A_{\mathrm{E}}}{A_{\mathrm{m}}} = \frac{\tau_0 \cdot \tau_{\mathrm{a}} \cdot \varepsilon_1 \cdot M_t \cdot A_t \cdot \left(1 - \alpha^2\right) \cdot D^2}{4 A_{\mathrm{m}}} \tag{5-51}$$

式中，$\tau_0$ 为光学系统透过率；$\alpha$ 为光学系统线遮拦比；$D$ 为光学系统入瞳直径；$A_{\mathrm{m}}$ 为靶面上弥散斑的面积，$A_{\mathrm{m}} = \mathrm{spred}^2 \cdot A_{\mathrm{d}}$，spred 为像元弥散数，$A_{\mathrm{d}}$ 为一个像元面积。

一个像元上产生的光子数为

$$N_{\mathrm{s}} = \frac{E_{\mathrm{I}} \cdot A_{\mathrm{d}} \cdot \eta \cdot \xi \cdot t}{h \cdot v} \tag{5-52}$$

式中，$\eta$ 为量子效率；$\xi$ 为平均光谱响应；$h$ 为普朗克常数；$v$ 为光子频率，$v = c / \lambda$；$t$ 为积分时间。

2）系统信噪比计算

系统噪声主要包括光子噪声、背景噪声、探测器本身的噪声、读出噪声及暗电流噪声等。

（1）光子噪声。

光子噪声为

$$n_{\mathrm{s}} = \sqrt{N_{\mathrm{s}}} \tag{5-53}$$

（2）背景噪声。

背景辐射的随机起伏，产生背景噪声，分析时将背景看作一个灰体。在面积为 $A_{\mathrm{d}}$ 的探测器上入射功率 $P_{\mathrm{b}}$ 为

$$P_{\mathrm{b}} = \tau_0 \cdot \tau_{\mathrm{a}} \cdot \varepsilon_2 \int_0^\pi \int_0^{\frac{\pi}{2}} \frac{A_{\mathrm{d}} \cdot M_{\mathrm{b}}}{\pi} \sin\theta \cos\theta \mathrm{d}\theta \mathrm{d}\varphi = \tau_0 \cdot \tau_{\mathrm{a}} \cdot \varepsilon_2 \cdot A_{\mathrm{d}} \cdot M_{\mathrm{b}} \tag{5-54}$$

$$M_{\mathrm{b}} = \int_{\lambda_1}^{\lambda_2} \frac{c_1}{\lambda^5} \frac{1}{\mathrm{e}^{c_2 / \lambda / T_2} - 1} \mathrm{d}\lambda \tag{5-55}$$

式中，$\varepsilon_2$ 为背景发射率；$T_2$ 为背景温度。

因此，背景光到达靶面一个像元上的光子数为

$$N_{\mathrm{b}} = \frac{\tau_0 \cdot \tau_{\mathrm{a}} \cdot \varepsilon_2 \cdot A_{\mathrm{d}} \cdot M_{\mathrm{b}} \cdot t \cdot \eta \cdot \xi \cdot \sin^2\theta}{h \cdot v} \tag{5-56}$$

背景噪声为

$$n_{\mathrm{b}} = \sqrt{N_{\mathrm{b}}} \tag{5-57}$$

（3）探测器本身的噪声：

探测器本身的噪声可以表述为

$$n_z = \sqrt{\frac{\text{NETD} \cdot \tau_0 \cdot \eta \cdot D^2 \cdot \Omega_d \cdot X}{4h\nu}} \qquad (5\text{-}58)$$

式中，$\int_{\lambda_1}^{\lambda_2} \frac{\partial M_\lambda(T_B)}{\partial T_B} \mathrm{d}\lambda = \int_{\lambda_1}^{\lambda_2} \frac{c_2}{\lambda T_B^2} \cdot M_\lambda(T_B) \mathrm{d}\lambda = X$；NETD 为

$$\text{NETD} = \frac{4\sqrt{A_d \Delta f}}{\tau_0 D^2 D^* \Omega_d \int_{\lambda_1}^{\lambda_2} \frac{\partial M_\lambda(T_B)}{\partial T_B} \mathrm{d}\lambda} \qquad (5\text{-}59)$$

式中，$D^*$ 为探测器的比探测率；$D$ 为系统入瞳直径；$\Delta f$ 为系统带宽；$T_B$ 为测量时的背景温度。

（4）读出噪声与暗电流噪声。

读出噪声与暗电流噪声描述及计算同式（5-31）和式（5-32），这里不再赘述。

（5）系统总噪声和信噪比计算同式（5-33）和式（5-34），这里不再赘述。

3）探测距离估算

根据工程经验及数据处理水平，当信噪比大于 10 时，长波红外测量系统可保证对目标的稳定跟踪。利用 Lowtran7 对 700km 距离处，20km 大气水平能见度，晴朗天气条件下不同观测仰角对应的长波红外大气透过率进行计算。

700km 探测距离不同观测仰角对应的大气透过率和背景辐射计算结果如表 5-12 所示。

表 5-12　700km 探测距离不同观测仰角对应的大气透过率和背景辐射计算结果

| 观测仰角/<br>（°） | 夏季<br>大气透过率 | 冬季<br>大气透过率 | 夏季背景辐射/<br>[W/（m² · sr）] | 冬季背景辐射/<br>[W/（m² · sr）] |
|---|---|---|---|---|
| 5 | 0.06 | 0.24 | 11.4 | 5.21 |
| 10 | 0.17 | 0.38 | 9.59 | 4.09 |
| 15 | 0.25 | 0.46 | 8.51 | 3.41 |
| 20 | 0.31 | 0.52 | 7.69 | 2.98 |
| 30 | 0.39 | 0.58 | 6.60 | 2.49 |
| 50 | 0.48 | 0.65 | 5.49 | 2.01 |
| 70 | 0.52 | 0.68 | 5.01 | 1.78 |
| 85 | 0.53 | 0.69 | 4.91 | 1.80 |

长波红外测量系统观测仰角与大气透过率及天空背景辐射的关系曲线如图 5-12 所示。

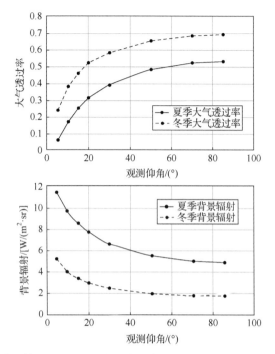

图 5-12　长波红外测量系统观测仰角与大气透过率及天空背景辐射的关系曲线

从图 5-12 可以看出，随着观测仰角的增大，大气透过率也增大，背景辐射减小，而且，夏季大气透过率低于冬季，背景辐射高于冬季，因此，夏季的探测能力不如冬季，系统计算时，按夏季进行分析。

对于长波红外测量系统，代入数据可得，当信噪比为 10 时，在积分时间 $t$=0.5ms，大气水平能见度≥20km，观测仰角≥15°，观测方向与太阳方向夹角≥30°，大气抖动均方根<2″的条件下，长波红外测量系统对直径 $\Phi$=1000mm，长度 $L$=5000mm，温度为 500K 的圆柱体目标的极限探测距离夏季为 700km，冬季为 870km。因此，系统可以满足在上述条件下对目标 700km 的探测距离要求。

不同观测仰角下长波红外测量系统对目标的极限探测距离计算结果如表 5-13 所示。

表 5-13　不同观测仰角下长波红外测量系统对目标的极限探测距离

| 观测仰角/(°) | 夏季长波红外极限探测距离/km | 冬季长波红外极限探测距离/km |
| --- | --- | --- |
| 5 | 500 | 700 |
| 10 | 600 | 800 |
| 15 | 700 | 870 |
| 20 | 760 | 930 |
| 30 | 810 | 1010 |

长波红外测量系统不同观测仰角与目标的极限探测距离关系曲线如图 5-13 所示。

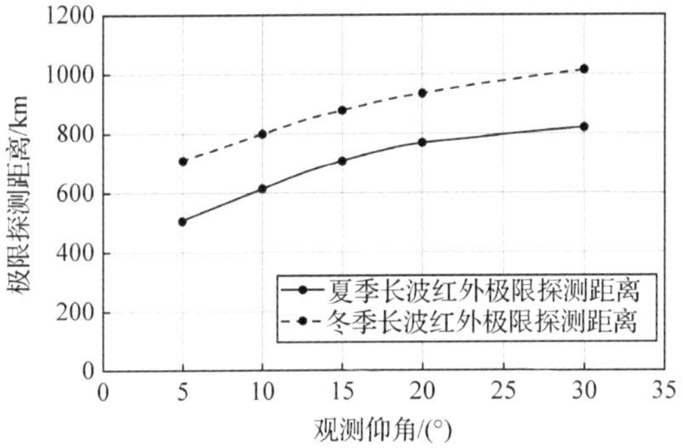

图 5-13　长波红外测量系统不同观测仰角与目标的极限探测距离关系曲线

从以上分析可知，上述系统对目标的探测距离是建立在一定前提条件下的理论计算结果，实际使用过程中，受天气条件、目标姿态、目标在靶面上成像位置及背景杂散光等的影响，实际的探测距离会有所下降。

### 5.4.5　可见光实况景象测量系统探测距离分析

1. 环境约束条件

可见光实况景象测量系统探测距离计算的标准大气条件如下：大气水平能见度≥20km，观测仰角≥5°，太阳高角≥15°，观测方向与太阳方向夹角≥30°，大气抖动均方根≤2″。

2. 目标约束条件

目标长度 $L$=5000mm，直径 $\Phi$=1000mm，表面反射率 $\rho$=0.7。

3. 光学系统及探测器约束条件

可见光实况景象测量系统探测距离计算时光学系统和探测器主要参数如表 5-14 所示。

表 5-14　可见光实况景象测量系统探测距离计算时光学系统和探测器主要参数

| 光学系统参数 | 取值 | 探测器参数 | 取值 |
| --- | --- | --- | --- |
| 口径 | 650mm | 积分时间 | 1ms |
| 焦距 | 2000mm | 探测器规格 | 1920×1080（个像元） |
| 透过率 | 0.61 | 像元尺寸 | 10μm×10μm |
| — | — | 波段范围 | 0.5～0.75μm |
| — | — | 量子效率 | 60% |

4. 探测距离计算过程

首先对探测距离的分析条件进行简化，在指定的要求下，通过计算目标和背景到达探测器靶面的能量，进而计算出目标和背景在探测器靶面的图像信噪比，结合图像处理所需的最小信噪比，最终确定目标的极限探测距离。

（1）在直径方向上，有

$$y'_\Phi = \frac{\Phi \cdot f}{R} \tag{5-60}$$

式中，$y'_\Phi$ 为在直径方向上目标像的大小，单位为 mm；$\Phi$ 为目标直径，单位为 mm；$f$ 为光学系统焦距，单位为 mm；$R$ 为目标距离，单位为 m。

假定光学系统焦距 $f$=2000mm，目标直径 $\Phi$=1000mm，探测距离 $R$=50km 时，计算得 $y'_\Phi$=0.04mm。

（2）在长度方向上（观测方向与目标轴线成 45°），有

$$y'_L = \frac{L \cdot f}{R} \sin 45° \tag{5-61}$$

式中，$y'_L$ 为在长度方向上目标像的大小，单位为 mm；$L$ 为目标长度，单位为 mm。

假定光学系统焦距 $f$=2000mm，目标长度 $L$=5000mm，探测距离 $R$=50km 时，计算得 $y'_L$=0.141mm。

计算结果表明，目标距离为 50km，光学系统焦距 $f$=2000mm，探测器的像元尺寸为 10μm 时，目标在径向方向的像占约 4 个像元，在长度方向上的像（观测方向与目标轴线成 45°夹角时）约占 14 个像元。

通常目标成在靶面上的像大于 3×3 个像元时，该目标被看作面目标，因而可见光实况景象测量系统测量单元可把在 50km 处的目标作为面目标进行探测。

（3）大气透过率计算。

大气可见光波段透过率与地理环境、大气条件、观测仰角及工作波段等因素有关，不同温度/湿度对大气透过率会产生一定影响[29]。因此，利用 MODTRAN 对工作地区的大气透过率参数进行计算，大气水平能见度不小于 20km，大气抖动小于 2″，工作波段为 0.5～0.8μm。不同观测仰角下夏/冬两季对应的大气透过率 $\tau_a$ 结果如表 5-15 和如图 5-14 所示。

表 5-15　不同观测仰角下夏/冬两季对应的大气透过率 $\tau_a$ 结果

| 观测仰角/（°） | 夏季大气透过率 | 冬季大气透过率 |
| --- | --- | --- |
| 5 | 0.08 | 0.09 |
| 10 | 0.21 | 0.24 |
| 15 | 0.33 | 0.36 |

续表

| 观测仰角/(°) | 夏季大气透过率 | 冬季大气透过率 |
|:---:|:---:|:---:|
| 20 | 0.41 | 0.45 |
| 30 | 0.52 | 0.55 |
| 50 | 0.64 | 0.67 |
| 70 | 0.69 | 0.72 |
| 85 | 0.71 | 0.73 |

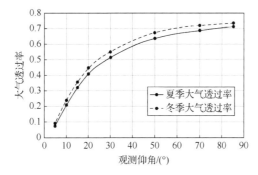

图 5-14　不同观测仰角冬/夏两季对应的大气透过率

（4）目标到达靶面照度计算。

可见光实况景象测量系统相机的灵敏度采用 ISO 6400，对应不同曝光时间时，探测器靶面所需的最低照度如表 5-16 所示。

表 5-16　探测器靶面所需的最低照度

| 积分时间 | 200μs | 500μs | 1ms | 2ms |
|:---:|:---:|:---:|:---:|:---:|
| 最低照度/lx | 0.63 | 0.25 | 0.13 | 0.06 |

地表照度的光能来自太阳光、天穹亮度和大气散射光。因此，目标照度主要来自目标表面反射太阳光、大气散射光和地面反射光。目标表面总亮度为 $B_目$，目标被太阳光照射的表面亮度为 $B_1$，目标受大气散射光及地表反射光照射的亮度为 $B_2$，则

$$B_目 = B_1 + B_2 \qquad (5\text{-}62)$$

式中，$B_1 = \dfrac{\rho E_1}{\pi} \times 10^{-4}$(熙提)，$\rho$ 为目标表面漫反射率，$E_1$ 为太阳光照度；

$B_2 = \dfrac{\rho E_2}{\pi} \times 10^{-4}$(熙提)，$E_2$ 为地表反射光和大气散射光照度，即对应阴影下的

照度。熙提为光亮度单位，写作 sb，$1sb=10^4cd/m^2$。

当太阳高角不同时，地面具有不同的地表照度，不同太阳天顶角下的地面照度如表 5-17 所示。当无云晴朗天气时，根据表 5-17 所列出的数据，可查表得到阴影下的照度 $E_2$（地表反射光和大气散射光照度），通过式（5-63）可计算得出太阳光照度 $E_1$，进而计算得出目标表面亮度 $B_{目}$：

$$E_1 = \frac{E_{sun} - E_2}{\sin\theta}$$ （5-63）

$$B_{目} = \frac{\rho}{\pi} \times (E_1 + E_2) \times 10^{-4}(\text{熙提})$$ （5-64）

目标在靶面上的照度 $E_{目}$ 为

$$E_{目} = \frac{\pi B_{目}}{4}\left(\frac{D}{f}\right)^2 \tau_0 \tau_{大} \times 10^4$$ （5-65）

表 5-17　不同太阳天顶角下的地面照度

| 太阳高角/（°） | 地面上照度/lx | 阴影下照度/lx |
|---|---|---|
| 10 | $1.09 \times 10^4$ | $0.4 \times 10^4$ |
| 15 | $1.86 \times 10^4$ | $0.5 \times 10^4$ |
| 20 | $2.73 \times 10^4$ | $0.7 \times 10^4$ |
| 25 | $3.67 \times 10^4$ | $0.8 \times 10^4$ |
| 30 | $4.70 \times 10^4$ | $0.9 \times 10^4$ |
| 35 | $5.70 \times 10^4$ | $1.0 \times 10^4$ |
| 40 | $6.67 \times 10^4$ | $1.2 \times 10^4$ |
| 45 | $7.59 \times 10^4$ | $1.3 \times 10^4$ |
| 50 | $8.50 \times 10^4$ | $1.4 \times 10^4$ |
| 55 | $9.40 \times 10^4$ | $1.5 \times 10^4$ |
| 60 | $1.02 \times 10^5$ | $1.6 \times 10^4$ |
| 65 | $1.08 \times 10^5$ | $1.7 \times 10^4$ |
| 70 | $1.13 \times 10^5$ | $1.8 \times 10^4$ |
| 75 | $1.17 \times 10^5$ | $1.9 \times 10^4$ |

取系统口径 $D$=200mm，焦距 $f = 2000$mm，光学系统透过率 0.65，观测仰角 5°，太阳高角 15°时，计算得出长焦到达靶面的照度为 2.6lx，满足探测器最小照度要求。

（5）背景到达靶面照度计算。

晴朗天空亮度与大气条件相关，混浊天空的亮度为晴朗天空的一倍以上，甚至两倍多。天空背景辐射亮度随观测天顶角、时间以及太阳天顶角变化而变化。晴朗白天天空背景的辐射亮度随太阳天顶角的减小而增大，早上和傍晚背景辐射亮度小，中午天空背景辐射亮度大。在地面观测太阳附近的天空区域，其亮度可达到 2sb，晴朗天气下整个天空大部分区域的背景辐射亮度为 0.2~0.6sb[30]。利用 MODTRAN 软件对天空背景辐射亮度进行仿真，得到 5°观测仰角条件下，天空背景亮度随太阳高角（背向太阳）的变化如表 5-18 所示。

**表 5-18　天空背景辐射亮度随太阳高角的变化**（探测距离 50km，观测仰角取 5°）

| 太阳高角/（°） | 天空背景辐射亮度/sb |
| --- | --- |
| 15 | 0.448 |
| 20 | 0.444 |
| 30 | 0.438 |
| 45 | 0.435 |
| 60 | 0.421 |

因此，天空背景在可见光探测器焦面上产生的照度 $E_b$ 为

$$E_b = \frac{\pi B_{背}}{4} \left( \frac{D}{f} \right)^2 \tau_0 \qquad (5\text{-}66)$$

式中，$B_{背}$ 为背景辐射亮度；$f$ 为系统焦距；$D$ 为光学系统入瞳；$\tau_0$ 为光学系统透过率。

计算得出，5°观测仰角时天空背景到达靶面照度为 22.8lx。

经计算，不同观测仰角时天空背景到达靶面照度如表 5-19 所示。

**表 5-19　不同观测仰角时天空背景到达靶面照度**（探测距离 200km）

| 太阳高角/（°） | 天空背景到达靶面照度/lx |
| --- | --- |
| 15 | 22.81 |
| 20 | 22.65 |
| 30 | 22.34 |
| 45 | 22.19 |
| 60 | 21.40 |

5. 探测距离估算

1）目标光子数

到达探测器靶面上一个像元内的目标光子数 $N_t$ 为

$$N_t = E_\text{目} \cdot A_\text{d} \cdot \eta \cdot t_\text{int} \cdot \lambda / (h \cdot c) \tag{5-67}$$

式中，$t_\text{int}$ 为探测器积分时间；$A_\text{d}$ 为像元面积，$A_\text{d} = p^2$，$p$ 为像元尺寸；$\eta$ 为探测器量子效率；$\lambda$ 为中心波长。

2）背景噪声

对于天空背景在探测器焦面一个像元内产生的电子数 $N_\text{b}$ 为

$$N_\text{b} = \frac{E_\text{b} \cdot A_\text{d} \cdot t_\text{int} \cdot \eta \cdot \lambda}{h \cdot c} \tag{5-68}$$

背景噪声为

$$n_\text{b} = \sqrt{N_\text{b}} \tag{5-69}$$

3）信噪比计算

系统信噪比模型为

$$\text{SNR} = \frac{N_t}{n} = \frac{N_t}{\sqrt{n_t^2 + n_\text{b}^2 + n_\text{read}^2 + n_\text{d} \cdot t_\text{int}}} \tag{5-70}$$

式中，$n_\text{read}$ 为读出噪声；$n_\text{d}$ 为暗电流噪声。

由目标照度分析可以看出，低仰角观测目标时目标能量弱，背景能量强，此时信噪比最低，若此时信噪比满足要求，则高仰角也能满足要求，因此只计算 5° 观测仰角信噪比。

通过式（5-70），计算得出 5° 观测仰角时系统信噪比为 27.68，满足系统探测要求。

4）对比度计算

可见光波段在对面目标进行识别、跟踪和探测时，主要依靠目标与所处背景的对比度进行分析，达到把目标与背景区分开的目的。

面目标对比度 $C_\text{目}$ 的判别准则为

$$|C_\text{目}| = \left| \frac{E_\text{目} - E_\text{背}}{E_\text{背}} \right| \geqslant 0.03 \tag{5-71}$$

当 $C_\text{目} \geqslant 0$ 时为正对比，即亮目标暗背景；当 $C_\text{目} \leqslant 0$ 时为负对比，即暗目标亮背景。

经计算得出观测仰角 5°，太阳高角 15°，观测方向与太阳方向夹角 $\geqslant 30°$ 条件下，目标与背景在靶面上的对比度 $|C_\text{目}| = 0.042 > 0.03$，满足对比度探测要求。因此，可见光实况景象测量系统在上述条件下，可以满足对目标 50km 的成像要求。

随着仪器仰角的增加，大气透过率增加，背景辐射亮度减小，系统的探测能力有所提升。上述探测距离计算是建立在一定前提条件下的理论计算，实际使用过程中，受天气条件、目标姿态、目标在靶面上成像位置及背景杂散光等的影响，探测距离会有所变化[31]。

### 5.4.6　标定精度分析

系统标定误差来源主要有两类，一类是随机误差，符合正态分布函数，通过重复测量可降低其影响；另一类是系统误差，没有固定规律，试验中可以通过同源标定等方法去除其影响。影响不确定度计算的主要因素：红外测量设备的性能、黑体的性能以及标定计算的误差，等等[32]。

#### 1. 定量标定和非均匀性校正

标定过程包括两个方面的内容：传感器的定量标定和非均匀性校正。定量标定的处理流程如图 5-15 所示。

曲线拟合算法的本质是解超定方程组，可以用许多不同的方法定义最佳拟合，理论上存在无穷数目的拟合曲线，因此必须选择一个最佳拟合的标准和方法。目前计算机软件里常用的曲线拟合方法有 Excel 中的回归线法、MATLAB 中的 polyfit 函数等。这些方法简单实用，但拟合精度和稳定性都不高。

软件设计中基于线性最小二乘法原则，利用矩阵的正交三角化法求解超定方程组解的方法，可拟合直线和多次曲线，拟合精度高，同时实现了算法的计算机语言化，计算速度快[33]。

非均匀性校正技术是红外焦平面阵列成像处理中必不可少的预处理技术。目前工程应用中采用的非均匀校正方法各有优劣，一点校正法和二点校正法具有算法简单、标定方便、运算量小的优点，但在场景温度动态范围较大时，响应的非

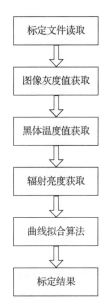

图 5-15　定量标定的处理流程

线性导致校正效果不理想。现有测量系统的标定校正大多是建立在线性或分段线性的理论模型基础上的，在这一理论模型的局限下，非均匀性对测量精度的影响不可忽略。探测器自身的非均匀性修正不完善，使得红外焦平面传感器采集的红外图像呈现不同程度的不均匀，不仅影响图像的视觉效果，而且很大程度影响后续定量标定处理的精度。因此，对一套焦平面成像测量系统来说，建立较为完善的非均匀性校正机制是非常必要的。

### 2. 不确定度分析

不确定度分析又称误差分析，当测试技术正确时，误差是一种错误，是应该避免的，从理论上来讲，误差是可以消除的，至少可以明显减少到不影响测量结果的程度。准确定量分析整个标定过程的不确定度是一个难点。

对于红外热成像系统而言，高温目标辐射计算中辐射面积的选取直接影响辐射计算的精度。辐射边界的选择原则直接影响后续的计算结果。

不确定度计算功能模块的软件流程如图 5-16 所示。

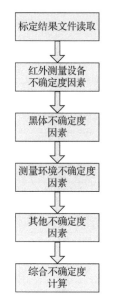

图 5-16　不确定度计算功能
模块的软件流程

通常意义的误差是一个笼统的概念，在定量测量中测量结果需要用不确定度来表述。例如，红外热像仪由于自身响应的局限性，对其不确定度评价不是单一数值能体现的，需要针对传感器的自身性能做出对应的不确定度评价准则[34]，如热像仪图像分布定量不确定度估计值，热像仪图像平均不确定度估计值，不同环境下的不确定度估计值等。利用实测标定数据，结合时域和空域的统计分析，给出由测量数据统计分析的不确定度计算值。

系统的标定误差主要是指系统进行量纲转换的量化不确定度，具体量化过程通过黑体标准源对设备进行系统标定完成，涉及的主要误差源和不确定参数如下所述。

（1）标准红外辐射源辐射量的计量标定不确定度（$u_1$）：4%。

（2）红外成像系统噪声及数据量化等带来的测量不确定度（$u_2$）：0.8%。

（3）标定系数计算误差，拟合算法与真实数据的偏差引入的不确定度（$u_3$）：3%。

（4）标定设备自身工作稳定性带来的不确定度（$u_4$）：3%。

（5）环境条件差异造成的不确定度（$u_5$）：3%。

（6）合成标准不确定度按式（5-72）计算：

$$u_c = \left[ \sum_{i=1}^{n} u_i^2 \right]^{1/2} \qquad (5\text{-}72)$$

合成标准不确定度 $u_c$=8.4%，满足标定误差小于 10% 的要求。

为了获取高置信度目标特性数据，支撑目标特性模型校核与红外目标测量的应用，除在交付后进行实验室标定和外出复核标定之外，还需要对红外辐射测量系统进行出厂前的精度标定，为此需建立特定环境温度段温度与红外响应度的关系曲线。

出厂前精度标定包括两个部分：常温常压环境下的实验室标定和模拟外场环境下的实验室标定。常温常压环境下的实验室标定可以获得红外设备在常温常压环境下的光电响应曲线，对设备状态与性能进行摸底和评估；模拟外场环境下的实验室标定需要在环境模拟装置中进行，可以获得红外设备在外场环境工作状态下的响应度曲线。

3. 保精度动态测量范围

一般分波段辐射测量的动态范围要求：短波红外（1～3μm）≥60dB；中波红外（3～5μm）≥47dB；长波红外（8～12μm）≥30dB。

根据要求的动态范围，结合红外特性测量常用的温度范围，将辐照度动态范围换算成测温范围，红外保精度动态测温范围如表 5-20 所示。

表 5-20　红外保精度动态测温范围

| 波段/μm | 测温范围/℃ | | 动态范围/dB |
|---|---|---|---|
| 1～3 | 100 | 2100 | 60.1 |
| 3～5 | −10 | 1200 | 47.6 |
| 8～12 | −70 | 1500 | 30.4 |

对常用型号红外热像仪的动态范围进行测试发现，常温环境下，不加外部衰减片时，中波红外热像仪能保证测量精度的动态范围约为 12dB，长波红外热像仪能保证测量精度的动态范围约为 8.3dB，未达到要求的中波红外（3～5μm）的测量精度动态范围≥47dB，长波红外（8～12μm）的测量精度动态范围≥30dB 的测量精度动态范围，需要给红外测量单元加装衰减片[35]。经分析计算，中波红外探测器需要加装 1 片 2%、1 片 0.5%的衰减片，长波红外探测器需要加装 1 片 10%、1 片 1%的衰减片。对加装衰减片后的测温范围进行计算，中波红外热像仪测温范围计算结果如表 5-21 所示，长波红外热像仪测温范围计算结果如表 5-22 所示。

表 5-21　中波红外热像仪测温范围计算结果

| 衰减片 | 积分时间/ms | 测温范围/℃ | | 备注 |
|---|---|---|---|---|
| 无衰减 | 4 | −10 | 85 | −10～1300℃ |
| 无衰减 | 1 | 45 | 150 | |

| 衰减片 | 积分时间/ms | 测温范围/℃ | | 备注 |
|---|---|---|---|---|
| 无衰减 | 0.5 | 90 | 200 | |
| 2% | 4 | 150 | 330 | |
| 2% | 1 | 250 | 500 | −10～1300℃ |
| 2% | 0.5 | 350 | 650 | |
| 0.5% | 0.5 | 600 | 1300 | |

**表 5-22　长波红外热像仪测温范围计算结果**

| 衰减片 | 积分时间/μs | 测温范围/℃ | | 备注 |
|---|---|---|---|---|
| 无衰减 | 400 | −70 | 60 | |
| 无衰减 | 200 | 5 | 130 | |
| 无衰减 | 50 | 90 | 330 | |
| 10% | 400 | 80 | 350 | −70～ |
| 10% | 200 | 180 | 550 | 1500℃ |
| 10% | 100 | 220 | 900 | |
| 1% | 400 | 400 | 1500 | |

由表 5-21、表 5-22 的计算结果可以得出结论：加装衰减片后，中、长波红外探测器可满足要求的保精度动态测量范围要求。

4. 系统定量分析结果不确定度分析

辐射计算公式是根据成像原理和能量守恒定律推导出来的，理论上它是计算目标辐射强度比较理想的公式，但对实际的计算结果精度需要做进一步的误差分析和修正。根据计算公式和原理，计算误差主要来自以下四个方面。

（1）辐射亮度的测量误差；

（2）目标能量扩展像元大小 $N$ 的选取误差；

（3）探测距离 $R$ 的测距误差；

（4）大气修正的误差，包括大气透过率 $\tau_{air}$ 和大气程辐射 $L_{air}$ 的计算误差等[36]。

1）辐射亮度计算不确定度

测量的定量不确定度用 $(\Delta L)^2$ 表示，其大小主要取决于标定的不确定度和量化不确定度，通常要求 $(\Delta L / L)^2 = 0.01$。

2）目标能力扩展像元大小不确定度

$(\Delta N)^2$ 属于目标区域选取的不确定度，数值大小主要取决于成像质量。喷焰和背景的对比度直接影响喷焰边缘的确定，如果对比度高，则目标和背景的灰阶变化明显，目标边缘很容易确定，而且置信度较高；反之，如果对比度低，目标边缘很难确定，目标廓线的置信度比较低[37]。此外，还有一种情况，目标弥散充满视场，如喷焰等，背景和喷焰尾烟很难区分，这种情况下目标和背景的界定原则是一个关键因素。目标区域选择引起的测量结果不确定度估计，属于 A 类不确定度。由前面的试验验证分析可知，目标区域选取对辐射的计算结果影响最大，对于图像信噪比 SNR>5 的目标，通过分析可得目标区域不确定度应该在 10%之内[38]。

3）斜距 $R$ 不确定度估计

斜距计算的不确定度主要取决于实测数据的精度和各测站点的大地坐标测量精度。斜距引起的测量结果不确定度估计，属于 A 类不确定度，目前远距离测距的误差相对较小，一般在 5%以内。

4）大气修正不确定度估计

大气传输误差项用$(\Delta\tau_{air})^2$表示，主要根据测量的气象参数用大气传输模型计算大气透过率，假设在理想的测量条件下进行，$(\Delta\tau_{air})^2$为 15%左右。考虑到测量系统自身的不稳定性，如非均匀性 3%，随环境温度变化的温度漂移有 5%，光谱响应修正误差，环境修正误差等，最终外场试验的目标特性测量辐射不确定度在30%以内。

## 5.4.7　指向精度分析

指向精度是指目标的实际位置与测量定位设备实际测量的位置之间的误差，通常用长度单位米或角度值表示。

### 1. 系统动态误差增量计算

1）测角系统误差

测角系统的精度由编码器的位数决定，编码器位数越多，测量角精度越高。在选择编码器位数时，要与实际的测量要求相适应，不要过度追求高精度。如果一个测角系统由 29 位编码器完成，根据其标称值，角度分辨率为 0.0024″。计算时按照最大测角系统误差进行。

2）视轴误差

随着镜头俯仰角度变化，重力会导致视轴偏离理论位置，发生视轴倾斜，造成视轴误差。在实际设备视轴进行标校时，会对视轴不同角度的倾斜量进行测量，并拟合出误差曲线，进行视轴误差补偿。根据以往的标校经验，视轴误差取值3″。

3）动态误差增量

系统动态误差增量如表 5-23 所示。

**表 5-23　系统动态误差增量**　　　　　　　　　　（单位：(″)）

| 序号 | 误差来源 | 误差值 |
|---|---|---|
| 1 | 外时统采样误差 $\Delta A_1 = A \cdot \Delta t_1$ | 0.072 |
| 2 | 内同步误差 $\Delta A_2 = A \cdot \Delta t_2$ | 0.0013 |
| 3 | 像移误差 $\Delta A_3 = 1/2\Delta A \cdot t_3$ | 0.378 |
| 4 | 轴系动态变形误差 $\Delta A_4$ | 1.00 |
| 5 | 风力变形误差 $\Delta A_5$ | 0.32 |
| 6 | 日照温差变形误差 $\Delta A_6$ | 1.20 |
| 7 | 其他误差 $\Delta A_7$ | 1.00 |
| 8 | 均方差 | 2.20 |

（1）外时统采样误差 $\Delta A_1$。

由 $\dot{A} = 30(°)/s$（仪器保精度工作角速度），$\Delta t_1 = 20\mu s$（各台主机外同步误差），得

$$\Delta A_1 = 20 \times 10^{-6} s \times 3600(″)/s = 0.072″ \tag{5-73}$$

（2）内同步误差 $\Delta A_2$。

动态跟踪测量时，仪器与目标相对速度最大误差为 0.1°，其均方差为

$$\Delta \dot{A} = \frac{0.1°}{\sqrt{2}} = 0.07° \tag{5-74}$$

设 $\Delta t_2$ 为摄像平均曝光时刻与测角系统采样时刻不同步误差，取为 0.005ms，则 $\Delta A_2$ 为

$$\Delta A_2 = 0.07 \times 3600 \times 0.005 \times 10^{-3} = 0.0013(″) \tag{5-75}$$

（3）像移误差 $\Delta A_3$。

设 $t_3$ 为积分时间，$t_3 = 0.003s$（电子快门曝光时间压缩到 3ms），则

$$\Delta A_3 = \frac{1}{2} \times 0.07 \times 3600 \times 0.003 = 0.378(″) \tag{5-76}$$

（4）轴系动态变形误差。

轴系动态变形误差与加速度有关：

$$\Delta A_4 = 1.00″ \tag{5-77}$$

（5）风力变形误差。

取最大承受的是 8 级风，风速为 18m/s，计算风力对经纬仪轴系（垂直轴）变形误差的影响。风力计算公式为

$$F = P \cdot C_{\mathrm{d}} \cdot \mu_s S = \frac{1}{2} \rho V^2 \cdot C_{\mathrm{d}} \cdot \mu_s S \qquad (5\text{-}78)$$

式中，$P$ 为风压；$C_{\mathrm{d}}$ 为风阻系数；$S$ 为迎风面积；$\mu_s$ 为面型修正系数。

经计算可知，计算值考虑正面迎风。在此计算中，取迎风面积 $S = 2.2\mathrm{m}^2$，则风力 $F = 460.8\mathrm{N}$。

估计风力带来的变形误差为

$$\Delta A_5 = 0.32'' \qquad (5\text{-}79)$$

（6）日照温差变形误差。

为了减小日照温差误差，使用过程中避免仪器长时间被日光照射，这是使用时特别要注意的操作事项。根据以往的设计及外场应用结果，得到经验值如下：

$$\Delta A_6 = 1.2''$$

**2. 主光学分系统测角总误差分析**

不同波段分系统典型参数见表 5-24。

**表 5-24　不同波段分系统典型参数**

| 不同波段分系统 | 焦距/mm | 像元尺寸/（μm×μm） |
|---|---|---|
| 可见光 | 2000/4000 | 10×10 |
| 短波红外 | 1300/2600 | 15×15 |
| 中波红外 | 2600 | 24×24 |
| 长波红外 | 1300 | 15×15 |

以下依次进行主光学分系统各波段的测角总误差的分析。

1）可见光光学系统指向精度

当焦距 $f=2000\mathrm{mm}$ 时，每一个像元对应的量化角值为

$$\sigma_0 = \frac{0.01 \times 3600 \times 180}{3.14 \times 2000} = 1.03('') \qquad (5\text{-}80)$$

当焦距 $f=4000\mathrm{mm}$ 时，每一个像元对应的量化角值为

$$\sigma_0 = \frac{0.01 \times 3600 \times 180}{3.14 \times 4000} = 0.52('') \qquad (5\text{-}81)$$

由计算结果可知，可见光测量系统在 65°高角，$f=2000\mathrm{mm}$ 时仪器指向测角总误差为，方位：$\sigma_{方} = 4.14''$，俯仰：$\sigma_{俯} = 4.06''$；$f=4000\mathrm{mm}$ 时仪器指向测角总误差为，方位：$\sigma_{方} = 4.13''$，俯仰：$\sigma_{俯} = 3.96''$。

2）长波光学系统指向精度

当焦距 $f=1300$mm 时，每一个像元对应的量化角值为

$$\sigma_0 = \frac{0.015 \times 3600 \times 180}{3.14 \times 1300} = 2.38('') \qquad (5\text{-}82)$$

判读误差为

$$\Delta_1 = \frac{1}{2} \times \frac{1}{\sqrt{3}} \times \sigma_0 = \frac{1}{2} \times \frac{1}{\sqrt{3}} \times 2.38 = 0.69('') \qquad (5\text{-}83)$$

由计算结果可知，红外测量系统在 65° 高角时，长波红外指向测角总误差为，方位：$\sigma_{方} = 4.62''$，俯仰：$\sigma_{俯} = 3.80''$。

3）中波光学系统指向精度

当焦距 $f=2600$mm 时，每一个像元对应的量化角值为

$$\sigma_0 = \frac{0.024 \times 3600 \times 180}{3.14 \times 2600} = 1.90('') \qquad (5\text{-}84)$$

判读误差为

$$\Delta_1 = \frac{1}{2} \times \frac{1}{\sqrt{3}} \times \sigma_0 = \frac{1}{2} \times \frac{1}{\sqrt{3}} \times 1.90'' = 0.55('') \qquad (5\text{-}85)$$

由计算结果可知，红外测量系统在 65° 高角时，中波红外指向测角总误差为，方位：$\sigma_{方} = 4.59''$，俯仰：$\sigma_{俯} = 3.71''$。

4）短波光学系统指向精度

当焦距 $f=2600$mm 时，每一个像元对应的量化角值为

$$\tau_0 = \frac{0.015 \times 180 \times 3600}{2600 \times 3.14} = 1.19('') \qquad (5\text{-}86)$$

判读误差为

$$\Delta_1 = \frac{1}{2} \times \frac{1}{\sqrt{3}} \times \sigma_0 = \frac{1}{2} \times \frac{1}{\sqrt{3}} \times 1.19 = 0.34('') \qquad (5\text{-}87)$$

由计算结果可知，红外测量系统在 65° 高角，$f=2600$mm 时仪器指向测角总误差为，方位：$\sigma_{方} = 4.54''$，俯仰：$\sigma_{俯} = 3.61''$。

## 小　　结

本章介绍了光学设备设计过程的系统工程方法及主要内容，分别介绍了光学设备应遵循的原则设计、规模设计、分系统工程设计、指标计算等方面的方法和原理，并对典型系统的计算方法进行了数据示例。

# 参 考 文 献

[1] 刘蕴才. 导弹卫星测控系统工程(上、下册)[M]. 北京: 国防工业出版社, 1996.

[2] 石顺祥, 王学恩. 物理光学与应用光学[M]. 3 版. 西安: 西安电子科技大学出版社, 2018.

[3] 郝伟, 谢梅林, 冯旭斌. 光学精密测量技术[M]. 沈阳: 沈阳出版社, 2021.

[4] 曹晨, 李江勇. 机载远程红外预警雷达系统[M]. 北京: 国防工业出版社, 2017.

[5] 苏秀琴, 郝伟, 李哲. 一种基于光电经纬仪的数据预测跟踪技术[J]. 光子学报, 2008(7): 1464-1467.

[6] 郁道银, 谈恒英. 工程光学[M]. 3 版. 北京: 机械工业出版社, 2002.

[7] 褚君浩, 杨平雄. 光电转换导论[M]. 北京: 科学出版社, 2020.

[8] 唐晋发, 顾培夫. 现代光学薄膜技术[M]. 杭州: 浙江大学出版社, 2006.

[9] 潘家轺. 现代生产管理学[M]. 4 版. 北京: 清华大学出版社, 2018.

[10] 姬晓鹏. 基于卷积神经网络的无透镜成像技术研究[R]. 西安: 中国科学院西安光学精密机械研究所, 2023.

[11]《红外与激光工程》编辑部. 红外成像系统测试与评价[R]. 天津: 《红外与激光工程》编辑部, 2006.

[12] 黄建平. 物理气候学[M]. 北京: 气象出版社, 2018.

[13] 邓庆绪, 张金. 物联网中间件技术与应用[M]. 3 版. 北京: 机械工业出版社, 2021.

[14] 马洪连, 丁男. 物联网感知、识别与控制技术[M]. 2 版. 北京: 清华大学出版社, 2012.

[15] 范丽. 卫星星座理论与设计[M]. 北京: 科学出版社, 2008.

[16] 高梅国, 付佗. 空间目标监视和测量雷达技术[M]. 北京: 国防工业出版社, 2017.

[17] 何照才. 光学测量系统[M]. 北京: 国防工业出版社, 2002.

[18] 杨宜禾, 岳敏. 红外技术[M]. 2 版. 北京: 国防工业出版社, 2017.

[19] 王大珩. 现代光学与光子学的进展[M]. 天津: 天津科学技术出版社, 2002.

[20] WILLIAM W. 光电与红外系统的系统工程与分析[M]. 范晋祥, 张坤, 译. 北京: 国防工业出版社, 2019.

[21] PIETER A J. 地面目标和背景的热红外特性[M]. 吴文健, 胡碧茹, 译. 北京: 国防工业出版社, 2004.

[22] 乐嘉陵. 再入物理[M]. 北京: 国防工业出版社, 2005.

[23] 张义光, 杨军, 朱学平, 等. 非制冷红外成像导引头[M]. 西安: 西北工业大学出版社, 2009.

[24] 王志臣, 张艳辉, 乔兵. 望远镜跟踪架结构形式及测量原理浅析[J]. 长春理工大学学报(自然科学版), 2010, 1(33): 18-21.

[25] 王志峰, 姚治海, 高超, 等. 光场强度分布对鬼成像成像质量的影响[J]. 长春理工大学学报(自然科学版), 2018, 41(1): 22-25.

[26] 钱学森. 论系统工程[M]. 上海: 上海交通大学出版社, 2007.

[27] 曾声奎. 可靠性设计与分析[M]. 北京: 国防工业出版社, 2011.

[28] 胡湘洪, 高军, 李劲. 可靠性试验[M]. 北京: 电子工业出版社, 2015.

[29] SCHMIDHUBER J. Deep learning in neural networks: An overview[J]. Neural Networks, 2015, 61: 85-117.

[30] HU S W, SONG X L, ZHANG H. Integrated system of azimuth structure for extremely large telescopes[J]. Optics and Precision Engineering, 2018, 26(4): 850-856.

[31] STOKES G H, BRAUN C, SRIDHARAN R, et al. The space-based visible program[J]. Lincoln Laboratory, Journal, 1998, 11(2): 205-238.

[32] 涂文斌. 空间机动目标跟踪方法研究[D]. 上海: 上海交通大学, 2012.

[33] 杨榜林, 岳全发, 金振中. 军事装备试验学[M]. 北京: 国防工业出版社, 2002.

[34] 莫年祥, 廖学军. 试验数据处理与应用[M]. 北京: 国防科工委指挥技术学院出版社, 2001.

[35] 王鲲鹏. 靶场图像目标检测跟踪与定姿技术研究[D]. 长沙: 国防科学技术大学, 2010.

[36] LIU F, CAO L, SHAO X P, et al. Polarimetric dehazing utilizing spatial frequency segregation of images[J]. Applied Optics,2015,54(27):8116-8122.

[37] 郝伟, 苏秀琴, 杨小君, 等. 基于队列式缓存结构的视频图像存储算法[J]. 光子学报, 2006, 35(9): 1431-1434.

[38] XIE M L, MA C W, HAO W. The application of active polarization imaging technology of the vehicle theodolite[J]. Optics Communications, 2019, 433: 74-80.

# 第 6 章　光学设备设计管理

全寿命周期管理是指在设计阶段就考虑到产品寿命历程的所有环节，将所有相关因素在产品设计阶段得到综合规划和优化的一种设计理论。全寿命周期设计意味着设计产品不仅是设计产品的功能和结构，而且要设计产品的规划、设计、生产、经销、运行、使用、维护保养，直到回收再进行处置的全寿命周期过程[1]。

光学设备的全寿命周期管理越来越受到研制单位和用户的重视，特别是在使用和维护阶段。全寿命周期管理的设计和制造理念，给设备使用和运维带来了非常有益的方便性和可靠性，对提高使用效率、节约资源和人力成本起到了可观的价值体验。

本章从"六性"的设计原则出发，对光学设备的全寿命周期管理进行全面阐述。

## 6.1　可靠性设计

保障性设计的原则和方法是结合建设要求和使用需求，确保设备具有良好的战备完好性和任务完成性，满足设备通用质量特性（可靠性、维修性、安全性、环境适应性、保障性和测试性，以下简称"六性"）指标要求。在设计时，针对不同的关键系统采取相应的可靠性设计措施；通过软件化、智能化设计（减少硬件的品种、数量），抗风、防雷、三防设计等环境适应性设计及安全性设计等设计手段，降低对维修人力和保障资源的要求、减少全寿命周期费用、确保人身和产品安全，以达到"高可靠、长寿命、好维修、易测试、好保障、保安全"的设计目标[2]。

### 6.1.1　概述

产品可靠性是全寿命周期管理的指标要求，可靠性是由设计决定的。要想使产品具有较高的可靠性，首先要有良好的设计，设计过程中选用的设计标准在符合现行各种标准的前提下建立可靠的模型和指标分配模型。

针对各分系统特点，首先制订可靠性设计准则，对光机结构、信息传输组件、信息处理平台等重要部分采取相应的可靠性设计措施，对可靠性重要件和关键件提出可靠性控制措施。

设计阶段要制订可靠性强化方法、可靠性增长方法和可靠性仿真试验方案。

通过试验，暴露设备可靠性薄弱环节，在后续研制过程中，采取相应的改进措施，以消除影响产品可靠性水平的设计缺陷，保证产品可靠性满足指标要求[3]。

## 6.1.2 技术指标

可靠性是实现系统各种设计指标的关键环节，按照光学设备常规的可靠性要求进行以下分析、计算。一般的可靠性指标要求如下所述[4]。

连续工作时间：$T_{c} \geqslant 8h$。

整机平均故障间隔时间：MTBF$\geqslant$200h。

平均故障修复时间：MTTR$\leqslant$0.5h。

日历寿命：15a。

根据上述要求可以算出系统的可靠度 $R$ 为

$$R = \mathrm{e}^{-\lambda t} = \mathrm{e}^{\frac{t}{\mathrm{MTBF}}} = \mathrm{e}^{\frac{8}{200}} = 0.9608 \tag{6-1}$$

## 6.1.3 系统可靠性模型

可靠性模型是为了预计或估算产品的可靠性所建立的可靠性框图和数学模型。可靠性模型随可靠性和其他相关试验获得的信息及产品结构、使用要求和使用约束条件等方面改变而修改，其分配、预计是一个反复迭代的过程。可靠性建模、分配和预计流程如图 6-1 所示。

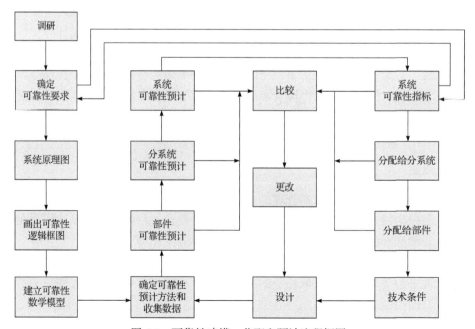

图 6-1　可靠性建模、分配和预计流程框图

基本可靠性模型用于估计产品及其组成单元故障引起的维修及保障要求。系统中任一单元（包括贮备单元）发生故障后，都需要维修或更换，故基本可靠性模型为串联模型，即使存在冗余单元，也按串联处理。

典型全系统光学设备结构模型如图 6-2 所示。

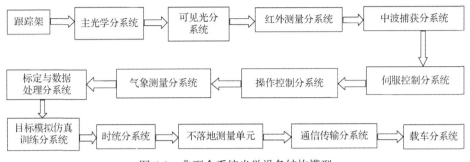

图 6-2　典型全系统光学设备结构模型

### 6.1.4　可靠性分配

可靠性分配就是将系统提出的可靠性指标，自上而下，从整体到局部，逐步分解，分配到各分系统及设备的过程。

1）分配指标

在基本可靠性设计目标值 MTBF≥200h 的基础上增加 25%的设计余量进行可靠性分配，即 MTBF≥250h。

2）分配方法

用评分分配法对系统进行可靠性指标分配。其评分准则如下所述。

从复杂度考虑：系统构成越复杂，元器件数量越多，组装越困难，评分越高，最复杂的评 10 分，最简单的评 1 分；

从环境条件考虑：所处工作环境越差，评分越高；

从重要度考虑：各分系统重要度越高，评分越低，反之越高；

从技术水平考虑：分系统技术成熟度越高，评分越低，反之越高。

MTBF 的评分分配法的计算公式为

$$\mathrm{MTBF}_j = \frac{\sum\limits_{j=1}^{N}\prod\limits_{i=1}^{n}K_{ji}}{\prod\limits_{i=1}^{n}K_{ji}}\mathrm{MTBF}_s \qquad (6\text{-}2)$$

式中，$K_{ji}$ 为第 $j$ 个系统第 $i$ 个因素的评分数，$i$=1 代表复杂度，$i$=2 代表技术水平，$i$=3 代表环境因素，$i$=4 代表重要度；$\mathrm{MTBF}_j$ 为第 $j$ 个系统平均故障间隔时间；$\mathrm{MTBF}_s$ 为整机平均故障间隔时间。

### 6.1.5　可靠性预计

进行可靠性预计时，光学、机械部分采用的是相似产品法，电子元器件采用的是元器件计数法。系统在进行可靠性预计时，环境条件按恶劣地面固定二级考虑。本节可靠性预计的基本数学公式如下所述。

（1）系统的工作失效率 $\lambda_s$ 为

$$\lambda_s = \sum_{i=1}^{n} \lambda_i \tag{6-3}$$

式中，$\lambda_s$ 为系统的工作失效率；$\lambda_i$ 为第 $i$ 个分系统的工作失效率。

（2）系统的平均故障间隔时间（MTBF）为

$$\mathrm{MTBF} = \frac{1}{\lambda_s} \tag{6-4}$$

（3）元器件计数法所用的数学公式为

$$\lambda_c = \sum_{i=1}^{n} N_i \lambda_{\mathrm{G}i} \pi_{\mathrm{Q}i} \tag{6-5}$$

式中，$\lambda_c$ 为总的设备失效率；$\lambda_{\mathrm{G}i}$ 为第 $i$ 种元器件的通用失效率；$\pi_{\mathrm{Q}i}$ 为第 $i$ 种元器件的质量系数；$N_i$ 为第 $i$ 种元器件的数量。

### 6.1.6　故障模式影响及危害性分析

1）故障模式影响及危害性分析的目的

通过故障模式影响及危害性分析（FMEA），找出系统可能出现的故障模式，分析各种故障模式产生的原因及对整个系统功能的影响，从而发现危害度大的故障，以便采取措施，改进设计，提高产品的可靠性。FMEA 将在工程设计开始后进行。

2）故障判据

凡是发生影响系统完成规定任务的事件统称为故障。根据相关的标准要求，光学设备一般将系统故障分为三级。

一级故障：丧失功能故障。设备丧失全部或主要规定功能。

二级故障：性能退化故障。被试设备规定的技术参数中有一项或几项超出规定的容差。

三级故障：轻微故障。被试设备虽然发生了故障，但仍可全功能工作。

3）严酷度分类

严酷度分类是给产品故障造成的最坏潜在后果规定一个量度。可以将每一故障模式和每一被分析的产品按下列对损失程度的表述进行分类。

Ⅰ类（灾难的）：会引起人员死亡或系统毁坏的故障。

Ⅱ类（致命的）：这种故障会引起人员的严重伤害、重大经济损失或导致任务失败的系统严重损坏。

Ⅲ类（临界的）：这种故障会引起人员的轻度伤害、一定的经济损失或导致任务延误或降级的系统轻度损坏。

Ⅳ类（轻度的）：不足以导致人员伤害、一定的经济损失或系统损坏的故障，但会导致非计划性维护或修理。

4）发生概率等级规定

按故障模式发生的概率来评价 FMEA 中规定的故障模式，现将故障模式的发生概率等级做如下规定。

A 级（经常发生）：在产品工作期间某一故障模式的发生概率大于产品在该期间总故障概率的 20%；

B 级（有时发生）：在产品工作期间某一故障模式的发生概率大于产品在该期间总故障概率的 10%，但小于 20%；

C 级（偶然发生）：在产品工作期间某一故障模式的发生概率大于产品在该期间总故障概率的 1%，但小于 10%；

D 级（很少发生）：在产品工作期间某一故障模式的发生概率大于产品在该期间总故障概率的 0.1%，但小于 1%；

E 级（极少发生）：在产品工作期间某一故障模式的发生概率小于产品在该期间总故障概率的 0.1%。

## 6.1.7 可靠性设计准则与措施

1）系统简化设计

系统的故障具体表现在元件、零部件的失效，元件、零部件越多，失效的机会也越大。因此，在满足总体战技性能指标的前提下，从电路设计到系统结构，尽量简化系统配置，减少硬件和软件的数量和规模，在设计中注重标准化和规范化。但是，简化设计不能给其他电路或结构增加不合理的应力。

2）采取防尘、防沙、防雨、防雪、防腐措施

（1）设备面板安装均要求接触紧密，不留缝隙，所有通风孔均安装防尘网。经纬仪配备防水材料、防雨罩。

（2）电缆采用防水护套，选用防水接头或接头处采用防水胶带密封。电缆接头带有保护盖，平时将其拧在接头上以起到防尘、防沙的保护作用。

（3）相机与镜头安装箱内放置干燥剂、防止霉变。

3）电子元器件的降额设计

一般来说，元器件的失效率随所施加应力的降低而降低，因此应使元器件在低于其额定值的应力条件下工作。各类电子元器件，都有其最佳的降额范围[5]。此时，工作应力的变化对其失效率有明显的影响，设计上也容易实现，并且在设备体积、质量和成本方面不会付出太大的代价。

4）电路的热设计

电子设备在工作过程中由于功耗所产生的热量，其失效率大大增加，许多器件在环境温度每提高 10℃时失效率增大一个数量级，直接影响系统可靠性，因此对电子设备的热设计是系统设计过程中的一个重要环节。

热设计主要从以下几方面进行考虑。

（1）选用耐热性和热稳定性好的元件和材料。

（2）在电路设计中尽量减少发热元件的数量，选用小功率的器件，从而减少设备的发热量。

（3）合理布放器件，发热量大的器件尽量靠近通风口。

（4）机柜设计时加散热片和风机。

（5）对温度不能太低的系统增加电热装置，在环境温度过低时，提高系统的小环境温度。

5）电源电路的防护设计

电源与负载间过流保护设计是系统供配电中一项重要工作。在设计中可以采取以下措施。

（1）采用的短路保护措施尽量分散到模块单元或单元线路，采用分级设置；一旦出现输出负载对地短路故障，分系统电源自身不会被损坏，同时不会影响供电总系统。

（2）为电源设置留有一定裕度的过流保护，即保护阈值小于电源的额定输出容量。在保证负载容量的前提下裕度尽可能大。

（3）采用限流电阻器保护电源电路。

（4）采用继电器联动进行缺相保护。

6）接口电路的防护设计

主控计算机与探测器、图像处理系统、图像记录系统、伺服控制系统及通信系统等都有密切的电信号接口；接口之间涉及转接、电气屏蔽或隔离、驱动能力和阻抗匹配等问题[6]。为确保接口的可靠性，采取如下措施。

（1）制订接口协议，经接口双方检查、测试进行确认。

（2）采用成功的接口方法和成熟经验。

（3）接口进行匹配验证。

7）电磁兼容性设计

电磁兼容性包含两方面内容，一是系统本身电子设备之间的相互兼容能力；二是系统与外界电子设备和外界电子环境之间的互相兼容能力。

系统电磁兼容性设计主要从以下几方面进行设计。

（1）整机交流动力电分相使用，所有配线均沿车壁及地板周围埋设，电源线与地线之间不用或少用电容滤波，如有需要，也要控制在 0.1μf 量级。

（2）设备设接地端子，地线埋设深度大于 1m。

（3）交流输入端加装高频滤波器，以降低耦合。

（4）稳压器输入端加装隔离变压器。

（5）视频信号采用同轴电缆连接，测速机、力矩电机电缆采用屏蔽电缆，电子箱内用绞扭线，其他弱信号也采用绞扭线传输。

（6）对要求高、抗干扰能力差的分系统，采用光电隔离措施。

（7）逻辑电路与线性电路分开布置，数字地与模拟地尽量一点接地，集成电路组件电源与地线间应有滤波电容，地线尽量宽。

（8）导线分类及走线布局：设备中的电缆包括视频信号线、交流电源线、模拟信号线、数字信号线、功率驱动信号线等，故捆扎线束时应分开捆扎，合理安排电缆头配线；直流电源线与信号线插座要分开；同类信号使用相邻插针；外层屏蔽壳要与插座外壳搭接；视频信号应采用同轴电缆插头。

8）防冲击和耐振动设计

在冲击和振动作用下，设备的元部件可能发生失效，尤其是设备的元部件或整机的固有频率与外界的机械振动发生共振时，设备不可能可靠地工作。对于非地面固定设备，共振的威胁就更严重，因此要保证产品的可靠性就必须进行防冲击和耐振动设计。主要采取以下具体保障措施：

（1）镜筒光学玻璃装调完毕后，均点胶固死。

（2）所有螺钉紧固件均点胶固死。

（3）印刷线路板尽量采用立式安装，并加装弹性压紧机构。

（4）印刷线路板上元件尽可能采用卧式安装，提高固有谐振频率。

（5）对体积较大的电阻、电容应增加额外固定端子。

（6）连接导线用硅胶固定，避免牵拉造成脱焊或断线。

（7）系统结构可分离模块化，采用完全刚性连接，依靠提高各模块自身刚强度的方法以及组装后使整体刚强度增强的方法使系统整体满足耐振和抗冲击性能的要求。车载系统要采取车体减振和方舱内（主机）二级减振措施。

9）耐高低温设计

按照通常的使用要求，系统工作时的环境温度最低可达到−40℃，最高可达到+55℃，存储温度更高达+70℃，因此必须进行耐高低温设计：

（1）镜头设计时增加温度补偿机构；

（2）选用温度系数合适的金属或合金材料；

（3）方舱内配备加热和制冷设备。

10）电气互连技术

对于永久性互连部件，要防止虚焊、脱焊和接触不良。在焊接时要注意焊接温度、焊接时间、可焊性检查和正确的焊接操作。

连接器互连可靠性主要考虑以下几点：

（1）结构设计合理可靠，有防止误插措施，操作简单，装卸方便；

（2）接触电阻小且能长期保持稳定；

（3）有足够的插拔力及长期稳定性，以满足使用寿命要求；

（4）对于多线插件，采用多接点并联冗余设计，以保证接插件的接点接触可靠性；

（5）高低压电缆分开排列。

11）元器件的选用原则

（1）遵循定点原则，根据优选手册选用元器件。遵照有关元器件品种、型号认定原则，选用认定合格的元器件，优先选用有发展前景的符合标准化、系列化、通用化要求和可靠性水平高的元器件，优先选用按国际标准和国家标准生产的元器件。

（2）根据电路性能参数的要求选用元器件，电路的使用条件低于元器件的电气与环境条件的额定值。

（3）尽可能压缩品种、规格，提高元器件的复用率。

（4）除特殊情况外，所有元器件均应经过应力筛选或采用符合要求的有可靠性指标的器件。对必须采用的新型元器件、关键元器件、进口元器件均应事先通过试验或质量认定。

（5）对高可靠性要求的电子系统应优先选用金属、陶瓷或玻璃封装的密封器件。

（6）参照电子元器件降额设计规范，对元器件降额使用。

12）原材料、机械零部件的选用原则

系统选择的原材料、零部件和工艺确保满足产品设计寿命要求，且有相关的支持报告。

（1）原材料的选用符合下列原则：

① 选择的原材料必须确保满足质量和可靠性要求；

② 尽量压缩材料的牌号、品种、规格、数目；

③ 选用新材料要进行鉴定。

（2）机械零部件的选用应遵循以下原则：

① 优先选用标准件和通用件；

② 选用经过使用分析验证的可靠的零部件；

③ 严格按标准选择及加强对外购件的控制；

④充分运用故障分析的结果，采用成熟的经验或经分析实验验证后的方案。

13）工艺的选用原则

（1）成熟性；

（2）可靠性；

（3）可检验性；

（4）可操作性；

（5）稳定性；

（6）经济性；

（7）从产品的整体、工艺全过程考虑工艺选择的合理性和各种方法之间的协调性。

14）软件可靠性保证

系统中的软件包括操作控制软件、图像判读软件、模拟仿真软件、数据处理软件、视频跟踪软件等，按照软件工程化要求进行开发和测试。

（1）软件可靠性和安全性设计准则：

① 采用层次化和模块化结构，保证软件各部分功能清晰和接口最少；

② 采用在类似应用中已成功实现的软件设计或方法；

③ 进行软件故障模式分析，插入适当的故障隔离和处理特征；

④ 防错程序设计；

⑤ 对源代码进行充分审查，软件的设计与实现便于测试。

（2）软件可靠性保证的措施：

① 按照客户要求开发软件产品，满足规定的要求；

② 软件规范、完整表达用户要求，包括软件程序要求、结构、测试、输入/输出的基本路线等；

③ 软件研制各阶段应安排设计评审，及时纠正错误和改进测试要求；

④ 采用有效的设计技术和方法，提高程序的健壮性；

⑤ 按规范对程序进行校验和测试，测试中考虑极限条件。

15）外协产品可靠性工作的监控

对外部协作单位（外协方）的产品可靠性工作实施有效的监控，以保证外部协作单位的产品满足系统规定的可靠性要求。

控制方法如下：

（1）通过研制合同、技术规范（协议），向外部协作单位明确外协产品的可靠性定性、定量要求和相应的验证要求，向外部协作单位明确应开展的可靠性工作项目和要求；

（2）质量管理部门要参与对外部协作单位产品选择的考察与评估；

（3）要求外协方根据应开展的可靠性工作项目和要求，编制可靠性工作计划；

（4）质量管理部门应负责对外协方的可靠性工作进行监控，采用的方式有参加可靠性设计评审、可靠性试验、产品设计验证（试验）文件和结果检查等；

（5）外协方应按规定的要求提交可靠性文件。

# 6.2　维修性设计

## 6.2.1　概述

维修性设计是设计人员从维修的角度考虑，当设备在工作中发生故障，能够及时、正确地发现故障，并且易于拆卸、检修和安装。

在进行维修性设计时，采用有效的健康管理方法支撑信息化的装备综合保障体系构建，利于用户及时掌握装备完好态势和效能演化趋势，实现由"事后维修"和"定期维修"的传统维修保障模式向基于状态维修的自主式维修保障模式的转变，减少"过维修"和"欠维修"[7]；进行以可靠性为中心的维修，以有利于提高设备可靠性、减少维修保障资源和全寿命管理周期费用为目标，通过对设备维修性建模、分配、预计，结合故障模式影响及危害性分析（FMEA）进行维修性分析，制订维修性设计准则并采取针对性的简化设计、可达性设计、标准设计等设计措施，确保系统满足设备维修性要求。

## 6.2.2　技术指标

一般平均故障修复时间要求≤0.5h。

系统的结构设计及零部件布局应便于维修和更换零部件；光学系统结构设计应考虑镜头清洗方便性；能对各分系统、各功能单元或插件板进行故障诊断，并给予报警；对需要经常检测的电路，应在合适位置设置相应的测试点。

## 6.2.3　维修性建模

系统平均修复时间计算模型由 $n$ 个可修项目组成，每个可修项目的平均故障率和相应的平均修复时间为已知的，则系统的平均维修时间为

$$\overline{M_{\text{ct}}} = \frac{\sum\limits_{i=1}^{n} \lambda_i \overline{M_{\text{cti}}}}{\sum\limits_{i=1}^{n} \lambda_i} \qquad (6\text{-}6)$$

式中，$\lambda_i$ 为第 $i$ 个项目的平均故障率；$\overline{M_{\text{cti}}}$ 为第 $i$ 个项目出故障的平均修复时间。

### 6.2.4　维修性分配

维修性分配是为系统各部分的设计师提供维修性设计指标，以保证系统或设备最终符合规定的维修性要求。已知相似产品维修性数据，新产品维修性指标的计算公式为

$$\overline{M_{\text{cti}}} = \frac{\overline{M'_{\text{cti}}}}{\overline{M'_{\text{ct}}}} \overline{M_{\text{ct}}} \qquad (6\text{-}7)$$

式中，$\overline{M'_{\text{ct}}}$ 和 $\overline{M'_{\text{cti}}}$ 分别表示相似产品（系统）和其第 $i$ 个单元的平均故障修复时间（MTTR）。

### 6.2.5　维修性预计

通过对产品维修性参数的预计，评价产品设计是否满足产品维修性要求，以便确定需要采取的纠正措施。维修性对系统不同修理层次的各项维修作业提供以小时为单位的操作时间，不包括管理延误时间与后勤延误时间。

### 6.2.6　维修性设计原则

维修性设计原则要遵守"简便、易行、节约、可靠"的宗旨，在设计过程中要保证做到：
（1）缩短维修时间；
（2）减少维修费用；
（3）降低维修复杂程度；
（4）减少对维修人员的要求；
（5）减少维修差错。

### 6.2.7　维修性设计方法

1）标准化和互换性设计
系统设计中尽量采用标准件，压缩非标准件的使用数量。
2）模块化设计
设计中尽量采用模块化设计，尤其是在电路设计中采取模块化设计，简化维

修更换时的操作，减少维修时间。

3）防插错措施

各种电缆接口插座上采用不同粗细的插座接口，防止误插。在容易发生误插的印刷电路板上显要位置进行标识。

4）初步诊断方案

根据技术要求，在系统维护或工作之前，系统首先进行自检，各部分功能正常才能进入工作状态。故障自动诊断系统作为故障初步诊断方案，是系统的重要组成部分，合理的设计可以极大地提高系统的可维修性，减少故障排除时间。

根据产品故障等级将产品维修级别分为以下三级。

（1）基层级维修：可现场修复与恢复产品性能，主要指一般软件故障、自研板卡故障，可以通过计算机重新启动和更换备份板等方式处理，此类故障完全可在 0.5h 内排除；

（2）场地级维修：关键部件失效，现场无法修复，返回修理场地进行维修；

（3）返厂维修：关键部件损坏，必须送返研制单位维修。

在设计过程中，根据维修性设计要求，制订维修性设计准则，使光电探测识别系统软、硬件在维修时具有良好的可达性及可测试性；具有较高标准化、互换性、模块化程度；有完善的防插错措施及识别标志；尽量减少维修内容和降低维修技能要求，保证维修安全，并符合维修的人机工程要求。

# 6.3　安全性设计

## 6.3.1　概述

安全性设计是保证设备满足规定的安全性要求最关键和最有效的措施，包括消除和降低危险的设计。

安全性设计的目标是使产品在整个寿命周期内，在正常使用条件、故障条件、恶劣环境以及误操作情况下，防止由各种危险造成的人身伤害或设备损失，包括电气损害、机械损害、环境损害、着火、雷击、辐射等[8]。

对电气安全、机械结构安全、环境安全及软件安全等方面的初步危险进行分析，确定危险源，对危险源进行风险分析，并根据安全性设计要求，制订安全性设计准则，采取针对性的安全性设计措施，提高产品安全性，确保设备的安全使用。

## 6.3.2　安全性设计要求

安全性设计根据可能出现的安全现象，要求如下：

（1）具有飞车保护、误操作保护等安全保护措施及功能；

（2）跟踪架设计有电限位机构和机械限位机构；

（3）对光电探测器采取严格的电安全保护措施。

安全性设计优先次序如下所述。

（1）最小风险设计。

首先在设计上消除危险，若不能消除危险，应通过设计方案的选择将其风险控制到订购方可接受水平。

（2）采用故障安全设计。

使得装备在发生故障时，仍能够保持安全或将其恢复到不导致事故的状态。

（3）采用安全装置。

采用永久性的、自动的或其他安全防护装置，并规定对安全装置做定期功能检查。

（4）采用报警装置。

采用报警装置检测危险状态，向有关人员发出报警信号，这种报警信号应明显，并在同类装备内进行标准化，以防止操作人员对其做出错误反应。

（5）制订特殊规程和进行培训。

特殊规程指为保证装备的安全操作而制订的规程，同时包括人员防护装置的使用方法等。对于从事安全性工作的人员应进行资格认定。除非订购方没有明确规定，对于Ⅰ类和Ⅱ类危险不可以仅采用报警装置、操作注意事项或其他形式的提醒等方式作为唯一的降低风险的方法。

安全性设计优先次序见图 6-3。

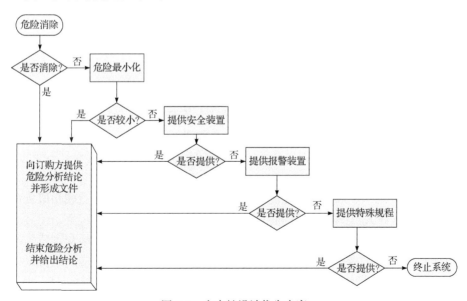

图 6-3 安全性设计优先次序

### 6.3.3　危险分析与决策

根据安全条件分析结果，对系统、分系统及设备的安全隐患进行初步危险分析，识别出因性能恶化、功能故障或工作失误形成的危险及其风险指数[9]。

危险风险指数参考示例见表 6-1。

**表 6-1　危险风险指数参考示例**

| 危险可能性等级 | 危险严重性等级 | | | |
|---|---|---|---|---|
| | I级（灾难的） | II级（严重的） | III级（轻度的） | IV级（轻微的） |
| A（经常发生） | 1 | 3 | 7 | 13 |
| B（有时发生） | 2 | 5 | 9 | 16 |
| C（偶然发生） | 4 | 6 | 11 | 18 |
| D（很少发生） | 8 | 10 | 14 | 19 |
| E（极少发生） | 12 | 15 | 17 | 20 |

通过对表 6-1 的分析，可得出如下结论：

（1）设备最高危险等级为 15（严重的（II级）危险，但极少发生）；

（2）最易引起 II 级危险的危险情况：漏电、短路、雷击；

（3）最易发生 II 级危险的分系统：供配电分系统。

根据设备初步危险分析，确定安全关键故障模式为短路、漏电，关键软件为信息处理软件。

### 6.3.4　安全性设计准则

1）电气安全设计准则

电气安全设计的基本要求是，必须保证设备及其组成部分的安全性，在规定安装和使用时不得发生任何危险。因此，在光学设备的电气安全设计时，在国家标准规定的基础上，结合实际使用情况，对设计准则进行了进一步的细化和规范。随着科技和技术的发展，这些准则也会有一些调整和改变，但基本的要求是不变的。

设计准则包括：

（1）电压在 70～500V 的交流有效值或直流的所有触点、接点或相似装置，应采取防止维修人员偶然接触的防护措施。

（2）采取安全防护措施保护操作人员不致接触到交流（均方根灰度值）或直流电压超过 30V 的裸露部位，调整螺钉及其他经常操作的零件，应严禁安置在未经保护的高压电附近。

（3）25V 以上的电源汇流条，应用防护装置，屏蔽或足够大的空间，以防止短路。

（4）设备漏电流不应超过 5mA，如果更强的漏电无法避免，则应设置警示牌。

（5）设备的金属外壳（柜、箱、台等）和屏蔽层均应安全接地，接地点接触电阻小于等于 0.1Ω。

（6）在所有可能由于过电压、过电流、泄漏电流或类似作用发生危险的地方，应留有足够的电气间隙、爬电距离及电流通路。

（7）设备应有过流、过压欠压保护装置，采用保护装置后，应不影响设备正常工作。

（8）电源应易于切断，主电源开关应安置在易接近的地方，具有必要的保护切断功能。

（9）电源的接通、断开和控制，应保证有最大程度的安全性，应有防误接通、误断开措施，手动控制要保证操作清楚明了，必要时可辅以提示性文字与图形符号。

（10）应根据工作地点情况架设必要的防雷设施，对安装位置有可能遭受雷击的设备应备有防雷接地端子，接上防雷地线。

（11）电路设计应具有防静电措施。

（12）为避免辐射（如 X 射线、红外辐射和微波辐射等）危险，设备应具备防辐射措施。

（13）控制器的设计和安装位置应能防止可能造成人员伤害或设备损坏的意外动作。

（14）发热件应采取有效的散热措施。

（15）对温度敏感的元器件不应靠近发热件安装。

（16）因缺相而可能造成损坏的设备，应加缺相保护器。

（17）机内布线走线槽要光滑，不应有尖角、毛刺、利棱等。各种导线应有适当的保护，使其不会碰到可能会损伤导线绝缘的棱角，穿线孔应有光滑的圆弧面或装有衬套。机内长线应用线卡固紧，并加以保护。

2）结构安全设计准则

结构安全性体现在结构设计的合理性，保证设备结构牢固可靠，易于安装、调试、运输、维修和存放，符合人素工程学原理。

结构安全准则考虑如下：

（1）设备在架设、撤收、运输时，其活动部件应能锁固。

（2）设备在振动、大风或其他外力作用下不致倾倒，稳定性应满足产品规范的规定。

（3）各种受力零部件及其连接，应合理选用结构、材料、工艺及安全系数，保证承受各种可能出现的物理、化学和生物作用而不致发生损坏[10]。

（4）在不影响功能的情况下，外露的机械设备及其零部件应设计成不带容易伤人的尖角利棱、凹凸不平表面和突出部分。

（5）维修时必须移动的超过 10kg 的部件应安装把手，必要时还应设置托架，维修人员不应手托重物工作。

（6）爬高阶梯、扶手等应符合人机工程设计，安全可靠；可供登临站立的高台（如一体化载车平台等）应设护栏，并有防滑、照明措施。

（7）禁止拆卸部位应在醒目位置粘贴警示铭牌；涉及设备安全性的操作，应在操作位置处设置操作规程铭牌。

（8）具有安全性的寿命件在产品使用维护说明书中要规定更换周期；大型结构件和危险结构件的安装、更换和维修应有相应的安全操作程序。

（9）对于不能消除的危险，应考虑采取补偿措施减少其风险，这类措施包括联锁、冗余系统防护、灭火和防护服、防护设备、防护规程[11]。

3）环境安全设计准则

环境包括自然环境和工作环境两个方面，环境安全性需要从这两个方面的适应性和安全性进行设计，以适应不同的环境条件，保证设备性能指标满足要求。

（1）系统设计必须满足为产品制订的最坏情况下的自然环境和诱导环境下的相应安全性要求；

（2）尽量减少环境条件（如高温、低温、压力、噪声、毒性、加速度、振动、冲击和有害射线等）所导致的危险[12]；

（3）考虑到诱导的、自然的环境和使用特性的最坏情况的联合发生，必须留有设计和性能余量。

4）安全性设计要点

安全性设计要点见表 6-2。

表 6-2　安全性设计要点

| 序号 | 项目 | 设计要点 |
|---|---|---|
| 1 | 电气安全 | 电源开关：设备安装、更换时断电，设备电源易于切断，主电源有必要的保护性切断功能，<br>高压保护；<br>防护器材：橡皮手套、绝缘垫、专用工具等；<br>具有缺相、相序、欠压和三相负荷不平衡等保护功能 |
| 2 | 机械结构安全 | 整体：具有稳定、可靠的固定措施，机械防腐蚀、耐磨损、抗疲劳，设备外露部位、拐角或边缘均设计成不易伤人的形状，防止人员被划伤；<br>运动部件：不能接近和触及，具有安全防护措施，有警示铭牌；<br>大型机械装置：设警戒保护区，启动时警铃报警，具备自锁保护功能，爬梯扶手可靠，高台护栏防滑，具有照明措施 |

续表

| 序号 | 项目 | 设计要点 |
|---|---|---|
| 3 | 防火 | 材料非易燃及阻燃；<br>防止短路、过热而引起着火；<br>消防措施 |
| 4 | 微波与射线防护 | 设备作业人员作业区符合相关规定 |
| 5 | 噪声防护 | 电子舱内噪声≤70dB |
| 6 | 防雷 | 屏蔽、共地、均衡连接；<br>浪涌吸收或滤波；<br>避雷针、外部防雷设施要求 |
| 7 | 安全标识、标志 | 转台旋转、俯仰等部位有安全警示性标识 |

### 6.3.5　安全性设计措施

系统的安全性设计措施主要包括以下方面。

1）安全标识与标志设计措施

设备在相关位置设置安全标识、标志，且禁止拆卸部位在醒目位置粘贴警示标牌；涉及设备安全性的操作，在操作位置处设置操作规程铭牌[13]。具体如下所述。

（1）在机械转动、传动部位以及对操作使用时有安全要求的部位设置安全标识；

（2）高压、高温、大电流等危险部位在设备的明显处设置警示标志；

（3）整流电源输入为 380V 交流电，可能对人体造成伤害，在电源输入输出处设置高压警示标识；

（4）配电单元接线端、电源输出插座、汇流排等强电接线部位加装警示标牌；

（5）发动机水箱、风扇和排气管等危险部位加装警示标牌；

（6）强电操作面板部位加装警示标牌和操作注意事项标牌；

（7）方舱内有禁烟防火标志；

（8）所使用的安全标志，在整个工作寿命期间，能保持字符清楚，易于辨认，外露标识、标志不会因褪色而难以辨认。

2）电路安全性设计措施

（1）外部电缆插接头唯一对应，杜绝电缆插接错误，接插件标识齐全、正确，且可插拔部件固定牢靠；

（2）内部电路板插槽具有唯一性，杜绝错误的安装方式，数据存储单元进行外插拔设计，保证多次有效的插拔；

（3）对易损元器件采用绝缘、过流保护等措施，减少调试、维修操作时安全性隐患；

（4）选用的探测器均具备输入电源反向保护及过压、过流保护功能；

（5）采用防误操作设计，使不合理操作控制面板按键不会对系统造成损害；

（6）系统设置误操作保护措施，软件界面给出提示，如当锁紧机构未解锁时，不能对伺服跟踪架进行控制；

（7）系统接地模式设计要求：系统安全地和信号地设计要分离，在接地电阻不大于 10Ω 时，系统能正常工作；

（8）系统的电源监控具有超压预警保护功能，异常情况下局部设备能采取断电保护；

（9）主控计算机实时采集核心部件的温度信息，当温度超过预设值时，软件超热预警，提示操作人员注意，可采取关机等措施防护；

（10）电源监控模块对各探测器、分系统及子单元电压、电流进行实时监控，并可预设阈值，当电压、电流超过预设阈值时自动断电，并向主控计算机软件发送告警信息，主控计算机软件接收到告警信息后将其显示于主控界面并提醒操作人员进行相应处理；

（11）图像存储模块安装于经纬仪载车电控机柜内，接口形式采用统一标准化设计，机柜打开方便，可方便外插拔，随时更换，可安全可靠地多次插拔；

（12）电源监控模块具备过压、过流、欠压、欠流保护功能，可人工设置每路允许的电压、电流的上限和下限，当某一路电压、电流超出范围时，电源监控模块自动断开该路电源，起到保护作用。同时，当主控计算机软件的健康管理模块实时监测到某一单元故障时，也可通过电源监控模块进行断电保护。

3）机械安全性设计

（1）机械设计防止切削锋口或尖锐部分，避免操作人员在使用过程中造成人身伤害；

（2）采用电路和机械双重限位措施，防止飞车对转台造成损坏或影响设备精度；

（3）尽量减少在系统的使用和保障过程中人为差错导致的安全问题；

（4）转台吊装机构设计专用吊装，采用吊绳双备份等措施，防止吊装过程中对设备造成损坏；

（5）对存在危险隐患的部件、部位进行明确标识，从设计阶段即考虑其调试和使用的安全性防护问题[14]。

4）软件安全性设计

参照相关的软件可靠性和安全性设计准则进行软件安全性设计，遵循的主要准则如下：

（1）采用层次化和模块化结构，保证软件各部分功能清晰和接口最少；

（2）进行软件故障模式分析，插入适当的故障隔离和处理特征；

（3）程序防错设计；

（4）对源代码进行充分审查，软件的设计与实现便于测试；

（5）计算机系统具有有效防病毒措施。

5）瞬态过应力保护设计

电子系统的不连续工作方式，不可避免会出现过渡过程，可能产生电压脉冲，形成浪涌，可对电子元器件造成瞬态过应力。因此，必须进行瞬态过应力保护设计。在电路设计时，要预先对元器件，特别是半导体器件、电容器、电感器、某些电阻器等在瞬态过程中的承受能力进行分析，在可能出现瞬态过应力的地方加上适当的滤波网络、钳位保护电路和稳压二极管保护电路等。

6）系统防雷击设计

一般雷电进入系统有两种情况：从电源线窜入和从信号线入侵。

一般防雷包括防直击雷、防线路的感应雷、接地系统。雷电电磁脉冲理论和实践经验证明：电子计算机及其他信息设备损坏的主要原因是直击雷所产生的感应浪涌电压，一般可以从 500m 范围的电子信息设备的信号线入侵设备内部，破坏其芯片和接口，造成设备损坏。

（1）防雷重点应该是防线路的感应雷和接地。安装接闪器是防范直击雷的有效措施，它们将雷电经引线和接地装置导入地下，从而保护在其覆盖范围内的电气和电子设备。

（2）载车的配电箱 AC 220V 电源通过电源接线口的输入插座、避雷过压保护器接入配电箱。

（3）天馈线防雷：安装天馈线避雷器。

（4）接地系统：伺服跟踪架与电控方舱联合接地防雷击。

7）静电防护

静电防护措施贯穿于采购、检测、保管、传递、装配和调试各阶段。对静电敏感器件，印制电路板的电装、运输、接收检查和储存，按照电子产品静电防护可靠性工艺规范的要求采取静电保护措施。

8）安防告警设计

系统配备安防监控告警设施，对设备周围环境进行全方位监控，行车途中可监控设备紧固安全。运输过程中，车内可安装半球式摄像头，通过车上电瓶供电，以完成系统运输过程中的状态监视功能。

9）信息安全性设计

信息安全性设计的目的是保证软件系统信息的保密性、完整性、可用性、真实性、可核查性、不可抵赖性和可靠性。

（1）对数据文件采用数据加密技术；

（2）对外接端口进行管理，外接设备需注册使用；

（3）服务器安装杀毒软件，与外部网络连接时，需加装防火墙，并安装入侵检测软件；

（4）采取身份认证和身份识别技术，对重要功能和数据设置访问权限，防止越权操作；

（5）对关键数据进行备份，保证数据的完整性和可用性；

（6）具有审计日志和日志信息的保护措施，检测非授权的信息处理活动；

（7）模块设计考虑系统访问和数据访问机制的特有性能，包括用户标识与鉴别、访问控制、审计、特权管理等方面，以便达到软件抵御破坏和侵犯的能力。

# 6.4 环境适应性设计

## 6.4.1 概述

为了满足系统在恶劣环境条件下工作要求，设备必须具备相应的环境控制及防护措施。系统从物理组成上可分为两个层次：光学设备主机和电子方舱。

1）光学设备主机

光学设备主机需要在露天环境下工作，条件恶劣，在设计上采用以下措施：选用满足条件（存储温度为–45～70℃，工作温度为–40～55℃，相对湿度为95%（25℃时））的电子元器件，经纬仪主机上的探测器、编码器等电子器件也选用适合上述温度条件的产品。精密跟踪架采用良好的密封措施。

对于不能满足温度范围要求又必须使用的电子器件，需增加温度控制环节，通过加热或制冷的方式将环境温度控制在器件能够适应的温度范围内，以确保特殊环境温度下系统的正常工作。

光机结构采用温度补偿设计，确保温度变化引起的形变在可控范围内。

2）电子方舱

电子方舱内，使用空调和电热器等温控设施，解决工控机等部件不适应工作环境的问题，以及防沙尘、防雨淋等问题。

## 6.4.2 光学系统防风沙、防腐蚀、防潮湿、防霉菌设计

根据镜头使用的特殊环境要求，将光学系统及结构组件整体设计在一个箱体内，各个连接部位进行严格密封，各组成部件采取防霉菌、防潮湿、防盐雾的三防措施，金属表面处理考虑在恶劣环境下的稳定性处理。具体措施如下所述。

（1）腔体内金属件采用防腐蚀处理，运动部件涂航空润滑脂；

（2）各光学组件在装入时均加密封条或用硅橡胶封牢，以隔离光学组件腔体内外空气交流；

（3）所有外露金属件采用防腐蚀处理或选用不锈钢材料，以提高抗腐蚀能力；

（4）镜头盖电动打开和闭合，镜头盖内面加装橡胶垫，闭合时可起到箱体密闭作用。

### 6.4.3　结构防风沙、防腐蚀、防潮湿、防霉菌设计

设备长期在野外环境下使用，设备的防风沙、防潮湿、防霉菌能力的加强就变得尤为重要。为了提高设备的三防性能，结构设计中采取相应的措施来确保设备的安全和使用寿命。结构设计中的三防措施如下所述。

（1）结构设计中充分考虑密封设计，最大限度地防止腐蚀介质进入和聚集。根据密封部位的结构特点选择密封效果较好的密封材料和密封方式；尽可能将密封需要的零件数量限制到最少，减少泄漏通道；结构的密封区域充分考虑具有良好的可见性、可达性，以便实施密封、检查和维修。

（2）改善和控制零件的表面质量，特别是对关键件、重要件的表面提出相对较高的粗糙度要求，以提高其抗腐蚀能力。

（3）设计和装配中充分考虑异种金属接触形成的电位差腐蚀，在满足强度和刚度的情况下，尽量选用电位差较小的金属，并且在装配过程中在异种金属之间涂抹耐高低温润滑脂，尽量隔离金属的大面积接触。

（4）设备中所有外露件，如手轮、螺钉等，均进行镀铬处理或采用耐腐蚀的不锈钢材料；设备上钢螺钉和铝材结构件接触连接时，螺钉孔涂抹阿洛丁和环氧底漆，螺钉采用不锈钢或进行镀镉处理并用润滑脂进行湿态安装。

（5）在镜箱内两处设计安装干燥剂。

### 6.4.4　热处理和表面防护措施

表面防护措施可以在结构材料的表面形成腐蚀防护屏障，最大限度地减少环境的危害，提高设备结构的完整性、使用寿命和可靠性。

重要受力的机械件，热处理选用等温淬火加低温回火，以保证其较好的抗应力腐蚀性能。

设备中常用的材料为铸铝、硬铝、铜和钢等，零件在加工完成后，采用铬酸阳极化，铬酸盐封闭的表面防护措施，这种防护工艺在以往项目的防腐蚀设计中得到较好的应用，效果较普通的阳极氧化好。

大铸件、盖板等外露件的表面涂层，充分考虑涂层和基体的附着力、涂层的耐腐蚀性、耐湿热、防盐雾、防霉菌等，选择三防性能良好的三防聚氨酯底漆和面漆，选择已有成功使用经验的涂层工艺，确保设备外表具有可靠的防护屏障。

### 6.4.5　电控防风沙、防腐蚀、防潮湿、防霉菌设计

随着高科技电子设备向系统化、综合化、智能化的方向发展，要求设备能高可靠、抗干扰地适应恶劣环境。设备服役于野外环境，潮湿、高温和各种霉菌对设备具有极大的破坏性，导致设备的导电、导磁、电感、电容、电子发射和电磁屏蔽等参量的变化，因此防风沙、防潮湿、防霉菌的三防设计是电控系统设计的重要任务之一。三防设计涉及材料、元器件、电路、结构、工艺和综合性技术管理等多方面的工作，在设备研制时应同步进行，具体措施如下：

（1）使用的电缆连接器应进行有机硅胶灌封，并在外部涂密封剂以防渗水；

（2）电器密封面、结合面采用高分子平面密封胶；

（3）印刷电路组件表面喷三防聚氨酯漆，接插件表面涂接触保护剂。

### 6.4.6　方舱车防风沙、防腐蚀、防潮湿、防霉菌设计

底盘选择成熟产品，能满足风沙、盐雾、霉菌、湿热试验要求。

方舱车及配套设备的三防措施具体如下：

（1）整车的金属材料在不同的生产阶段进行磷化、电镀、氧化、喷涂等处理，且通过等效工艺试验，保证环境适应性；

（2）除高强度螺栓外，所有紧固件均采用0Cr18Ni9不锈钢材质，车外不锈钢紧固件安装后随车厢涂覆油漆处理，高强度螺栓采取达克罗处理，外露部分涂覆油漆处理；

（3）电子元器件经过严格的老化筛选，保证其环境应力；

（4）车身涂覆防红外线漆，通过样件三防等效试验，保证该车具有很好的防风沙、防霉菌、防盐雾、防湿热性能；

（5）车身内安装通风装置有利于气流的畅通，保证方舱车在太阳辐射、盐雾等环境条件下满足使用、维修、运输和贮存的要求。

### 6.4.7　设备的防鼠咬、防虫蛀设计

设备的防鼠咬、防虫蛀设计主要针对一体化载车的密闭性设计，电缆的防鼠咬设计以及防静电地板的防虫蛀设计。设备采用的防鼠咬、防虫蛀措施如下：

（1）电子方舱的过线孔处布设可收口的帆布护套，收紧后可防止老鼠钻入；

（2）电子方舱的通风口设置金属滤网，避免老鼠钻入；

（3）基准镜收回时与地板紧密贴合，无缝隙，避免老鼠钻入；

（4）电缆护套采用防鼠咬橡胶材料；

（5）防静电木地板采用防虫蛀木地板。

### 6.4.8　电控部分的"三防"设计

设备制造过程中，接插件、模块、分机、整机"三防"按电子设备电气"三防"工艺执行。

1）接插件

在优先选取表面耐磨、耐蚀性高（如镀金的接插件）的基础上，对需要接触导电的表面涂覆电接触固体薄膜保护剂，此保护剂覆盖在接插件上形成的薄膜可润滑接触件、降低插拔力、提高可靠性，防止潮气或盐雾的侵入，显著提高表面的防腐性能。

2）电缆插头、插座

室外的所有电缆插头、插座均选用防水密封型号，材质选用不锈钢，电缆与插头的连接采用密封胶与热缩套管封装，插头和插座连接后缠绕耐候性绝缘防水包覆片进行密封。

3）电路板、线缆

由于信息处理系统、控制系统使用的电路板、线缆等大部分器件处于方舱内，而舱内电子设备密集度高，属于不能气密的相对密闭体，在南方的夏季容易聚集潮湿气体，从而导致霉菌滋长。同时，电路及分机上印制板的焊点与焊盘还存在电位差，因此采用"三防"清漆作为防霉涂料，该防霉涂料对霉菌有良好的抑制作用，效力持久、稳定性高，对材料与器件无副作用，防霉效果达到Ⅰ级。

4）印制板

印制板整板涂覆三防漆（喷淋清洗、选择性涂覆），以提高印制板组件的环境适应性能。

### 6.4.9　防锈蚀设计

设备在潮湿环境下工作，可能因外观涂覆质量问题，一些部位出现一定程度的锈蚀，严重影响设备的外观质量。为了杜绝设备锈蚀，提高外观质量和减少经济损失，可采取以下预防设计措施，从而提高设备所有构件的涂覆层附着力、完整性和耐腐蚀性。

（1）电机等传动装置采用油封能够近似做到全密封。防锈油、润滑脂等所覆盖的地方可以起到良好的防锈作用，但由于油脂的流动性，容易遗失，因此在设计时应有储油功能。

（2）通过设计尽量减少外露接合面非接触面积，或设计相应的凸台或凹槽结构，使接触面与涂覆面隔离，便于表面涂覆的进行；工艺设计涂漆夹具控制涂漆面与非涂漆面的分界。

（3）对于有相对运动的接触面，使用耐磨性、耐腐蚀性好，附着力强的涂覆层。

（4）在相关技术文件中明确规定有相对运动接触面的维护保养要求。

### 6.4.10 抗太阳辐射设计

太阳辐射的热效应具有方向性，并产生热梯度。太阳辐射的热效应会导致不同材料和部件以不同的速率膨胀或收缩，从而产生应力变形，破坏结构的完整性；太阳辐射（尤其紫外线）还会对织物、塑料制品、表面涂层的寿命、性能产生较大的影响。

根据相关规定，野外光学设备所能承受的太阳辐射照度要求如表 6-3 所示。

表 6-3　野外光学设备所能承受的太阳辐射照度要求

| 最大太阳辐射照度 | 连续照射时间 |
| --- | --- |
| （1120±47）W/m² | 56 个日循环（24h 为 1 个日循环） |

为使设备在表 6-3 所示照度下满足功能性能要求，设计时采取以下防护设计：

（1）外露设备和附件表面应尽量采用高反射率、低透射、耐光化学老化的材料，以提高寿命。

（2）所有室外标牌、铭牌等部件不允许用单一的黏结方式固定。

（3）整机设备特别是室外环境使用的塑料、涂料、橡胶等高分子材料尽量采用遮蔽措施，如配置运输车、方舱；对外露电缆尽可能采取遮阳措施，如铺设在地沟内等，若只能外露，可在电缆外面增加防太阳辐射护套。

（4）整机涂层体系采用氟碳系列等能满足太阳辐射要求的涂料，必要时可在涂料中增加稳定剂等延长涂层使用寿命。

（5）对外表油漆，建议采用浅色调，以减少太阳的辐射热，同时兼顾设备的伪装，可考虑采用雪地型、荒漠型或林地北方型等变形迷彩漆。

### 6.4.11 温度环境防护设计

1）高温防护设计

结构设计能保证在高温时把产品内部产生的热量有效地传递到表面并尽快散发出去，机壳设计要能保证设备适应外界各种环境，最大程度地把设备产生的热量散发出去。

（1）设备热控设计按照系统、分系统、设备、模块分层分解，逐级进行，并与电信设计、结构设计兼顾，对热设计中的关键技术难点开展专题研究，并进行试验验证和评估，元器件热设计根据装载平台的不同，确定不同的降额等级；

（2）冷却形式主要依据设备热耗、组件或器件热流密度、环境条件和环控资源进行选择；

（3）冷却设计中首先立足于采取措施减小组件内部的传导热阻和接触热阻，尽可能选择更简单的冷却方式，以提高系统可靠性。

2）低温防护设计

低温环境对产品的损坏无处不在，无论是结构器件还是电子器件，防护不当会导致产品的功能失效。

针对低温对设备的危害机理，在产品设计时采取以下防护设计。

（1）低温时应注意采用无/小应力集中的结构和工艺，对于部分对低温环境敏感的材料或器件，应采用加温防冻措施。

（2）低温环境下的热控设计主要是防止器件在低温条件下无法启动，采取主动加热方式对温度敏感器件进行加热，同时进行相应的保温处理。合理选用符合低温环境的冷却液，避免结冰。

（3）低温环境材料选择特别注意材料的使用温度范围，当不同材料一起使用时，预先计算其膨胀系数，避免两种或多种材料由于膨胀系数不同在低温作用下发生问题。

（4）低温时还要注意选用不发生冷脆的材料。合理选用耐低温橡胶密封件，避免漏气、漏水，合理选用电缆外保护层，避免开裂、脆化、损坏，合理选用符合低温要求的润滑脂。

（5）润滑脂的选用：对于室外传动润滑部位，均采用-60℃低温润滑脂。

（6）腔体内冷凝水防护设计：在低温环境中，如果没有有效的防止冷凝水设计措施，就会在腔体内形成大量冷凝水。为了防止冷凝水的凝结，在设计时采取如下设计方式：对于小型腔体，采取密封设计并冲入氮气处理，对于大型腔体，则合理配置防水透气阀、干燥充气设备，有效防止冷凝水的产生。

（7）低温环境下更换车辆、电站的润滑油。

（8）低温环境下对车辆发动机、电站进行清洗，更换满足低温环境的燃油。

（9）电站低温启动：电站具备进气加热、乙醚喷射、油底壳电辅助加热等低温辅助启动措施。

3）防冰雪设计

在北方或高原地区，冰雪灾害对于设备的影响与危害是时时存在的，有时甚至会造成人员伤害及对设备严重的破坏。

针对冰雪灾害对设备与人员的危害机理，在产品设计时进行以下防护设计。

（1）合理设计单元结构，减小风阻，提高防积雪裹冰能力。

（2）根据需要，采用新型高透波防结冰涂层，提高设备结构外表面的防冰、脱冰能力，降低裹冰对经纬仪性能的影响。

（3）采用各种措施进行除冰：加热除冰、人工除冰、化学药剂等。

（4）结构设计时应考虑裹冰因素，刚强度计算时将冰雪载荷作为固有载荷代入计算。

（5）冰雹环境主要影响结构件的强度和刚度，材料选择时需注意刚强度是否满足产品的环境条件要求。

（6）所有人员上下的扶梯、行走的过道及维修平台必须有防滑设计，必要时需设计防护栏。

（7）运动部件之间的润滑脂选用-60℃的低温润滑脂。

（8）对于位置传感器的触点、探头等关键部位除具有防积雪与积冰设计，涂覆防积冰涂料并有相应的警示标牌外，同时将其设置在便于观察的部位。

（9）所有通风与散热孔口进行防积雪与结冰功能设计，以便更换单元。

4）电磁兼容性设计

系统电磁兼容性设计要求各分系统之间能兼容工作，系统能在复杂电磁环境下正常工作。

电磁兼容性包含两方面的内容，一是系统本身电子设备之间的相互兼容能力；二是系统与外界电子设备、外界电子环境之间的互相兼容能力。

5）环境适应性设计结论

通过对系统环境适应性进行分析，以提高产品的环境适应性为目标，从全系统、全寿命周期的整体角度出发进行产品环境适应性设计，采取抗风设计、防雷设计、防雨设计、三防（防霉菌、防盐雾、防潮湿）设计等设计措施，使产品具有防雷、防雨、防潮湿、防盐雾、防锈蚀、防霉菌、抗太阳辐射等环境防护能力。同时，加强对产品寿命周期各阶段的环境适应性工作和管理，保证了产品的环境适应性。

当然，不同的使用环境具有不同的环境设计要求和方式，设计人员必须对环境使用条件进行充分了解，采取更符合环境使用条件的设计措施，使得设备具有更好的环境适用性。

# 6.5 保障性设计

## 6.5.1 概述

在现代技术条件下，任何一种设备的效能发挥越来越依赖于设备的保障性，保障性分析则是实现装备保障性的有效手段。

根据相关标准的要求开展维修级别分析和以可靠性为中心的维修分析、保障系统规划等工作。将保障性与产品技术性能、可靠性、维修性、测试性等其他质量特性进行综合权衡和同步设计，参照部队使用保障过程中保障性数据的积累，完善产品的保障性设计，以满足总体优化设计或最佳效费比等要求，实施设备全寿命周期综合保障，既能满足平时战备完好性要求，又能满足战时持续使用要求。

### 6.5.2　保障性设计要求

保障性设计要素包括以下内容：

（1）设备保障；

（2）技术资料保障；

（3）训练和训练保障。

### 6.5.3　保障性设计措施

1）设备保障

工具和测试设备保障，配备通用工具和专用的工具、仪器，满足设备野外工作、检定、调试的需求。

备品备件保障，在充分考虑快速维修及备件利用率合理性的基础上，制订合理的备份方案。

2）训练和训练保障

装备培训分为初始培训和后续培训。

（1）初始培训。

设备初始培训的主要目的是满足用户对装备使用和维修保障的基本需求，使用人员掌握基本的维修技能。培训内容主要包括测试维修设备、技术资料等保障资源的使用。

（2）培训时机。

设备装备部署前进行。

（3）培训对象。

培训对象为用户接装人员、新装备维修与使用人员。

（4）培训目标。

了解设备系统的构成、工作原理、应用范围及功能；

了解设备日常维护和视情况维修的内容及方法；

熟悉设备整机的架设、撤收、开关机等基本程序操作；

掌握供配电分系统、常用分机的使用，典型设备、主要新型装备的使用；

掌握各设备一般故障的检查和排除；

掌握各设备工具的使用规则及注意事项；

受训人员经过培训后，能较好地掌握使用及维护装备的方法；通过带训、带练使用单位人员，让他们逐步具备装备维修技能。

（5）受训人员的基本要求。

使用人员：经培训后使用人员能正确使用新设备装备、完成计划性的维护保养工作，并在规定范围内判断、查找和排除设备的故障。

维修人员：经培训后维修人员应具有查找故障、拆下和更换有故障部件的能力；具有进行大修或翻修的技能；维修人员应具备所配发测试设备及其他保障设备的使用能力。

### 6.5.4 保障性设计结论

参照以往产品使用故障数据，确定设备预防性维修内容，并综合考虑其他通用质量特性的要求，在设计时采取针对性的使用保障和维修保障设计及通用化、系列化、模块化措施，并兼顾信息化、智能化、自动化的设计理念，确保设备保障性。

# 6.6 测试性设计

### 6.6.1 概述

依据故障模式影响及危害性分析（FMEA）结果，对系统的状态监测、故障诊断逻辑进行详细分析，通过对测试性指标的分配和预计，合理规划航线可更换单元（line replaceable unit, LRU）测试点，制订测试性设计准则，开展测试性设计、分析工作[15]。

### 6.6.2 测试性建模

对系统功能层次进行分析，按其结构自上而下进行，从系统级开始，分解到能够作为故障定位、更换故障件、进行修复或调整的层次，这里分解到系统的可更换单元。

### 6.6.3 测试性设计准则

应按以下设计原则开展测试性设计：

（1）测试性设计应满足故障检测、隔离和指标测试验证需求；

（2）应具有加电内置测试（BIT）、周期 BIT 和维护 BIT 等功能；

（3）BIT 项目应综合设备的测试性指标、标校测试、可靠性、维修性、安全性和测试成本等要素后确定；

（4）应开展分层次 BIT 设计，如模块级、分机级、分系统级、系统级；

（5）应提供必要的输入测试信号注入接口和测试输出信号的接口；

（6）应按故障预测和健康管理要求开展测试性设计，满足定量测试要求；

（7）应充分考虑应用软件的测试性需求。

### 6.6.4　关键测试参数选择要求

选择关键测试参数的总原则包括两个方面，一是必须满足故障检测与隔离、性能测试以及调整和校准的测试要求；二是必须保证被测与测试设备的兼容性要求相一致。具体要求包括：

（1）进行测试参数分析，确保参数能够确认模块是否存在故障，或确定性能参数是否有不允许的变化；

（2）当有故障时，测试参数可用于确定发生故障的模块、组件；

（3）选取的测试参数应具有可观测性和明确的参数容差界限。

### 6.6.5　测试点布局要求

把系统合理地划分为航线可更换单元（LRU）、内场或车间可更换单元（shop replaceable unit,SRU）和组件等易于检测和更换的单元，以提高故障隔离能力；LRU 应便于系统级机内检测和分系统级机内检测，并能及时准确地确定其状态，便于自动测试设备进行测试，准确地隔离机内故障，能满足"故障隔离率"的指标要求。

LRU 指在总部或厂家维修完毕后，发往航材库作为备份的单元，与 SRU 相比，其属于外场可更换单元，SRU 属于车间可更换单元。由于 SRU 属于板卡级单元和其较为细分的特性，在实际应用中，SRU 的概念出现的机会较少。

### 6.6.6　测试点要求

各分系统、模块、整件及关键电路均应设置测试点，布局要便于检测并适应各维修级别的需要，以便在各级维修测试时使用，主要的测试点应设置在面板上，测试点应有明显标记并和技术文件一致。

### 6.6.7　自动检测功能要求

应具有加电 BIT、周期 BIT 和维护 BIT 等功能，能满足"故障检测率"的指标要求。

### 6.6.8　兼容性要求

被测设备与计划使用的外部测试设备应具有兼容性。在满足测试能力要求的前提下，尽可能选用标准的、通用的测试设备和附件，优先选用相似产品的测试设备。

### 6.6.9　综合测试能力要求

合理选择测试的方式和方法，依据维修方案和维修人员水平，应考虑用 BIT 和人工测试或它们的组合，为各级维修提供完全的测试能力。

### 6.6.10　信息管理

（1）产品应具有明确的初始状态。

（2）故障指示、报告、记录（存储）要求：对设备的状态、故障、使用、维修、备件等信息进行记录、统计，加以管理。

### 6.6.11　测试性设计措施

1）状态监测

状态监测是利用各种传感器和检测设备采集系统状态特征参数，为后续故障诊断和故障预测提供依据。状态监测主要依靠系统及分系统自身 BIT 设计完成，监测的信息分为两类：一是故障信息，即自检或根据读取的传感器数据及状态进行逻辑判断后产生的监测状态；二是特征参数信息，即通过传感器读取的数值型特征数据。

状态监测分为 LRU 级、分系统级、监控台（系统级）等三层设计监测网络，对软件运行进行监测，覆盖装备主要性能和安全关键部件，能反映产品工作技术状态。

显控终端体系拓扑关系如图 6-4 所示。

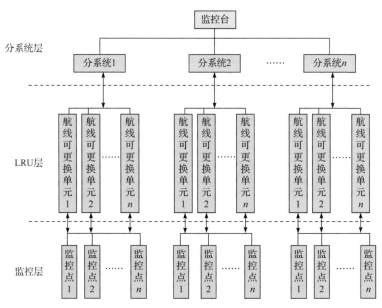

图 6-4　显控终端体系拓扑关系图

2）确定状态监测点

通过 FMEA 确定 LRU 级设备的状态监控点和参数检测点，明确各检测点的 BIT 检测方式，用于设计约束；对严酷度和发生概率均较高的故障模式应考虑合理的使用补偿措施，用于健康管理维修保障决策信息来源之一。

3）监测方法

对采用维修 BIT 检测方式的故障模式，设备系统优先考虑实现在线测试，在线辅助测试次之，健康管理系统应设计便捷的辅助测试交互界面。

4）监测信息

依据系统设计原则开展故障模式影响及危害性分析（FMEA），最低约定层次为 LRU 组件及关键重要部位。针对每一个故障模式，分析其对上一层次（组合级或分系统级）直至初始层次（系统级）的影响和危害，根据影响和危害的程度选择合理的测试点和状态参数，设计适合的检测方法，且保证检测点能最大程度地覆盖影响设备主要性能和安全的关键部件。

对于 FMEA 中有明显趋势征兆的故障模式，采用风险优先级排序的方法确定是否纳入状态预测。

### 6.6.12　关键测试监测类别设计

在成像组件的图像输出、各分系统工作状态、网络数据传输等关键参数设置监测点，实时显示其健康状态。

1）电子学系统自诊断设计

电子学各分系统包括伺服控制分系统、镜头控制分系统、图像存储分系统和视频跟踪处理分系统等，各分系统中的综合处理模块与主控计算机通过千兆网络通信，实时向主控计算机返回系统的状态码，主控计算机根据状态码完成各个分系统的自诊断，使用人员可以按照自诊断的结果，迅速排除故障，并将故障信息记录存储并输出。

2）电源监控设计

电源监控模块包括两类监控模块和一个网络通信模块。

第一类监控模块为 28～60VDC 适用范围，可控制各电源输出端口的闭合、断开，可测量电压、电流（采用分压电阻的方法来测量），采用 485 通信模式。

第二类监控模块为 5～15VDC 适用范围，可控制各电源输出端口的闭合、断开，可测量电压、电流（采用分压电阻的方法来测量），采用 485 通信模式。

网络通信模块接收主控计算机指令，通过监控模块控制指定电源输出端口的闭合、断开，并定时将各电源输出端口的开关状态、电压及电流信息发送给主控计算机。

电源监控模块可对电源故障做出及时显示告警，并采取保护措施。

3）综合诊断能力

对各 LRU 的主要参数进行数值化并报设备系统，便于设备系统进行状态的综合诊断和健康评估。组件的工作温度、工作电压和各通道输出信号功率值、噪声电平等进行数值化监测。

4）软件 BIT 防虚警设计

在 BIT 时，由于合理、恰当的测试门限是很难确定的，再加上被测参数的瞬态和分散性，判断故障是不能完全避免错判的。因此，在故障指示、报警条件上加以限制就成为减少虚警的有效措施之一。具体方法：系统执行自检，检测为"不通过"时，加上重复测试的步骤，经过 3 次测试不通过后，才确定模块的故障状态，这样可以避免瞬态、干扰、参数分散性等因素导致的虚警，提高 BIT 的报警、故障指示的准确性。

5）测试性设计结论

设备系统测试性设计充分考虑可靠性、维修性因素，结合健康管理系统，建立故障测试机制，合理划分测试点，通过 BIT 对系统内部各功能进行监测，并跟踪系统工作状态。可进行自动检测和人工检测，综合测试。

# 6.7　"三化"设计

## 6.7.1　通用化、系列化、组合化

在 2000 年，我国就已经展开了新一代标准化光测平台的系统开发工作，确立了光、机、电三大标准化方向，并做了对应的系统分析，从系统设计、生产、调试、使用、维修等各个环节，研究相应的标准化问题，提出产品的"通用化、系列化、组合化"要求，并据此开展各个模块的研制。目前在光学设备的研制领域，已经完成全平台的标准化开发工作，拥有精密伺服跟踪架、视频跟踪器、数字图像存储器、电机驱动控制器、分布式数字电源管理模块等一系列标准化产品[16]。

在通用化方面，在系统设计中尽量使用已有的通用件，最大程度地采用相同的标准化模块，所有的模块接口采用统一的技术规范，减少模块类型和接口类型；在系列化方面，采用标准化系列产品分别实现同类模块、不同功能，如使用同一种驱动控制模块分别实现跟踪控制和镜头控制；在组合化方面，已经实现跟踪、存储、驱动控制、电源管理等各个模块的组件化，只需在这些标准组件中选取相应的模块，并与新设计的专用模块进行相应组合，即可构成满足系统需求的新标准化产品。

在系统设计中采用"标准化"设计方法，使得研制出的产品具有较高的"通用化、系列化、组合化"水平，增强了系统的重构能力，提高系统的可靠性，并

降低了系统对后勤保障方面的需求。

### 6.7.2　信息化、自动化、人性化

按照"信息化、自动化、人性化"的使用要求，系统全部设计研制工作均围绕标准化模块设计来开展，综合应用"信息化、自动化、人性化"等高新技术，实现了设备的远程操控管理和自动化控制，降低了设备操作人员的工作强度，并提高了工作效率。

1）信息化

系统采用标准化模块组网设计，所有的信息数据处理（包括定位信息、温湿度信息、引导信息、操作指令和设备状态等）实现了网络化，因此，系统设计有两条光传输通道，一条用作实现高清数字视频图像传输，另一条用作实时网络数据信息传输，从而实现全系统各类数据采集的信息化[17]。

相比以往，网络数据处理具有以下特点。

（1）系统通信"矩阵化"。

相对于以往系统的级联式设计，标准化设计中采用"点对点"和"组播"相结合的网络通信技术，实现了模块之间通信的"矩阵化"，相对于以往设计，"系统矩阵"中各模块之间相互联网，用较少的资源实现了大范围的数据共享，可轻松实现设备的远程管理、控制。

（2）系统节点"易扩展"。

由于各个模块之间采用了标准的网络接口和规范的通信协议，当系统需要增加新功能模块时，只需要将新功能模块按照要求的信息约定接入网络即可，全系统的可扩展性大大增强。

（3）数据类型"多元化"。

不必再局限于单一的数据信息，声音、图像等多媒体信息也得到支持。

（4）传输能力"大提高"。

信息化网络技术不仅增大了数据的传输范围，只要网线能够到达的地方，数据就能够到达，还提高了实时数据的传输速度和质量。

2）自动化

由于各个模块全部采用了标准化嵌入式解决方案，并实现了全系统的信息共享，在主控计算机的管理下，模块之间可以做到实时协调、有机协作和一体化控制，因此全系统具有相当高的自动化程度[18]。具体表现在以下几个方面。

（1）初始化系统自动化。

在设备运输到任务区并加电展开后，依托系统中安装的各类传感器和功能模块，设备可以自动完成各个模块上电自检等系统标校工作，同时可以对模块状态进行实时监测、显示，在提高工作效率的同时，极大地减小了操作人员的工

作量。

（2）操作过程自动化。

执行任务前，操作人员只需要根据系统的任务设置向导，在系统内置的数种典型任务方案中进行选择，然后根据任务当天的天气状况选择任务时段、典型能见度等气象参数，系统会自动生成最优的跟踪方案并显示。操作人员可根据实际情况进行微调或直接采纳系统建议。

在任务过程中，由于采用多引导源自动融合跟踪技术，系统可以做到自动捕获、自动跟踪、按优先级自动选择引导数据源、自动调焦，除操作人员必要的单杆干预之外，任务全程基本可以实现自动化，并且为用户提供稳定清晰的图像。

（3）系统故障诊断自动化。

本系统具有开机日志功能和实时数据库记录功能，能够记录各个功能模块的电压电流、工作状态、开关机时间等性状数据，实现对系统中各个模块的实时状态监控，依托系统中预设的各类健康条件判据，通过故障分析技术，能够实时评估设备状态，对大多数常见故障给出实时诊断意见，指导使用人员排除故障，从而提高排除故障的效率，节约人力成本。

3）人性化

本节系统在设计过程中除吸取原有的历史经验教训以外，还大量参考吸收各大基地用户使用意见和建议，在保持原有设计基本功能和性能的基础上，根据用户使用习惯，对系统进行了人性化优化设计，尽量让用户感到全系统操作使用起来方便、舒适、契合无间，实现"按需设计"。

在光学探测站上预留维修门，方便检查功能模块状态，并且能够快速拆卸、更换损坏部件等。人性化设计融入了系统设计的各个方面，"人的因素"是本节系统设计时的一个重要条件，"以人为本"是系统发展的一大特色。

# 小　结

本章介绍了光学设备的质量保障设计，紧紧围绕可靠性设计、维修性设计、安全性设计、环境适应性设计、保障性设计、测试性设计等"六性"设计和要求，论述了质量保障设计的原则和方法。

## 参 考 文 献

[1] 中国人民解放军总装备部. 装备可靠性工作通用要求: GJB 450B—2021[S]. 北京: 总装备部军标出版发行部, 2021.

[2] 翟亚利, 张志华, 邵松世. 多种退化机理作用下的产品可靠性建模[J]. 系统工程与电子技术, 2021, 43(6): 1714-

1720.

[3] 周振愚, 钱跃竑, 刘毅. 产品维修性设计的系统工程方法[J]. 系统工程与电子技术, 2020, 42(5): 1198-1204.

[4] 郝伟, 谢梅林, 冯旭斌. 光学精密测量技术[M]. 沈阳: 沈阳出版社, 2021.

[5] 张冀, 李书, 贺天鹏, 等. 直升机 RMS 与测试性综合评估模型研究[J]. 系统工程与电子技术, 2016, 38(2): 470-476.

[6] 杨文芳, 徐永利, 陈竹梅, 等. 电子装备机械环境适应性指标优化方法研究[J]. 电子机械工程, 2015, 31(2): 59-64.

[7] 徐廷学, 刘勇, 赵建忠, 等. 维修性先验信息的融合方法[J]. 系统工程与电子技术, 2014, 36(9): 1887-1892.

[8] 赵书萍, 刘宏阳, 孙刚, 等. 基于模糊评价方法的航天器总装过程产品安全性评估模型研究[J]. 航天器环境工程, 2014, 31(2): 201-207.

[9] 江雷, 任德奎, 张宁, 等. BP 神经网络在装备保障性评估中的应用[J]. 四川兵工学报, 2014, 35(10): 74-76.

[10] 杜旭, 李跃华, 张金林. 基于灰色关联赋权值 DEA 模型的装备保障性评估[J]. 空军预警学院学报, 2013, 27(2): 130-133.

[11] 孙丽. 谈对电子元器件企业设计开发过程中"六性"的审核[J]. 电子质量, 2012(2): 50-54.

[12] 贾祥, 程志君, 郭波. 基于信息熵和 Bayes 理论的高可靠性产品可靠性评估[J]. 系统工程理论与实践, 2020, 40(7): 1918-1926.

[13] 尹园威, 尚朝轩, 马彦恒. 层次测试性模型的评估方法[J]. 北京航空航天大学学报, 2015, 41(1): 90-95.

[14] 张西山, 黄考利, 闫鹏程, 等. 基于验前信息的测试性验证试验方案确定方法[J]. 北京航空航天大学学报, 2015, 41(8): 1505-1512.

[15] 李阳阳, 刘贺男, 滕伟彪. 控制器类产品测试性设计技术研究[R]. 北京: 中国宇航学会年会, 2019.

[16] 武玉玉, 马上, 阮征, 等. 运载火箭电气产品低气压环境适应性设计研究[J]. 宇航总体技术, 2019, 3(6): 25-29.

[17] 孟凡胜. 再入目标红外辐射特性测量处理系统理论与方法研究[R]. 西安: 中国科学院西安光学精密机械研究所, 2007.

[18] 韩朝帅, 王玉泉, 陈守华, 等. 基于虚拟现实的维修性定量指标验证方法研究[J]. 航天控制, 2014, 32(6): 75-80.

# 第 7 章　光学系统的使用保障和退役处置

一个光学系统在设计、制造和测试合格后，便进入了运行使用和系统保障阶段。这个阶段很长，直到产品的生命结束，是处置和退役阶段之前最后的生命周期阶段。

在这一阶段所完成的活动中，研制方需要获取设备使用方法、性能和可靠性数据并进行分析，并当作下一个系统设计的一部分，从而能够持续地提高新研制设备的性能和可靠性。

## 7.1　光学系统的使用保障

系统工程的目标是构建一个满足用户需求的产品或系统。当系统制造完成之后，就可以交给用户使用，并且在接下来的较长时间内，研制方有责任对系统进行改进和保障[1]。在移交之前，通常采用培训和技术保障的形式来帮助用户能够正确地使用系统，以满足他们的需求。保障和改进是两种主要的方式，保障可以采用预防性维护活动或对随机的硬件故障进行维护的形式进行；改进的原因有两种，一种原因是可能存在系统交付部署之前没有表现出来的潜在的设计错误。另一种原因是用户为了适应新使用要求和使用环境，不得不通过改进来实现；也可能是对技术运用有新见解，或者因为新技术的出现或过程的更改，多种原因都有可能导致对局部进行改进。

### 7.1.1　背景和定义

为了以高效费比的方式有效地开发一个新产品或系统，需要考虑整个系统开发生命周期。需要考虑的成本不仅仅是系统开发和最终的系统成本，如果在产品设计之前，没有考虑类似维护、保修和顾客培训的保障成本，并分解到成本分析中，系统所付出的代价可能非常高，并使整个项目收益降低或受到损害。系统开发生命周期过程考虑一个产品或系统从开始的方案到最终处置的所有节点，可以分解成几个部分：研制、使用、保障和处置、退役、回收。处置、退役和回收可能和研制方无关，但作为系统工程的一部分，研制方有义务为用户方提供好的参考建议，尽量做到不浪费资源、不对环境产生负担。

在研制阶段，研制方确定用户需求并完成方案设计、初步设计、详细设计、研发生产，最终得到合格的产品，并投入使用。

在使用阶段，用户方拥有了产品和系统，并开始利用它的使用价值来满足应用要求。在这一阶段，用户方通过使用系统来评估其性能和可靠性。此外，用户也可能通过使用过程来探索和确定系统的其他用途，并确定有无新要求或改进的性能需求。这些信息将有助于系统的改进、增强，并启动组织的升级改进。这些信息将作为产品改进的预先策划活动的一部分，对下一代产品产生新动力。

回收阶段包括系统退役、处置和可能回收的阶段。在系统已经交付使用后，通过连续地评估其效能，并确定系统性能是否仍然能够满足运行使用要求；或者在系统日历寿命将要到达终点时，作为用户方，需要考虑系统退役或维护、改造升级的可能性，权衡维修成本与更换成本的代价。在确定系统性能不再满足需求，且进行维护在成本上不再合算时，需要作出系统退役的决策，这种情况下，将基于当地或相关部门的法律或规定对系统进行处置。

当开发一个系统时，需要考虑系统运用和退役，以确保在开发过程中进行适当的权衡，关注并策划保障和运行使用活动，确保系统持续地满足用户需求，具有适当的、高效费比的可靠性和可用性，并且实现其使用寿命周期内的后勤保障。在回收阶段，不同的单位组织可能有与专门处置该运用系统的材料相关的要求和规定，如果不涉及危险物质的处置，用户可以按照规定自行解决，这样的过程与研制方没有关系；如果在回收过程中，牵涉危险物质的回收，而用户方又没有能力处置，则研制方有责任帮助用户方进行处置，且在研制初期和设计的过程中就要考虑负责系统的处置问题。如果在系统开发生命周期的开始没有考虑和适当的涉及，可能会产生超过预期的成本增加，并且可能对研制方产生显著的后果。

与系统研发并行的后勤保障过程如图 7-1 所示。

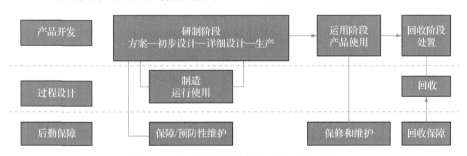

图 7-1　与系统研发并行的后勤保障过程

建立贯穿整个系统开发生命周期的并行的制造过程，配置、保障、维护与退役过程，确保在建立系统需求并分解到整个产品开发过程的早期做好系统规划，并进行有机权衡，可以显著地降低成本。

系统设计过程中，应当采取在以往系统开发生命周期中得到的历史数据，并进行持续的改进。几十年来的经验表明：在设计之初就通盘各个环节并采取有效的方法，才能实现一个有效的、经济上具备竞争力的正常工作的系统，如果在研制出来后才做大量的工作，这样的系统是绝对不可能实现的。因此，在系统设计和研发阶段的早期就应当考虑系统的运行使用阶段及以后的预期结果。

1. 系统使用、保障、改进和维护

当一个产品或系统经过正规的设计评审、建立系统功能基线、验证系统能满足所有需求、并被用户接受且使用之后，就进入了系统的运用阶段。即便一个系统转到了运用阶段，仍然存在对系统进行更改的可能性。在整个系统开发生命周期内，出于许多原因可能需要对系统设计进行更改。例如，在使用过程中发现不符合当前的需求功能或工作范围的部分功能问题时，在运用阶段可以策划分步骤的设计改进。其他涉及系统升级改进的原因可能是，采用新技术，或者系统在使用过程中出现兼容性问题等。更改也可能是由于对用户需求或者对系统应用的误解，或者由于用户提出的新需求。在引入和实现这些建议的更改时，也需要后勤保障，以确保能够实现用户所需要的有效系统。

从以上分析可知，使用、保障、改进和维护是产品开发研制过程的有机相连的阶段过程，且贯穿于产品生命的始终，只有采用系统工程的方法进行设计，才能最大程度地节约成本，保证使用性能达到要求。

2. 系统更改

按照产品开发规定，产品开发所依据的基本材料为任务书。任务书的定义可以这样描述：任务书是经过相关部门批准并发布的定义所设计产品或系统的任务、功能要求、性能参数的文件。一个产品研制成功后，当需要实现新需求或者评估系统是否具有性能缺陷时，需要在运用阶段进行改进。如果需要进行系统改进时，就要修订所建立的产品或系统需求任务书，以满足所要求的更改要求。无论更改的规模如何，必须遵守适当的配置更改管理。对系统任务书哪怕一个小的更改也可能会产生大的影响，即便是最初认为对硬件、软件、数据或过程的某些更改对系统的性能不会有大的影响，但这些更改往往具有潜在的后果，因为任何一个更改都会影响整个系统的设计配置。例如，对光学主镜设计结构的一个更改，包括尺寸、质量、封装和增加的性能能力，可能会影响相关的软件、测试和支持设备的设计，备件、修理件的类型和数量，技术数据，运输和置放等相关的规程。

任何单元的更改都可能对其他单元造成连带作用，或者对整个系统产生影响，有时需要进行更多关联的多项修改。如果在一个给定的时间需要更改的内容多于一项，对其他系统的影响评估、跟踪和维护需求难度更大。因此，相关单位和个人一定要慎重管理所有的更改。如果确实因为客观需要必须进行更改，则必须对所需要的文件做相应的更新，且对需求重新进行设计，设计完成后，必须经过相应级别的评审确认，否则便不能成为正式文件。在需求或设计被更改时，需要进行回归分析，以确定对系统的影响，以及需要重新进行哪些内容的测试来确保与需求性能一致。在重新测试结果表明已经满足新需求后，可以将更新后的系统交付给用户使用。

更改的原因有很多，有些更改是为了更好地满足需求和使用，有些更改是合同的规定，有些更改是研制方根据实际情况做出的选择。无论哪种原因，这些行为将会影响研制方的直接成本，除非根据合同能够确定研制方无需负责这些更改。在大多数情况下，在系统开发生命周期越晚的时间进行更改，付出的成本就会越高。通常认为，在一个特定的环节确定后进行的更改视为较晚的更改。例如，在详细设计方案评审后进行的更改，就被认为是较晚的更改。这个时候进行的更改，会牵涉比较多的重新设计和分析。

在系统研发生命周期中，即使经过了严密的策划论证和评审，技术更改也是不可避免的，因此提倡"严、慎、细、实"的工作作风，以避免出现大的差错。

（1）系统更改的最佳时期选择。对系统功能基线的更改，可能会影响不同的系统单元或者整个系统，所有这些更改都会影响到生命周期成本，包括经济成本和时间进度成本。既然更改不可避免，最好的办法就是将更改的影响程度降到最低，即更改的最佳时期选择。为了避免在错误的阶段引入更改，需要一个规范的更改过程，确保实现整个系统开发生命周期内的可追溯性和可复现性。

（2）系统需要更改的标准确定。系统性能必须满足需求是更改的底线，在此基础上提出的更改须经评审才能生效。对每项更改的评估要考虑对整个系统的影响，更改评审通过后，所有支撑文件（包括需求文件、详细设计文件、测试规程和报告、安装指南和运行操作手册等）必须更新或补充完整。要保证系统工程过程的成功实现，从项目开始直到整个系统生命周期，需要建立一个高度原则化的配置管理过程。

在整个系统开发生命周期内，应严格遵守工程更改建议过程文件，以确保文件描述准确、系统运行和需求正常、设计方案和终端产品一致。

（3）项目管理部门的职责。项目管理部门需要对配置管理进行有效控制，对经工程更改建议过程批准的与系统相关的文件、硬件图纸或者软件功能基线的更改，一定要形成闭环。

工程更改建议书中对更改项目的建议内容包括需要更改的技术细节和影响分析、更改等级和优先级、更改的原因和方法措施等，论述要完整清晰，经过评审后要及时存入档案。

### 7.1.2　策划改进

在系统开发生命周期内，随着用户的需求变化、技术的改进、对产品或系统的深入了解，要对产品和系统进行演进。同样的道理，系统工程过程也要通过演进来降低与规划未预期的变化带来的风险。

研制方在研制过程中，或在产品交付后，仍然存在的具有挑战性的工程问题，需要采用有计划的产品投放和改进策略来解决。挑战性的工程问题一般由以下几种情况造成。

（1）在项目开始时对部分概念定义不准确或不全面，对于需求理解不够准确或全面等造成的设计缺陷；

（2）技术实现的难度、技术发展的局限性带来的功能性不足，或者由新技术带来的新发展，会对系统的性能有一个大的提高；

（3）用户需求的变化、增加或升级引起的变化；

（4）政府政策、标准或规章制度的变化带来的需求变化；

（5）运行使用方式、后勤保障方式或其他规划或做法的变化产生的需求变化；

（6）技术条件变化带来的更好的性能变化或成本降低，需要对产品进行更新；

（7）可靠性提高和可维护性改进引起系统的使用、维护或保障成本降低，包括拓展新应用支持方式；

（8）系统改造导致服务寿命延长计划，需要提高服务质量来完成后续工作。

任何设备在使用过程中，技术改进优先考虑和进行的前提之一是发生与安全相关的问题。当设备在使用过程中，发生与安全相关的问题时，研制团队必须立即进行策划和考虑，这些方法包括以前未策划的、必须进行的改进，以确保操作使用人员的安全和设备的安全。另外，要考虑到用户方对产品和系统未来的需求、升级改进或预期的变化，并有计划地进行开发，要在整个系统开发生命周期内，在系统性能优化和升级改造过程中，要能准确识别需要修改的关键环节，并重新建造或进行配置更改。解决性能问题或改进系统性能是产品使用、维护阶段的主要内容之一。

在系统开发生命周期的不同阶段具有相应的产品改进措施，这些措施包括演进性采办、增量式开发和开放性系统设计方法。

#### 1. 演进性采办

演进性采办可以理解为一种采办策略，当定义、开发、生产和采办、部署一个系统时，在所要求的时间内，初始运行能力难以达到最终的要求，但经过相关的环境试验技术、分阶段的系统需求和验证后，所制造的系统在较短的时间内能够达到所需要的基本能力，随着时间的推移，通过采用改进的技术进行能力提升，从而实现一个随着时间推移不断演进的完整和自适应的系统。

演进性采办是一种以尽快地为用户交付有用的系统能力为目标的方法，其重点在于交付的系统具有的能力不少于所需功能能力的 80%。演进性采办的主要技术途径是螺旋式开发。螺旋式开发过程，首先假设完整的性能需求或者所需要的特征是未知的，需要用户的输入来洞悉最终的系统结构，在用户开始与系统接触并使用系统后，将驱动附加的性能需求并进行系统更新。当采用这种技术途径时，初始投放的需求聚焦在基本系统，这一核心的基本系统将持续进行改进和演进，直到整个系统满足用户的要求。这种方法的重点是定义核心的性能和升级改进的路线，以便在未来实现附加的特征。通常，这种技术途径采用开放性系统或模块化设计途径，从而为升级改进提供便利条件。这也允许对将集成到产品或系统中的技术进行升级改进，以帮助控制成本。演进性采办为一个产品或系统的全寿命周期的策划产品改进铺平道路。演进性采办通过对产品或系统的升级改进，使之与当今快速演进的技术同步，确保设备的技术领先性。

## 2. 增量式开发

增量式开发的特点是允许在整个系统开发生命周期内进行改进，这种技术途径也称为 $P^3I$。这种措施的用意在于延缓在确定的时间进度内难以实现的需求或改进工作，通常用于延缓实现不能全面理解的需求或暂时难以达到的先进特征的需求[2]。这种技术措施实现的关键是尽快地为用户交付 80% 的系统性能。当研制方可以提供或实现过渡的特征和能力解决方案，而系统的其他部分仍然处于发展阶段时，可以采用 $P^3I$ 技术途径。

这种技术途径成功的关键是把扩展功能看作系统设计的一个有机的组成部分，并设计成良好的接口需求。这在光学设计中常常采用。当时机成熟或用户需要时，就可以完成接口的组成和组装。对于一个复杂的系统，在将来能预见的更高性能需求的情况下，可以采用 $P^3I$ 技术开发方法。$P^3I$ 技术途径也可以用于实现技术进步或简单的性能改进。为了实现将来的系统改进，需要具有良好的接口定义的模块化设计，接口定义得越好，越容易开发集成并成功地应用在现有的系统中。

## 3. 开放性系统设计方法

开放性系统是一个能充分实现开放的接口、服务和支持格式的规范系统。采用开放性系统设计的好处是，能够在进行最小更改的条件下运用适当的工程化组件，实现系统升级或部分功能改进。开放性系统具有以下特征：

（1）具有良好定义的、宽泛使用的、非专有的接口/协议；

（2）采用由工业界认可的标准开发原则；

（3）系统接口定义全面；

（4）对扩展或升级有明确规定。

开放性系统设计方法的目标是便于采用接口管理将新技术集成到现有的系统中。为了成功地采用这种方法，系统设计过程必须考虑到未来的变化和现有还不能预期的技术进展。系统设计一定要容易实现改进，并便于有效地吸收新技术。

作为一种优选的业务策略，开放性系统设计方法被大型复杂系统的研发人员广泛采用。应用开放性系统概念和原则进行设计，对于产品在应用过程中，更容易适应技术的变化，通过推进多源供应和技术插入，寻求在成本、进度和性能上获得较高的收益。

确定采用开放性系统方法学的重要性，在于采用开放性系统设计方法理念会带来多方面的可支持性收益，这些收益包括降低成本、提高设备性能和扩展应用范围等。开放性系统设计最好采用货架产品进行更新，可以大大降低科研和测试成本。由于开放性系统设计方法成功的关键取决于接口管理，因此需要制订严格的接口工业标准，并保持与最新技术并行发展。采用标准化的协议和接口的开放性系统设计，使设计方案更加灵活稳健，并增加能够采用商用货架产品解决方案的数目。采用商用货架产品系统，需要技术人员做更详细的策划、研究、测试和数据管理，以确保可以得到高度可靠和可用的高质量的新产品。

采用商用货架产品的不利因素是系统后期保障的问题。采用开放性系统设计方法，充分利用商用货架产品，尽管可以带来研制成本的降低，但对后期保障会带来更大的挑战。例如，一些元器件、板卡或其他产品，随着技术的发展，很快进入淘汰期，或者进行了更新换代，当系统出现故障需要更换时，难以找到相同型号的配件。

为了防止出现类似的情况，在设计研制过程中，研制人员需要提前做好规划和预测，尽量减小这方面的损失。可以采用两种方法进行保证，一是做好技术预测，并适当调整资源。做质量保证、配置管理和数据管理时需要预测新技术的发展和对供应商的影响和支持，并适当地调整资源；二是系统集成和测试过程调整使用不同的配件产品，以适应在现有系统中引入新组件。

良好的配置管理是开放性系统设计方法获得成功的关键，如果没有得到有效的管理，单纯采用商用货架产品可能增加整个生命周期的成本。采用开放性系统设计方法创建文档，从而能在整个系统生命开发周期内持续对相关文件、图纸、规范和培训材料等进行有效的更新。这对开发和支持团队是一个挑战，所需时间和资源成本的不确定性风险也会增加。

有计划地改进系统质量，在成品之前提高技术成熟度，满足具有挑战性的用户需求；在系统处于运用阶段时，能够更好地理解有关使用需求和性能需求的问题，以及如何实现这些需求，从而使系统能够满足用户的实际需要，而不致过度设计或设计不足。

综上所述，有策划的系统性能改进涉及三种不同的策略，即演进性采办、增量式开发（P³I）方法和开放性系统设计方法，采用不同的策略设计的开放性系统，无论使用货架商用产品或成熟度不足的产品，都能在降低生命周期成本的同时，给后勤保障带来挑战。

### 7.1.3　一体化后勤保障

根据系统工程概念和技术方面的研究规定，后勤保障的定义可如此描述：在系统或设备设计以及系统或设备的整个生命周期内，综合考虑集成可保障性和后勤保障性的管理和技术，以高效费比的方式及时策划、采办、测试和提供所有后勤保障单元的过程。换言之，在整个生命周期内，对一个产品或系统所需的改变是由一体化的后勤保障来管理、规划和支持的。为了有效地支持贯穿整个系统生命周期的一体化后勤保障的所有方面，需要强有力的技术背景和专业技能的团队支持。

一体化后勤保障包括以下几个方面的内容。

1. 培训支持

（1）开发培训材料并进行课程管理；

（2）培养培训人员；

（3）线上帮助或支持团队。

2. 供货或库存品管理

管理所有的备品备件、修理件或过时的零件。

3. 编写技术文件

（1）编写和交付操作手册、快速入门指南等；

（2）编写维护或服务手册。

4. 配置控制和管理

以规范、图纸、编码基线等形式来支持硬件、软件配置和更改。

5. 资源管理

包括测试设备和资源的管理。

6. 储运管理

包括产品或系统封装、储存、装卸和运输的管理。

### 7. 后勤人员管理

提供后勤和维护支持所需要的人力资源。

### 8. 行业风险管理支持系统

（1）确定系统、子系统、组件、部件、零件故障率和相关的故障率分析报告；

（2）确定所需的预防性和修正性维护；

（3）确定保修期和覆盖的内容。

为了确保适当的一体化后勤保障模式，需要完成可保障性分析报告。后勤保障是任何产品尤其是长期复杂的项目必不可缺的环节，对于光学系统这种精密而又复杂的系统来说，必须依靠系统工程方法来满足后勤保障需求。

1）系统支持和服务背景

提供适量的系统支持，很大程度上取决于系统的特性、环境和用户的需要和期望。例如，市场上的许多货架产品，已经不再采用长期的可支持性或常规的系统工程服务等级，而是回到成本更低、更快的模式，或者采用成本更低、更快、更好的开发策略。在工程界和其他业界，经常讨论成本更低、更快、更好的模式，其重点是怎样适当地开展业务，以及在产品或系统中构建适当的平衡点。

很多经验表明，一些过去有效的做法并不适宜当今科技的发展，一些观念也需要更新才能找到更好、更有效的方法和机制。找合适的方法，也不是轻而易举的，而是需要不断的探索，也需要相关各方互相协商并达成共识，这样才能推动方法、机制和体制的改进和发展。例如，采用传统的做法，在设计和研制过程中，相同的元器件要预留足够多，以备将来的更换使用。但是，由于科技发展实在太快，对于过去预留的元器件，在所使用元器件的寿命周期内，相同功能的元器件早就有了更好的产品替代，性能和价格更优良，那么以前的预留元器件只能全部作废。这不但造成极大的浪费，而且花费了不小的成本。

因此，研制之初进行科学合理的预测非常重要，不能忽视。

最好的做法是将预见性研究纳入开发策略中，在保障过程中，在满足成本更低和速度更快的前提下达到最好的效果。一些民用产品，在科技发展迅速的前提下，在不强调可维修性的时候，追求产品性能的卓越和功能的强大，但产品寿命有限，强调产品的更新换代，减少保障性服务人员和机构，以降低维修成本。但是，许多军用系统，则要考虑和规划长期服务，更加强调耐用性、可升级性和可维护性需求。后勤保障的一部分工作，是确定对于所提供的产品，需要相应级别的服务，提供相应级别的保障。根据效益相宜原则，并非所有的产品都需要或者希望相同等级的后勤保障，必须关注后勤保障系统和产品需求的发展，以确保满足用户的实际需求。

2）过去和现在的一体化保障需求

对系统工程和计划的后勤保障的支持不是新事物，事实上，这些概念已经使用了很多年，甚至可以追溯到几千年前。当年埃及人建造金字塔的时候，他们不是建造需要法老批准的最终的金字塔产品，而是要建造能够让法老在下一个生命周期生活几个世纪的金字塔。对于建造人员而言，能够为法老建墓是他们的荣誉，埃及人的观念是让法老永垂不朽。在金字塔背后的后勤保障是难以置信的地图绘制术和良好的训练领班团队、成千上万的工匠，以及持续几十年的远距离物资供应流。金字塔建造者完全可以被看作那个时代的系统工程师，在着手建造之前，已经开展了很多关于金字塔工程和建造的研究，包括深入研究了供应链和金字塔的生产本身这样的连续性工程。

可保障性的思想是在系统开发过程中自然地根深蒂固的。当罗马人建造引水渠时，关注的不是怎样低成本地、快速地建造，而是怎样使城市最好地得到新鲜水。这些引水渠必须建造为能够承受战争和灾难，并能跨越几千里进行远距离供水。因此，系统保障自然构建在引水渠的系统设计中。引水渠被建造为几乎与现代系统工程原理相关的一系列子系统。罗马人采用经典的罗马拱来支撑引水渠，这是持续到现在都依然坚固的结构，并且在现在的许多建筑技术和风格上仍然可以看到，现在仍然被看作一种"现存的超级结构"。

同样地，我国的都江堰水利工程也堪称是古代系统工程的典范。为了引得岷江水灌溉成都平原，李冰率人对岷江流域进行考察，首先寻找到合适的修造水域，根据地理、水流、人文等因素，进行系统设计，设计过程中，综合考虑筑堰、分水、排沙、清淤、维护，既要考虑丰水期，又要考虑枯水期，还要考虑与下游沱江的相互配合，在综合考虑天文、地理、水文、地质、民俗、风物等多种因素的基础上，最终建设完成了泽被后世的都江堰，不仅成就了被誉为"天府之国"的成都平原，而且为世界水利工程留下了辉煌的典范之作。

随着时间的推移，尤其在最近几百年中，系统已经变得越来越复杂。在速度更快和成本更低的系统需求之间，在许多现代的设计中，系统可维护性有时被放在了次要地位，已经被遗漏或未被充分利用。过去，当系统较小、复杂程度不高、不会对其他系统产生影响时，将可维护性加入设计过程中，保障要素的确定和实现容易。然而，随着系统和技术的快速持续演进，需要发展和改进人类思维的整个过程。摩尔定律已经突破了原来的与晶体管和集成电路的技术联系，已经扩展到不仅适用于在半导体领域的技术进步，而且适用于硬件、软件和系统，摩尔定律应用在更加宽泛的领域，包括工业和经济。

作为新系统的发明者和创建者，要尽可能快地进步，不能再简单地只着眼于交付系统，在光学系统设计与建造领域，必须着眼于整个图像，并且有效地设计交付系统后的后勤和保障结构。这些思想和技术，不仅要实现后勤保障系统，而且能以最有效的方法和效费比最高的方式对系统和用户提供服务，这在当今和未来复杂的、一体化的技术中正变得越来越重要。

一体化后勤保障是一种用于必要的管理和技术活动的、规范统一的、迭代的方法，它具有以下四个特征。

（1）统一设计思想：将保障设计集成在系统和设备的方案设计中；

（2）确定保障需求方案：确定与目标、系统设计相关的保障需求；

（3）保障实现：获得所需要的物质保障；

（4）持续运行：在运行使用阶段以最低的成本提供所需的保障。

与一体化后勤保障相对应的四个阶段可以表述如下。

（1）采办阶段，由系统的材料、供应和规范定义，明确相关的保障需求，然后进行开发、采办和交付资源，并初步运用、使用系统；

（2）持续阶段，为寿命周期内持续的成本增长和系统的材料和组件的补偿阶段，确保系统正常运行；

（3）应急阶段，定义为确保系统易于复制或重建的阶段；

（4）处置阶段，确保对环境和健康影响最小，并对系统进行适当的处置，使之不会落到未被授权的人手中。

### 7.1.4　保障要素

为了确保系统保障的有效性和可实现性，需要建立一个系统长期使用的综合维护计划。在制订计划的过程中，牵涉许多关联的要素和变量，这些要素和变量需要进行充分考虑，并根据轻重缓急做出必要的调整[3]。

与一体化后勤保障有关的有 9 个保障要素，这些要素必须分解到系统开发和保障计划中。一体化后勤保障要素关联如图 7-2 所示。

图 7-2 中列出了一体化后勤保障所涉及的要素，也可能没有列全所有的要素，可以根据实际情况进行加减和修改。这些要素结合在一起构成一个完整的一体化保障计划，将为确定系统的全面保障计划奠定基础。一体化后勤保障从维护保障策划，到用于维护、测量、供应、培训、测试、拿放、运输设备和其他资源的过程、设备、设施、资源和人员的支持设施等关键领域综合于一体，为确保系统在运用阶段继续有效地满足任务、运行使用需求，提供必要的能力。

当考虑一个特定系统的一体化后勤保障时，系统的复杂性和规模决定了所需的保障、维护活动和后勤的类型。例如，显微镜是一种多场合常用的光学仪器，按照光学和系统的定义，这是一个简易的光学系统，它的通用性和简易性决定了一体化后勤保障结构相对简单，不需要建立特殊的保障体系。如果出现了透镜裂纹等损坏情况，如果在保修期内，只需要更换透镜，或者从其他开发商处买一个透镜即可。

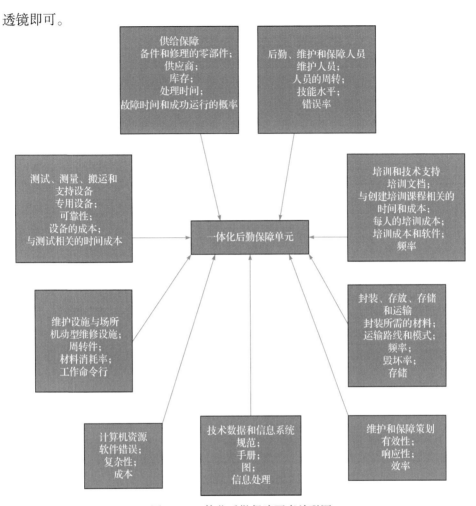

图 7-2　一体化后勤保障要素关联图

对于复杂的、专用的光学系统来说，情况就会不一样。例如，大型光学仪器、大型天文望远镜，甚至星载光学系统等，除需要大量的专用零件外，还包括修理的难度，都需要专门的一体化后勤保障措施来实现。

### 1. 维护和保障策划

维护和保障策划涉及的因素很多，包括维护计划策划和保障活动策划，这为一体化后勤保障的有效实施奠定了基础。维护和保障策划是一个迭代过程，需要根据不同的使用条件、环境条件和任务模式制订更详细的维护和保障计划。当进行保障策划时要考虑三个方面：有效性、响应性和效率。

系统保障和维护活动必须有效和可靠地将系统维持在所希望的性能水平上。

有效性涉及适当的资源、专业知识、能力和动机（包括工具、人员、设备、设施、过程、培训和时间等）来实现所需的维护和保障功能。如果需要系统每周 7d、每天 24h 工作，则保障的效能必须与性能准则相匹配，且需要具有备用的或冗余的系统。例如，即使当系统设备有故障或问题时，通常也必须保持一个光纤网络运行工作。因此，大多数系统应当构建冗余系统，不仅要部署冗余的光纤，而且要部署冗余的光生成器，以确保当在主线中检测到故障时系统仍然能够保持运行，使维护人员有时间来解决问题。

响应性是当出现问题时修复系统所需的时间。例如，冗余系统接入需要的时间，以及维护或修理人员到达系统并解决问题所需的时间。如果用户要求在出现故障问题时，研制方保障人员必须在请求发出后 24h 内给予响应，那么在做保障规划时，就要考虑在接到用户的维护请求到技术人员到达现场，响应时间是 24h 的时间和路线规划；如果有些地区因为交通不便难以到达，也需要在计划中注明条件，以免产生不必要的误解。

效率是指在一定时间内要完成的有用的工作占总工作量的百分比。对于高效的维护活动，有用的工作所占的百分比是衡量保障效率高低的一个指标（如错误少、重复工作少、中断时间短），保障方可以尽可能地提高效率，但也要视具体情况而定，不能一味强调效率而忽略其他情况。效率也可以从系统本身考虑，如果系统有用的工作输出相比于维持系统运行所需的修理工作成本（包括时间成本、物资成本和人力资源成本）较低，则可以认为是一个低效率的系统，可以考虑进行更换。

决定维护工作的响应性、效能和效率的因素很多，发现问题、准备用于维护的系统/子系统/组件、将维护件送到维护场所、处理要维护的部件、完成维护、验证维护活动、将维护件返回使用场所、安装维护件或者维护件放在库存中用于将来使用等一系列活动。

用于评定维护和保障活动的效能、响应性和效率的系列指标，归纳如下：

（1）维护造成的停工时间（maintenance delay time，MDT）：这是系统不能运行使用的总时间（包括管理性延迟时间（administrative delay time，ADT）、持续延迟时间（lasting delay time，LDT）以及实际的风险时间等）。

（2）管理性延迟时间（ADT）：由于管理原因而不能及时维护所占用的时间（如对系统进行记录、安排维修进度、基于优选级进行等待的时间等）。

（3）持续延迟时间（LDT）：将系统运送到维护场所、等待维护所需的部件或设备等所占用的时间。

（4）平均达到维护时间（mean achieve maintenance time，MAMT）：完成维护活动所用的平均时间（包括预防性检查维护和修正性检查维护所占用的时间），也称为平均故障修复时间（mean time to repair，MTTR）。

（5）平均预防性维护时间（mean preventive maintenance time，MPMT）：对系统进行预防性维护所占的时间，这是预防性维护的频率和每次预防性维护所用的时间函数。

（6）平均修正性维护时间（mean corrective maintenance time，MCMT）：对系统进行修正性维护所占的时间，这是每个可修正件的故障率和维修可修正件所用的时间函数。

（7）平均无维护工作时间（mean time between maintenance，MTBM）：所有维护活动之间的平均时间（包括计划的和未计划的）。

（8）平均无更换工作时间（mean time without job change）：在规定条件下和规定时间内，产品能够正常运行而无需更换部件的工作时间。这一指标通常用于衡量产品的可靠性，且影响备件和后勤保障，并涉及预防性和修正性维护时间。

（9）平均故障间隔时间（mean time between failures，MTBF）：在规定的使用条件下，每两次相邻故障之间正常工作的平均时间。它相当于产品的工作时间与这段时间内出现的故障数之比，是故障率的倒数，是可靠性分析的一个中心参数。

（10）平均故障时间（mean time to failures，MTTF）：一般指的是平均无故障时间，即产品或系统在相邻两次故障间隔期内正常工作的平均时间，它是标志产品或系统平均工作时间的量，单位为小时，也是衡量一个产品或系统的可靠性指标。

（11）固有可用性（Ai）：是指产品或系统工作在理想状态下的概率，这一指标由平均故障间隔时间（MTBF）除以平均故障间隔时间（MTBF）与平均修正性维护时间（MCMT）的和。

（12）维护持续时间（maintenance lasting hours，MLH）：指的是产品或系统用于维护活动的工作时间。

（13）效费比（cost-effectiveness，CE）：简单理解就是成本与效果的对比关系，即在特定的资源限制下，实现特定目标所需的成本与达到该目标的效果之间的比率，它通常用于比较不同方案或决策的成本效益，以确定最具经济效益的选择。效费比反映的是相对于生命周期成本而言，系统能有效地完成任务使命的效率。有几个指标与效费比有关，如系统收益与生命周期成本之比、可支持性与生命周期成本之比、可用性与生命周期之比等。

在可靠性与可维修性设计过程中，通常采用统计分析法估计这些指标。不同的概率密度函数适用于不同的维护和保障活动。例如，正态分布适用于标准的日常维护类型；指数分布适用于涉及替换零部件的方法；对数正态分布适用于同时开展几项相关维护活动任务的情况等。

维护和保障策划为后勤和保障活动奠定了基础。在方案设计中策划维护，是确保在工程过程的所有阶段都考虑到维护方面工作的技术基础。在系统工程生命周期的第一个阶段，即方案阶段，要确保完成保障需求的论述，在后续阶段迭代这一过程，最终完成可保障性的详细维护策划方案。

### 2. 后勤、维护和保障人员

保障的第二个要素是后勤、维护和保障人员，指整个系统开发生命周期的可保障性过程需要的所有人员。一个系统的维护策略确定之后，就要确定用于系统保障的维护人员。维保人员因素包括所需要的人员数量和技术类型、技术水平、人员的周转，完成一项给定活动或维修工作需要的时间，人员的错误率和每个组织、每个人员的成本等信息。

维护策划的可行性问题。实际上，任何一个项目都不可能完全做到后勤、维护和保障人员的先期规划，况且人员具有一定的流动性，即使先期确定的人员，也可能因为多种原因而难以继续后期的工作、有一种情况就是，后期维护人员中，尤其是技术维护方面，最熟悉技术状况的还是设计人员，因此这些人员当中相当一部分可能是技术研发人员。因此，在保障策划这一环节上，维护策略的可行性才是最重要的。

### 3. 供给保障

系统保障的第三个要素是供给保障。供给保障可能是最复杂、最重要的一个要素，包括的事项范围宽泛，可能的问题和意外的问题多，不可把控的问题也多。归结起来大概有如下几类：

第一类，零部件的可获得性或提前量。这个问题涉及许多复杂的因素。例如，所需零部件的供应时效性、技术有效性、库存中应当保持的数量、库存中存储这些零部件的成本等。

第二类，零部件的供应保证问题。供应零件的供货商的资质和数目、零部件的处理或采购时间，这些零部件是否能够解决系统问题，以及库存的周转率等。

第三类，非常备的维修用品采购。有一些非常备的维修用品，可以随时购买。例如，望远镜上的橡胶垫片、黏胶，用于更换有裂痕的透镜等非计划性维护。

供给保障的一个功能是确定保障系统所需备件的初始数量。当确定一个给定系统的初始库存数量时，必须考虑以下因素：

（1）修正或预防性维护措施所需的备件数目；

（2）补充修理件或进一步维护所需附加的库存水平；

（3）考虑到采购件未来的提前量所需的附加的零部件数目；

（4）当现有的零部件完全报废或被认为不可修理时，要使用的附加的产品或零部件。

准确确定所需的备件数目往往具有很强的挑战性。如果备件过少，可能会使 MTTR 和系统停机维修时间增长，导致系统效率降低。反之，如果订购的备件太多，将会带来更多的成本消耗，采购和储存成本增高。

确定供给的零部件和库存的第一步是确定工作系统出现故障的概率。假设故障出现后将启动维护行动，采用泊松概率密度函数来确定与系统故障率、故障数和故障时间有关的系统可靠性，则一个工作的系统出现某一给定故障的概率由式（7-1）给出：

$$P = e^{-\lambda t} + (\lambda t)e^{-\lambda t} \tag{7-1}$$

式中，$\lambda$ 为故障率；$t$ 为系统使用时间；$P$ 为仅需一个备件成功解决系统一个故障的概率。例如，如果在周期 $t$ 内一个零件的可靠性被确定为 0.8，且 $\lambda t$ 值为 0.223，则工作的系统仅有一个故障的概率为 97.84%。对这一结果的另一种解释：在给定时间 $t$ 的某一个点（从系统开始投入使用和运行开始），系统能工作的概率为 80%，如果在运行使用上能够接受在 $t$ 时间内有一个或更少的故障，则可靠工作的概率从 80% 提高到 97.84%。

后面提到的方程代表仅有一个备件的系统，每个附加的备件在泊松表达式中增加一个项，如果在系统中有 $n$ 个具有相同故障率的组件，具有 $n$ 个组件和 $x$ 个备件的系统（假设可以采用所有 $x$ 个备件高效地修理而不会影响系统运行使用）成功运行的概率由式（7-2）给出：

$$P(n,x,\lambda,t) = e^{-n\lambda t} + \frac{(n\lambda t)^2 e^{-n\lambda t}}{2!} + \cdots + \frac{(n\lambda t)^x e^{-n\lambda t}}{x!} \tag{7-2}$$

这里假设所有备件是可以互换的。基于方程（7-2），必须确定应当储存零部件数量以保持系统具有一定的成功运行的概率。此外，应当调整获得零部件所需的提前时间，换言之，手头的备件数目取决于需要多少个备件来保持系统在给定的概率下正常工作，包括得到备件并成功更换所需的时间。假设手头有所有的备件，而所有的修理工作不会影响到系统的运行，成功运行概率由式（7-3）给出：

$$P(n,\lambda,t) = \sum_{x=0}^{s} \frac{(n\lambda t)^x e^{-n\lambda t}}{x!} \tag{7-3}$$

式中，$P(n,\lambda,t)$ 为系统成功运行的概率；$x$ 为库存备件数目；$n$ 为系统的零部件数目（如系统中可能出现故障且需要库存备件的零部件数目）。

所有这些可以导出一个给定系统从开始使用到进行初次维护并贯穿系统的整个生命周期所需的供给。

当考察需要多少库存时，需要了解系统中关键零部件和这些零部件的成本。一种零部件可能会导致一个系统不能运行使用，另外一种零部件可能仅造成系统使用不方便，不同的零部件成本也会不同，有时甚至相差很大。根据这些信息，制订方案时要对所需部件进行核算，每种零部件需要多少备件，需要根据易损性和寿命周期，保持一个合理的平衡关系。

系统的复杂性越高，规模越大，对零部件的需求种类越多，越繁杂，真正做到精准的平衡并不容易，因此在设计保障方案时，不但要对系统技术状态掌握透彻，更需要对结构和配件的性能全面了解和分析，以极大的热情和细心做好这方面的工作。

4. 培训和技术支持

培训和技术支持驱动系统对专门专业人员的需求，在系统研制过程中，需要对这些专业的技术和服务人员进行相关的业务培训，培训内容包括系统原理、日常维护、故障处理等各个方面。人员培训的费用和时间视系统的复杂性而定，规模越大，技术越复杂，培训费用占比越高，培训时间越长。人员培训需要考虑的相关问题包括培训时间节点、培训时间长短、在一个给定的时间内能够培训的人员数量、培训频率、考核内容和标准等；重新培训、更新与系统相关的新技术方面的知识、创建培训项目和相关文件成本、培训需要的设备、对人员培训需要的软件、培训人员需要的成本等。例如，一个必须每周 7d，每天 24h 运行使用的系统至少需要两个以上的保障人员，保障人员需要随时都能到位并能够高效地对系统进行维修，以确保满足系统可用性需求。即便是一个小系统，单独一个人员也不能在任何时间都能参加保障，俗语云"狮子也有打瞌睡的时候"，因此在培训之前就要考虑人员的备份和冗余问题。

5. 测试、测量、搬运和支持设备

在系统建造完成后，维护活动要确保系统的所有部分能够按规定的容差和指标运行，为此，通常需要专门的设备来验证满足这些容差要求，而且设备要得到适当的维护。这一领域包括在系统中所使用的用于测试、测量、装卸、诊断、标定、保障等活动的所有装备。为了确定所需要的测试设备的数量，所要考虑的因素包括以下内容：现有的专门设备的可用性、设备的可靠性、每次测试的成本、每使用一个小时的成本，以及被测试或修理的设备的可靠性。同时，也需要考虑测试设备的维护，因为在某些情况下技术标定设备是非常昂贵的，需要使用人员细心使用和保养。测试设备需要定期标定和维护，以保证其性能指标的有效性，使之始终保持良好的工作状态。

6. 维护设施与场所

维护场所是进行维护和后勤工作的所有物理场所。维护场所的位置、大小和布局，需要在系统开发生命周期的早期进行考虑，以确保在系统进入运行阶段前能够准备好。需要维护的部分是否一定要放到维护场所进行维护，取决于系统本身、维护的难度和复杂性。不同部件或组件的维修方式在整个维护性策划中提前考虑。维护人员可以将故障组件送到一个维护场所进行修理，维护场所包括维护车、车间、实验室等；也可能由于系统的尺寸太大，不便于拆卸和运输，或者由于安装方式，不能将系统送到维护场所进行修理，需要在现场进行维护等；某些系统可能需要维护人员在现场，以准确定位故障原因并顺利更换故障组件。当策划保障方案时，要对待处理维护件的数目、处理时间、维护工作排队时间、材料消耗和每个维护周期的消耗、每次维护活动的成本等因素进行集中考虑，并适当进行维护场所的建设。

### 7. 封装、存放、储存和运输

光学设备属于精密仪器，必须保证经过长途运输后，通过简单的维护和恢复，保证性能和精度不受影响，因此包装、运输、装卸、存储、系统恢复等环节需要进行严密的策划，并付出一定的成本。光学系统的精密部件，必须采用与其他部分不同的处理方式。例如，一个普通的商品，只需要有个外壳包装，就不需要特别担心装运的问题，而光学系统就不一样，光学系统对划痕、裂痕、冲击、振动是非常敏感的，因此必须花费大量的时间和工作进行包装设计，以保证在整个装运过程中保持原有的状态，且能承受一定的冲击和振动。运输方式也是非常重要的，因为当采用非常规的方式运输或者在加急条件下运输时，成本可能会上升。对运输问题进行策划需要考虑运输线路、运输工具、运输频率、运输时间等，成本包括运输安全性保障、专门的包装箱、包装箱的成本和重用性、运输的可靠性、运输时间、运输期间的环境条件（振动、冲击、温度和湿度）和包装毁坏率等问题。

车载设备运输时，根据季节和环境条件的变化，要考虑燃油的防冻、易燃等安全问题，对运输人员要做好教育，制订严格合理的运输制度和方法，确保运输的安全顺利。

光学设备的运输，实际上就是安全、效率和成本三个要素的权衡。三个要素中，安全是第一位的，其次考虑效率和成本，安全性好、效率高、成本低是最佳的解决方案。

### 8. 计算机资源

可保障性的策划必须涉及计算机资源。计算机资源要素包括硬件组成、软件需求、可升级性、网络、专门场所、环境条件以及软件和硬件之间的接口等，计算机资源也有对零部件库存、跟踪维修历史、跟踪外场问题、完成维护和维修，以及更新和维护文件的需求等。由于软件的特殊性质，即便在有一些错误的前提下往往能够正常工作，软件的可靠性实际上是按照在一定的时间内，在给定的环境中能无缺陷或无故障地运行来衡量的。

　　软件的质量保证，原则上是要靠软件测试来完成的。软件测试是使用人工操作或者软件自动运行的方式来检验软件是否满足用户需求的过程，软件的工程化测试是对软件质量的度量，通过异常状态和边界条件的输入，对软件的运行状态、健壮性、容错率等进行测试和改进。

　　9. 技术数据和信息系统

　　技术数据和信息系统是一个设备重要的组成部分，完整的技术数据和信息系统是设备可追溯性和完备性的保证。技术数据和信息系统必须被分解到整个可保障性模型中，包括技术表格或系统数据、报告、指南、供应商清单、保障数据库、零部件库存、跟踪维修历史、跟踪外场问题、对单元历史文件的更新和维护等用于对整个系统支持的所有文件和规程[4]。用于可保障性的技术数据和信息所指的事项包括每个系统的零部件数目、规格和容量、接入时间、数据库规模、处理时间和更改时间等。

　　作为大型设备的可保障性的系统手册，内容和信息要复杂得多，但力争做到详细而不杂乱，能提供快速而明确的指南应用。

### 7.1.5　系统生命周期后勤保障

　　实现整个系统开发生命周期的后勤保障，是建立在对系统进行可保障性分析的基础上的。可保障性分析可看作在整个系统的开发生命周期内，对系统进行保障和维护的总体性方案的综合分析和迭代的定义过程[5]。可保障性分析的主要功能有以下两个：

　　第一，在初始交付系统后，通过可保障性分析反馈和保障需求设计，为实现灵活的、可保障的系统保障模式提供指导；

　　第二，帮助确定系统的后勤保障方式、维护资源与准则。

　　与系统开发生命周期相关的保障性模型如图 7-3 所示。

　　从图 7-3 中可以看出，在系统开发生命周期内，保障是基于技术性能基础上的，贯穿"保障需求、可保障性分析和需求分配、可保障性方案评审、测试和验证以及保障和维护计划"的整个后勤过程，所有的环节必须围绕技术性保障来展开，并保证保障计划和方法的可行性，且覆盖所需保障的各个方面。图中所示的"可保障性方案评审"之后，如果发现系统保障是不可行的或不全面的，则要重新进行保障需求分析过程，以便进行改进或解决问题，直到合格。

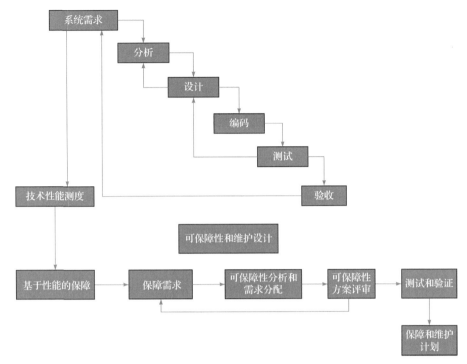

图 7-3　与系统开发生命周期相关的可保障性瀑布型模型

下面对保障需求的各个环节进行分析。

### 1. 保障需求

当定义系统的运行使用和保障需求时，就开始了可保障性分析过程。在系统开发工作的开始，要形成系统需求和技术性能指标，并作为设计考虑的一部分。基于性能的后勤保障，有与维护、后勤和可保障性相关的技术性能测度，相应地，基于性能的后勤保障也将形成对可保障性和维护性设计过程中各个技术单元的保障需求。

### 2. 可保障性分析和需求分配

可保障性分析和需求分配涉及获得较高层级的保障需求，并将它们转换为较低层级的设计原则，要进行分析以确定怎样满足具体的需求。例如，基于系统级的后勤保障需求，必然要确定保障人员的数目、备件和各种时间因素（包括平均故障修复时间、平均维护时间等）与需要的技能水平等。在规定这些要素后，可以用作较低层级设计的"要设计为"准则[6]，并针对各个后勤分解层级写出较低层级的需求。

3. 可保障性方案评审

在完成可保障性分析和需求分配后，开始对每项需求进行分解并传递到较低层级的需求层级工作。可保障性评审的目的是确保每项需求都得到分解、传递和实现，通过这一过程确保每一项保障都不会被遗漏。要保证可保障性评审对所有项目没有遗漏，设计人员要有一个可保障性项目检查表，以确保没有忽视主要的项目。

评估可保障性模型时要考虑的基本要点如表 7-1 所示。

**表 7-1　评估可保障性模型时要考虑的基本要点**

| 序号 | 内容 | 正确性确认情况 |
| --- | --- | --- |
| 1 | 全系统生命周期的后勤和保障定义 | 正确 |
| 2 | 供应链结构 | 完善 |
| 3 | 系统维护概念 | 正确 |
| 4 | 技术性能测度<br>对应保障单元 | 正确 |
| 5 | 可靠性分析的迭代过程 | 完善 |
| 6 | 可保障性分析的演进路径 | 正确 |
| 7 | 是否适合可保障性设计 | 适合 |
| 8 | 可保障性分析是否确定了系统所需的后勤和保障资源 | 是 |
| 9 | 分析模型是否具有集成性 | 是 |
| 10 | 各个技术单元的边界和定义是否全面和具体 | 是 |
| 11 | 对需求正确设计的规定和判别标准 | 正确 |

表 7-1 所列出的基本要点，可能不一定包括所有的项目，但给出了评估可保障性模型时要考虑的基本要点[7]。具体分析如下：

（1）是否充分定义了对整个系统的全寿命周期过程的主要后勤和保障功能；

（2）是否适当地定义了供应链结构；

（3）是否定义了系统维护概念；

（4）如何保证技术性能测度的正确性，以及基于技术性能后勤保障措施对应单元的正确性；

（5）在整个设计和开发过程中是否迭代地进行了可靠性分析；

（6）可保障性分析是否由维护概念进行演进；

（7）可保障性分析是否用于评定可保障性设计；

（8）可保障性分析是否确定了系统所需的后勤和保障资源；

（9）可保障性分析是否集成了用于设计和各个分析领域的各种模型；

（10）是否全面定义和充分界定了每个技术单元的具体需求；

（11）是否规定了针对需求设计的判别标准。

当考虑到供应链管理时，对系统保障产生显著影响的一个关键问题是零部件的可用性。单个零部件的生命周期必须满足它们所支持的系统生命周期。单个元器件的失效也许是不会发生的，但是，作为方案设计人员，应当考虑单个元器件的失效问题，这应当是一个自觉的决策过程，不要存在侥幸心理。

### 4. 测试和验证

系统保障分析和设计完成以后，需要进行评审认定。可靠性评审通过后，就可以转入下一阶段的系统验证工作。要实现系统验证，就要评估最终的后勤、维护和保障结构，以确保满足原定的可保障性需求。

与可保障性相关的验证测试通常是系统测试活动的一部分，可能涉及各种类型的测试，从详细设计和开发阶段到运用阶段，所进行的测试类型包括如下内容。

（1）可靠性评定测试：在与期望的运行使用条件相同的环境条件下对系统单元进行可靠性测试；

（2）可维护性验证：在所支持的运行使用环境中针对后勤和维护任务进行测试；

（3）人员测试和评估：测试确定用于运行使用和维护任务的人员是否合适，要对人员数目和技能水平以及对给定维修所用的时间等项目进行评估；

（4）测试和保障设备兼容性：这一测试工作用来证明用于对系统进行测试和标定的设备能正常工作；

（5）后勤验证：这一测试验证用于系统单元采办、装卸、运输、材料流动、仓储和组装等与后勤相关的活动过程是否有效。

沿着系统开发生命周期进一步深化，可以更深入、更详细地了解系统。某些一体化测试过程，需要开发者、用户、供应商等人员互相协同和配合，让系统处在实际的运行使用环境中进行测试，并给出合适的结论。

## 7.2　光学系统的退役处置

### 7.2.1　背景

从科研项目的研制规律和过程看，大多数项目的重点是放在科研阶段和进入运行使用阶段，很少考虑项目到达运行使用寿命结束时怎么处理和管理的问题。用户也不会关心产品到期后的处理问题，一是觉得过于遥远，二是习以为常。一个产品到期了，办理退役手续，就会找个地方存放，这是地面设备的通常做法。

一个项目当前的进度和成本压力成了近期开发和研制的关注点，至于设备寿命结束时的问题，确实不大会引起注意。

从以往经验看，退役光学设备也有很多用处，一是不同系统的回收利用，如光学系统、机架可以回收利用，作为研制相同设备的一部分；对于不能回收的部分，可以进行封存或销毁。二是改作其他用途。三是回收进展览馆，作为历史的一部分进行展览；或者赠予相关的学校、研究单位，进行科研教学使用[8]。随着数字信息的发展，有些存储设备存储过具有保密性质的数据，如果处置不当，会有泄密的风险；一些有毒的物质或者系统，如果长期储存不当，也可能对环境造成影响。因此，在设计制造之初，对系统的组成部分在退役后仍然具有的价值和存在的风险进行预估，并提出合理的处置建议，这也是系统工程的一部分。

以一个天基光学系统作为一个复杂的、有代表性的例子，说明系统退役和处置的常规和独特的方面。由于天基光学系统的特殊性，对天基光学系统的退役和处置活动具有独特的挑战性，需要慎重地策划，可以当作光学设备退役和处置活动的范例，进行处理和推广。

对于某些复杂的光学系统来说，只进行简单处置往往是不够的，由于某些原因，部分光学系统需要进行技术恢复活动，恢复的原因包括以下几种：①回收非常重要的物品；②评估机上数据、样本或试验结果；③保护和存储保密的信息；④保密和安全等。

### 7.2.2　光学系统退役

《中国大百科全书》里，将系统的处置或退役定义为对资产的再分配、运输、捐赠、废弃、摧毁或其他处置。这一定义表明，对于系统的寿命周期终结，有多种选择方案。对于地面和天基的系统，在策划和执行一个系统的处置过程中会遇到一些挑战，工程设计人员必须从项目一开始就要考虑这些挑战。当然，从目前看，不是所有的项目都需要工程设计人员进行考虑，但可以给用户一个合理的建议作为参考。

对于一个地面光学系统，通常在系统生命周期的各个阶段都是可以进行人为干预的；对于天基光学系统而言，在系统开发生命周期的两个阶段是不可达的，一是在轨运行使用阶段，二是寿命期结束处置阶段。对于系统的不可达性给系统工程师、设计和研发团队、运行维护及处置团队都带来了独特的挑战。

### 7.2.3　光学系统处置方法

当涉及系统的生命周期结束阶段时，系统工程师可以选择多种处置方案，不同的处置方法可以划分成不同的类别，这些分类方法的依据是在完成处置活动后系统的最终状态，这些方法包括废弃、重新使用、长期储存、回收并循环利用或者销毁等[9]。

1）废弃

对于地面系统而言，综合处理一个到期的系统远比简单的废弃有更大的价值，但对于一个空间运行的系统，由于处理的难度，废弃对于空间卫星系统通常是比较实际的一种方法。将一个空间应用系统废弃，不像在地球上把它拿走或丢弃那样简单，废弃一个天基卫星系统在技术手段上是相当复杂的，执行起来也有一定的难度，首先要具有合适的方式和办法。对到期卫星的适当处置，通常涉及将卫星机动到更高高度的墓地卫星轨道，并终止通信；另一种可选方案是将卫星驱动到地球轨道之外，把系统送到深空或太阳系。

2）重新使用

重用一个旧系统主要有三个好处，一是重用旧系统可以节省成本或时间，二是可以在开发一个新系统时降低风险；三是重用一个系统或一个系统的组件，可以减少退役系统时需要处置的材料数目。

关于系统的重用问题，在航天工程系统中有不少好的例子可以借鉴。在某一航天工程中，为了完成发射初始段的高清景象测量任务，总体部门希望在新研制的光学设备中，重新使用原某电影经纬仪的 625mm 口径光学系统，对机械系统和电学系统进行适当改造，研制成高清晰度的大口径光学景象记录系统。系统研制成功后，至今仍在靶场服役。这个系统重用的成功案例，不仅节约了大量经费，缩短了研制时间，而且变闲置无用为有用，从中也重新认识了系统工程的理念。对于一个可以重复利用的系统，在设计制造新系统的时候，可以通盘考虑其退役之后的重新利用价值。当然，也有一些遗憾的例子：在某个工程中研制的机载光学系统，没有考虑回收利用的问题，当该系统退役后，使用单位也想重新利用其性能尚好的光学系统，但一直没有找到一个合理的解决方案，系统一直存放在库房。

3）长期储存

将一个系统或系统的部分组件长时间存放在仓库是一种常见的处置方法。当对系统进行销毁代价太高，重新使用太复杂，如果废弃可能会出现意料之外的危险，或者没有其他合适的处置方法实施时，通常采用这种方法。如果一个设备的部分系统还可能有用，只是一时没有更好的方法利用起来，这时候一般采取暂时存放在仓库中的处置方式。当将系统放置在仓库中存储时，应当进行慎重的考虑，并进行妥善保管，以避免或减轻系统随着时间推移而退化。

4）循环利用

最近几年，循环利用已经成为一种常用的对退役系统进行处置的有效途径。循环利用就是采用适当的方法，改变材料的形态以避免浪费、减少对新的原材料的消耗、减少环境污染的过程。循环利用也是降低成本和增加产品总价值的一种重要途径。通常所说的变废为宝就是循环利用。

为了有效地对一个废弃系统进行循环利用，在设计制造之初，在条件允许的情况下，有必要进行精心策划，以便于到了使用期限后，宜于进行产品恢复、便于拆解，推进循环利用的可能性，并确保以对环境友好的方式处置可以恢复的材料。对系统进行循环利用有许多种方式，像铝或钢等金属材料可以重新熔化铸造成新器件，塑料可以融化并重新成型，电子元器件也可以回收等。每个子系统都可以在新系统中以新方式重新发挥新应用价值。

当然，并不是所有的设计都要考虑这么深远，除当时技术限制外，还有成本、时间和理念的问题。只要能在设计之初，考虑到一些能够考虑的问题，别对后续工作造成大的负担，就已经是一个不错的设计。

5）销毁

销毁一个退役系统往往是最后一种处理方式。销毁系统可以采用焚化、敲碎、压碎、压缩、爆炸或者拆解等方式完成，所有这些可选方案对于销毁地面系统都是可行的。美国、法国、俄罗斯等国采用所有类型的废弃的舰船作为靶船，进行新武器试验，他们使用海上遗弃的船只，甚至无线电控制的船只，验证武器系统，并训练作战技能。对于天基系统，能够采用的可选方案较少。卫星可以用脱轨燃烧，或者从原有的轨道投放到向着太阳飞行的一个轨道进行空间销毁。更加昂贵的可选方案是将卫星返回地球，并试图恢复其使命；一旦回到地面，则可以考虑采用地面系统可用的各种处置方案。

# 小　结

处置和退役活动是系统生命周期中的一个重要阶段，一个人造系统不大可能持续到永久，因此，系统最终将以某种形式进行处置或退役。与系统生命周期结束阶段相关的系统工程活动需要大量的预测和应急策划，一个全面的处置策划可以确保系统安全地、成功地完成寿命周期结束活动，并且确保在预算之内。空间光学系统的处置和退役活动需要遵照空间运行系统的规律，按照系统工程的方法进行设计和处置，确保太空安全和信息安全。

**参 考 文 献**

[1] 谭跃进, 陈英武, 易进先. 系统工程原理[M]. 长沙: 国防科技大学出版社, 1999.

[2] 王小平, 曹立明. 遗传算法: 理论、应用与软件实现[M]. 西安: 西安交通大学出版社, 2002.

[3] 袁建平, 罗建军, 岳晓奎. 卫星导航原理与应用[M]. 北京: 中国宇航出版社, 2003.

[4] KALYANMOY D. Efficient constraint handling method for genetic algorithms[J]. Computer Methods in Applied Mechanics and Engineering, 2000, 186(2): 311-338.

[5] HILTON C, CULVER T B. Constraint handling for genetic algorithms in optical remediation design[J]. Journal of Water Resources Planning and Management, 2000, 126(3):128-137.

[6] COELLO C A. Theoretical and numerical constraint-handling techniques used with evolutionary algorithms: A survey of the state of the art[J]. Computer Methods in Applied Mechanics and Engineering, 2002, 191(11-12):1245-1287.

[7] 范丽. 卫星星座一体化优化设计方法研究[D]. 长沙: 国防科技大学, 2006.

[8] 耿勇, 廖兴禾, 耿志刚. 退役报废航天装备管理问题研究[J]. 航天器工程, 2023(4): 122-127.

[9] 张志国. 超期运行航天器在轨管理精细化实践[J]. 航天器工程, 2020, 29(2):109-114.